"十二五"职业教育国家规划教材
经全国职业教育教材审定委员会审定

焊接生产与工程管理

第2版

主　编　何晓敏　宋红梅
参　编　郭玉利　丰洪微　常　江　郑万众

机 械 工 业 出 版 社

本书主要讲述了焊接生产管理的基本理论和基本方法，介绍了焊接工程管理的基本知识，包括焊接生产的组织、质量控制、竣工验收等，专门介绍了焊接生产信息管理、焊接失效分析、焊接再制造技术等新内容。全书共分九个单元，内容包括焊接生产管理的基本知识、焊接生产项目的确立、焊接项目的生产组织、焊接生产的质量管理、焊接项目的竣工验收管理、焊接结构失效分析、焊接再制造技术、焊接生产安全管理和焊接文明生产与环境保护。本书既包含了车间内焊接生产管理知识，同时又对焊接生产项目管理进行了较为全面的讨论；编写模式新颖，将需要掌握的知识点进行分解，以单元、模块、知识点为层次安排编写，每单元首安排有学习目标，单元末安排有综合训练，以满足教学需要。为便于教学，本书配备了电子教案和习题答案，选择本书作为教材的教师可来电（010-88379197）索取，或登录 www.cmpedu.com 网站，注册、免费下载。

本书可作为高职、高专、各类成人教育焊接专业教材或培训用书，也可供有关技术人员参考。

图书在版编目（CIP）数据

焊接生产与工程管理/何晓敏，宋红梅主编．—2版．—北京：机械工业出版社，2017.8（2026.1重印）
“十三五”职业教育国家规划教材
ISBN 978-7-111-57347-0

Ⅰ.①焊…　Ⅱ.①何…　②宋…　Ⅲ.①焊接-生产管理-高等职业教育-教材　Ⅳ.①TG4

中国版本图书馆CIP数据核字（2017）第162310号

机械工业出版社（北京市百万庄大街22号　邮政编码100037）
策划编辑：齐志刚　责任编辑：黎　艳
责任校对：郑　婕　封面设计：张　静
责任印制：张　博
北京机工印刷厂有限公司印刷
2026年1月第2版第9次印刷
184mm×260mm · 14.5印张 · 353千字
标准书号：ISBN 978-7-111-57347-0
定价：45.00元

电话服务	网络服务
客服电话：010-88361066	机　工　官　网：www.cmpbook.com
010-88379833	机　工　官　博：weibo.com/cmp1952
010-68326294	金　　书　　网：www.golden-book.com
封底无防伪标均为盗版	机工教育服务网：www.cmpedu.com

第2版前言

《焊接生产与工程管理》一书于2009年8月出版，迄今已经8年。这8年当中，焊接生产的新方法、新工艺、新设备快速发展，给焊接生产管理提出了更高的要求。从纵向来看，《中国制造2025》已经上升到国家战略层面，焊接生产是制造业重要和主要的构成部分，全面提升焊接行业水平才能跟上技术发展的步伐。从横向来看，已经把先进技术和信息化引进到传统焊接生产过程中，虽然生产要素的“人、机、料、法、环”没有改变，但是内涵已成为“高素质高技能人才、自动化数字化焊接设备、新功能高强度材料、新方法新工艺、绿色制造”。因此，需要符合新要求的精准细致的管理来实现高水平高质量的焊接生产，《焊接生产与工程管理》的基本理论已经成为所有焊接从业者必备的知识。

根据国家对职业教育教学改革的要求，征求企业从事焊接工作的技术人员的意见，结合焊接生产的新方法、新工艺，考虑到各院校在教学过程中发现的问题，以及部分使用本书师生的建议，我们对本书进行了修订，力争使修订版能够符合目前焊接生产企业管理的要求，更为全面、先进、完善、实用。此次修订保留了原教材的编写体系和特点，主要修订内容如下。

1. 对原教材的内容和文字做了进一步推敲，完善内容，使教材内容更加系统，论述更加简洁明了。

2. 由于信息化管理已经成为企业管理的日常手段，因此在第一单元增写了“焊接生产信息管理”模块，使读者能够及时补充信息管理的知识，形成初步的信息管理思路。

3. 企业管理离不开企业文化，企业文化是企业管理的基础，也是企业制度潜意识的体现，因此在第一单元还增写了“焊接生产企业文化建设”模块。

4. 由于产品的失效分析也是提高产品管理质量的必须环节，所以新撰写了“焊接结构失效分析”整单元内容，这样本教材就涵盖了焊接生产管理的全部环节。

5. 产品再制造是目前和未来发展的一个重点，也是进行产品设计时要提前考虑的问题，生产管理也应当包含这个部分，因此新撰写了“焊接再制造技术”整单元内容，具体到再制造的管理问题应当和传统管理类同。

本次重印修订认真贯彻党的二十大精神和理念，以学生的全面发展为培养目标，融“知识学习、技能提升、素质培育”于一体，严格落实立德树人根本任务。

参加本次修订的老师有郭玉利、丰洪微、常江和郑万众，宋红梅负责收集和整理部分内容，全书由何晓敏审定并统稿。对于第1版作者前期做的大量工作，编者向他们表示深切的谢意。

由于编者水平有限，书中难免存在疏漏和不妥之处，敬请广大读者批评指正。

编　者

第1版前言

为了进一步贯彻国务院“关于大力推进职业教育改革与发展的决定”的文件精神，加强职业教育教材建设，满足职业院校深化教学改革对教材建设的要求，机械工业出版社于2006年11月在北京召开了“职业教育焊接专业教材建设研讨会”。在会上，来自全国十多所院校的焊接专业专家、一线骨干教师研讨了新的职业教育形势下焊接专业的课程体系，确定了面向中职、高职层次两个系列教材的编写计划。本书是根据会议所确定的教学大纲和高等职业教育培养目标组织编写的。

本书重点强调培养学生对焊接生产管理的能力，编写过程中力求体现“宽、精、新、应用”的特色。基础理论以应用为目的、以够用为度，教学内容选择宽而精，加强针对性与应用性。本教材编写模式新颖，将需要掌握的知识点进行分解，按单元、综合知识模块、能力知识点作为层次安排编写，每单元开始部分安排有“学习目标”，单元末安排有“综合训练”，“综合训练”兼顾了焊工考证的考点，以满足“双证制”教学需要。

本书在内容处理上主要有以下几点说明：全书始终贯彻焊接生产质量管理的主线，侧重理论联系实际，强调管理能力培养；考虑到此书为焊接专业用教材，故对某些纯管理理论进行了必要的精简；在教材内容选择与组织上，力争使其更具较强的理论性、系统性、先进性和应用性；充分考虑了焊接生产管理与焊接结构、焊接方法、焊接检验等课程的关系，融入了安全管理、清洁生产、环境保护等方面的内容。

全书共分七个单元，其中，张美清编写第一、第二单元；何晓敏编写第三、四、五单元；李青禄编写第六单元；汪秀林编写第七单元，张顺对部分文稿进行了整理。全书由张美清主编，戴建树主审。

编写过程中，编者参阅了有关教材和资料，在此对相关作者表示衷心感谢！

由于编者水平有限，书中不妥之处在所难免，恳请读者批评指正。

编　者

目　　录

第一单元　焊接生产管理的基本知识

【学习目标】 熟悉焊接生产管理的基本知识和生产过程的组织形式；掌握焊接生产项目的基本形式、内容和特点；对焊接生产的管理制度有较深入的了解。

模块一　焊接生产管理概述

随着焊接生产方式的增多，焊接生产规模越来越庞大，企业组织内的专业分工越来越精细，这就产生了分工与合作问题，因此需要科学的管理技术。生产管理就是建立一套符合企业生产的规则来对生产加以约束及控制，这套规则就是管理制度。合理利用企业的人力、物力、财力资源，进一步规范企业的生产管理，是企业经营管理的重点，也是企业经营目标得以实现的重要途径。通过生产中的原材料管理、生产过程管理、质量管理、生产安全管理等，使企业生产持久有序，不断提高企业的竞争力。

知识点1　焊接生产管理的概念和特征

1. 焊接生产管理的概念

生产管理是企业对生产活动的管理。焊接生产管理是企业对焊接生产活动的管理。企业的焊接生产活动是按照预定的经营目标和经营计划，根据产品品种、质量、数量、成本和交货期等方面的要求，充分利用人力、物力和财力，生产出符合市场需要和让用户满意的产品的过程。焊接生产管理就是对这一过程进行计划、组织、指挥、控制和协调。因此，焊接生产管理是与焊接产品制造密切相关的各项管理工作的总称。

2. 焊接生产管理的特征

由于企业焊接生产活动的范围不同，焊接生产管理有广义与狭义之分。狭义的焊接生产管理是以实现产品产量和进度为目标的管理，主要包括焊接生产过程组织、焊接生产能力核算、焊接生产计划和焊接生产作业计划的编制、焊接生产进度控制和焊接生产作业核算等。广义的焊接生产管理是对全部焊接生产系统的管理，它是对人、财、物的输入，计划、标准等信息的输入，经过焊接生产过程，输出产品和劳务，再利用信息反馈对整个焊接生产过程实行控制的全部活动，也就是通常所说的焊接生产技术准备、基本焊接生产、辅助焊接生产和相应的管理工作。它除了包括前面所说的狭义的焊接生产管理的内容以外，还包括企业焊接生产方向和规模的确定、工厂布置、质量管理、设备和工具管理、物资管理、能源管理、劳动组织和劳动定额管理、成本管理、安全生产、环境保护等。本书主要学习以焊接生产系统为对象的管理，也就是广义的焊接生产管理。

知识点2 焊接生产管理的任务和内容

1. 焊接生产管理的任务

企业焊接生产管理的基本任务，就是在焊接生产活动中，根据经营目标、方针和决策，充分考虑企业外部环境和内部条件，运用计划、组织、控制等职能，将输入焊接生产过程的人、财、物、信息等焊接生产要素有机地结合起来。经过焊接生产转换过程，以尽可能少的投入生产出尽可能多的符合市场和用户需求的产品和劳务，并取得最佳的经济效益。为了提高企业焊接生产经营效益，焊接生产管理的具体任务主要有以下几个方面：

1）按照市场需求，生产出适销对路、质优价廉的产品，以满足市场和用户的需求。

2）全面完成企业焊接生产计划所规定的目标和任务，包括产品品种、质量、产量、产值、交货期、劳动生产率、材料利用率和设备利用率等技术经济指标。

3）合理组织劳动力，充分利用人力资源，最大限度地挖掘企业员工的内在潜力，调动广大员工的积极性、主动性和创造性，不断提高焊接生产率。

4）加强物资、能源管理，合理利用物资、能源，努力降低单位产品的物资和能源消耗，提高资源利用率，建立合理的物资储备，减少资金占用。

5）加强焊接设备管理，提高设备的完好率和利用率；并不断采用新技术，促进企业技术进步。

2. 焊接生产管理的内容

焊接生产管理要实现上述任务，就需要做很多工作。这些工作按管理的职能划分，大体上可分为准备、组织、计划和控制四个方面。

（1）焊接生产准备　焊接生产准备主要包括以下内容：

1）工艺技术方面的准备：包括通过经济效益的分析，进行工艺方案的选优，编制和修改工艺文件，设计和补充制造工艺装备等。

2）人力的准备：包括适应焊接生产任务变化的需要，充分发挥人才优势，对工种和人员的选择、配备与调整等。

3）物料、能源的准备：包括原材料、燃料、动力、外购件、外协件等，在保证完成焊接生产任务的前提下，力求使总费用最低。

4）设备完好运转方面的准备：包括设备选择的经济评价和计划检修类别、内容的确定等。

上述这些准备工作，都是正常焊接生产活动所必备的基本条件，是实现焊接生产计划的重要保证。企业在进行这些焊接生产准备工作时，要十分重视对经济效益的定性分析和定量计算，力求在保证完成焊接生产任务的前提下，取得良好的经济效益。

（2）焊接生产组织　焊接生产管理所讲的组织，是焊接生产过程组织与劳动过程组织的综合协调。焊接生产过程的组织主要解决产品焊接生产过程各阶段、各环节、各工序在时间上和空间上的协调衔接；劳动过程的组织主要解决劳动者之间、劳动者与劳动工具、劳动对象之间的关系。焊接生产过程组织与劳动过程组织是企业焊接生产活动计划工作的基础和依据，两者必须动态平衡，既要保持相对的稳定性，又要随着企业经营方针、经营计划的变化而变化。提高焊接生产组织形式和劳动组织形式的应变能力，其主要目的在于提高生产率和经济效益。

（3）焊接生产计划　焊接生产计划主要包括产品的焊接生产计划和焊接生产作业计划。焊接生产计划主要规定产品品种、产量（产值）、质量等计划，以及保证实现焊接生产计划的技术组织措施方案。焊接生产作业计划是焊接生产计划的具体执行计划，它保证产品焊接生产过程各阶段、各环节、各工序之间在时间和数量上的协调与衔接，使企业实现有节奏的均衡生产。

焊接生产计划与焊接生产作业计划的编制与执行，决定着企业能否按质、按量、按品种、按期限地生产出市场需要和用户满意的产品，影响到企业能否取得良好的经济效益。企业在制订计划时，既要考虑到市场需求和企业内外的焊接生产条件，又要通过综合平衡，做到以最小的消耗和成本实现最优的焊接生产方案。

（4）焊接生产控制　焊接生产控制是指围绕着完成焊接生产计划任务所进行的各种检查、监督、调整等工作。其作用在于完善焊接生产组织，实现焊接生产计划，提高产品质量，降低焊接生产消耗和焊接生产成本。广义的焊接生产控制是对焊接生产全过程实行全面的控制。从范围看，包括了焊接生产组织、焊接生产准备和焊接生产过程的各个方面；从内容看，主要包括焊接生产前控制，焊接生产过程控制，产品质量控制，机、物、料消耗与焊接生产费用的控制，库存和资金占用的控制等。对于市场经济条件下的企业来说，重要的是实行事先控制。做好事先控制的前提是建立和健全各种控制标准，加强信息收集和反馈，并根据反馈信息及时采取对策和措施。

为了经济、有效地进行焊接生产活动，必须明确焊接生产计划和焊接生产控制这两种职能的关系。焊接生产计划是焊接生产控制的依据，焊接生产控制是实现焊接生产计划的手段。如果焊接生产计划不正确，焊接生产控制就会变得复杂，不仅工作量增加，而且会导致焊接生产秩序混乱、失控等现象的发生，从而影响焊接生产计划的按期完成。

知识点3　焊接生产管理在企业管理中的地位

焊接生产管理是企业管理的重要组成部分，也是企业大系统中的一个小系统。在市场环境中，企业是自主经营、自负盈亏的经济实体，企业能否生存，要看企业经营的好坏。经营决策的正确与否，关系到企业经营的全局，决定着企业的命运。焊接生产管理在整个企业管理体系中是十分重要的，主要表现在：

1. 焊接生产管理是企业管理中的基本部分，是实现企业经营目标的基本保证

企业经营目标是企业在计划中预期要达到的经营成果。经营目标是一种理想状态，要把这种理想状态转变为现实，即从目标计划转化为现实产品，必须通过产品的控制过程，靠加强焊接生产管理来实现。如果产品不讲盈利，经营就失去了实际内容，经营目标就成了无源之水、无本之木。所以，焊接生产管理能为企业经营创造物质财富，是企业管理的基本组成部分，是实现企业经营目标的基本保证。

2. 做好焊接生产管理，可以提高企业的适应能力和竞争能力

市场需求千变万化，竞争异常激烈，企业要在激烈的市场竞争中求得生存和发展，必须

要不断地开发新产品，并及时地完成焊接生产，有效地将其投放市场。这就要求企业要加强焊接生产管理，使企业焊接生产系统灵活地运转起来，能够按质、按量、按时地生产出适销对路的产品，以提高企业的市场竞争力。

3. 加强焊接生产管理，有利于企业领导做好经营决策

决策是经营管理全过程的核心，也是执行各种管理职能的基础。不论管理者在企业组织中的地位如何，决策都是他们日常工作中不可缺少的部分。如果企业搞好了焊接生产管理，企业有了一个正常稳定的焊接生产秩序和工作秩序，企业领导就可以摆脱日常大量烦琐的事务性工作，而集中精力抓好企业的经营决策。从这个意义上说，焊接生产管理又是属于基础性的管理工作，搞好焊接生产管理有助于提高整个企业的管理水平。

知识点4 焊接生产管理的指导原则

1. 按需生产

按需生产的原则，就是按照市场需要来制订计划和组织焊接生产，按期、按质、按量、按品种向市场和用户提供所需的产品和劳务。要坚持按市场需要进行焊接生产的原则，应做到：加强对焊接生产管理人员的教育，树立正确的经营思想；正确处理焊接生产同销售的关系，既要满足销售，又要考虑企业的实际情况；要不断地提高焊接生产管理对市场的适应能力，及时掌握市场动态，建立雄厚的技术储备，促进技术进步；采用灵活的焊接生产组织形式、计划和控制方法等。

2. 经济生产

经济生产的原则，就是用较少的劳动材料消耗和资金占用，生产出尽可能多的满足市场需要的产品。因为只有生产出的成果超过焊接生产中的消耗，也就是使产出大于投入，企业才能增加积累，焊接生产才能不断发展。提高经济效益是企业焊接生产管理的出发点和根本目的，在焊接生产管理中，讲求经济效益是指讲求综合经济效益，即要对产品的质量、数量、成本、交货期等进行综合考虑，在分别满足不同要求的基础上，使经济效益最优。

3. 均衡生产

均衡生产的原则，就是在产品的焊接生产过程中，按照计划规定的进度，使各个焊接生产环节和各道工序，在相等时间内完成相等的或稳定递增的工作任务，并满负荷、均衡地生产产品。组织均衡生产是现代化焊接生产的客观要求，也是科学管理的要求。因为均衡焊接生产有利于保证设备和人力的均衡负荷，提高设备利用率和工时利用率；有利于建立正常的焊接生产秩序，保证产品质量和安全生产；有利于节约物资消耗，减少在制品，加速资金周转，降低产品成本。

4. 准时生产

准时生产的原则，就是按照焊接生产计划规定的时间进行生产。也就是说，在焊接生产过程中，对各种原材料、在制品和半成品都做到按必要品种、必要规格、必要时间、必要数量来供应，决不提前或推后。

5. 文明生产

文明生产的原则，就是要求企业建立合理的焊接生产管理制度和良好的焊接生产秩序，使各焊接生产环节的工作有条不紊地协调进行。因此，要求企业和车间要合理布局，运输路

线畅通，工作环境清洁卫生，光线充足，设备整洁；物料工具有固定的存放场地；在制品搬运有合理的工作机具，装卸时要轻拿轻放，做到不磕不碰、不生锈、不划伤；还要求绿化厂区，美化环境，把工厂办成花园工厂。

6. 安全生产

安全生产的原则，是企业焊接生产管理的一项重要原则，安全为了焊接生产，焊接生产必须安全。安全焊接生产可以保障员工劳动的安全，防止人身事故和设备事故，促进焊接生产过程顺利进行，保证均衡焊接生产的顺利实现。

7. 科学生产

科学生产的原则，就是在焊接生产过程中运用符合现代化工业焊接生产要求的一套管理制度和方法进行生产。具体地说，第一，必须建立统一的焊接生产指挥系统，进行组织、计划和控制；第二，要做好焊接生产管理的基础工作，建立健全科学有效的规章制度和工作标准并贯彻执行；第三，加强员工培训，不断增加员工的科学技术知识和科学管理知识，从而广泛运用现代管理科学的理论和方法，不断提高焊接生产管理的生产率和经济效益。

【综合训练】

1. 广义的生产管理包括生产过程管理、劳动管理、物资管理、质量管理、成本管理、设备管理、环境和能源管理等方面。其中，（　　）是广义生产管理的基础，（　　）是广义生产管理的核心。

A. 生产过程管理　　B. 劳动管理　　C. 物资管理

D. 质量管理　　E. 成本管理　　F. 设备管理

G. 环境和能源管理

2. 企业的设备维修和工模具加工过程属于（　　）。

A. 生产技术准备过程　　B. 辅助生产过程

C. 基本生产过程　　D. 生产服务过程

3. 简述焊接生产管理的任务。

4. 简述焊接生产管理的指导原则。

5. 分析焊接生产管理在企业管理中的地位。

模块二　焊接生产过程的组织

一般焊接生产过程是指有形产品的生产过程，是指对原材料进行加工，使之转化为成品的全过程。企业生产过程包括生产技术准备过程、基本生产过程，与之相配套的空间、时间组织是必不可少的。

知识点 1　焊接生产过程的概念

工业产品的焊接生产过程，就是从准备焊接生产某种产品开始，直到把它生产出来的全部过程。它的基本内容是人的劳动过程，即在劳动分工和协作的条件下，劳动者利用一定的劳动工具，按规定的步骤和方法，作用于劳动对象，使之成为工业产品的过程。在某种情况下，焊接生产过程还包括自然过程。自然过程是劳动对象在自然力的作用下，发生物理变化和化学变化的过程，如自然冷却、自然干燥、自然发酵和自然时效等。在自然过程中，劳动过程就部分或全部停止。因此，焊接生产过程是劳动过程和自然过程的组合。

知识点2 焊接生产过程的构成

由于产品结构和工艺特点的不同，焊接生产过程的形式也不完全相同。一般由以下几个部分组成：

1. 焊接生产技术准备过程

焊接生产技术准备过程是指产品在投入焊接生产前所进行的各种焊接生产技术准备工作过程。具体内容包括产品设计、工艺设计、工艺装备的设计与制造、标准化工作、定额的制订和修改、调整劳动组织和设备布置等。

2. 基本焊接生产过程

基本焊接生产过程是指直接对劳动对象进行焊接加工而制成产品的过程，如焊接制造企业的产品毛坯生产、焊接零件加工、部件和整机的装配、焊接等工作。

3. 辅助焊接生产过程

辅助焊接生产过程是指为了保证基本焊接生产过程正常进行所进行的各种辅助焊接生产活动的过程，如焊接生产的工具制造、设备维修和动力维护等。

4. 焊接生产服务过程

焊接生产服务过程是指为保证基本焊接生产和辅助焊接生产正常进行所从事的各种焊接生产服务活动的过程，如原材料、半成品、工具的供应、运输和保管等。

5. 附属焊接生产过程

附属焊接生产过程是指企业根据自身的条件和可能性，生产市场所需要的不属于企业专业方向的产品而进行的焊接生产过程，如飞机制造厂焊接生产的日用铝制品、锅炉厂焊接生产的石油液化煤气罐以及企业利用边角余料而制造的焊接产品等。

上述五个部分，既有区别，又有联系，但基本焊接生产过程是核心，焊接生产技术准备过程是重要的前提，辅助焊接生产过程和焊接生产服务过程都是为基本焊接生产过程服务，并且为更好地实现基本焊接生产过程创造条件。基本焊接生产过程和辅助焊接生产过程都是由工艺过程和非工艺过程所组成。工艺过程是指直接对加工对象进行加工的过程，可划分为若干相互联系的焊接生产阶段，如焊接制造企业的工艺过程一般分为准备阶段、加工阶段、装配阶段和生产阶段。每一个阶段，又可划分为更细小的单位，这就是通常所说的工序。工序是指一个人或一组工人在一个工作场地，对同一劳动对象连续进行的焊接生产活动。非工艺过程是指不涉及加工对象的性质、尺寸、形状的改变，而贯穿于工艺过程之间的一些带有生产服务性的过程，如加工对象的运输、检验、试验和包装等。工艺过程和非工艺过程都是焊接生产过程不可分割的组成部分，只有两者密切配合、互相衔接，才能保证焊接生产过程有效地运行。

知识点3 组织焊接生产过程的基本要求

合理组织焊接生产过程的目的是使产品在焊接生产过程中行程最佳、时间最短、耗费最小、效益最高。因此，企业焊接生产过程的组织必须努力实现以下要求：

1. 焊接生产过程的连续性

连续性是指产品在焊接生产过程的各阶段、各工序之间的流动，在时间上是紧密衔接、连续不断的。即产品在焊接生产过程中始终处于运动状态，不是在进行加工、检验、运输，就是处于自然过程。

2. 焊接生产过程的比例性

比例性是指产品在焊接生产过程的各阶段、各工序之间的焊接生产能力必须根据产品焊接生产的要求保持适当的比例关系。即各个焊接生产环节的工人人数、机械设备数量、焊接生产率、开动班次等都必须互相协调。

3. 焊接生产过程的节奏性

节奏性是指企业及各个焊接生产环节在相等的一段时间内焊接生产量相当或稳定递增，使各工作场地负荷充分并相对稳定，不会出现前松后紧、时松时紧等不良现象。

4. 焊接生产过程的平行性

平行性是指焊接生产过程的各阶段、各工序在时间上采取平行作业，对产品的各个零件、部件尽可能地组织进行平行加工制造。

5. 焊接生产过程的适应性

适应性是指焊接生产过程适应市场多变的特点，能灵活进行多品种、小批量焊接生产，以不断满足市场需求的适应能力。为了提高企业的适应能力，企业必须树立市场观念和竞争观念，不断采用先进合理的焊接生产组织方法，把焊接生产与消费、企业与市场紧密联系起来，使企业具有持久强大的竞争力。

6. 焊接生产过程的经济性

经济性是指在焊接生产过程中，以最少的劳动消耗以及资金的占用，获得尽可能多的符合市场需要的焊接生产成果。为了实现焊接生产过程的经济性，必须保证实现上述科学组织焊接生产过程的前五项要求，全面加强管理。

上述要求是相互联系、相互制约的。焊接生产过程的比例性是实现连续性、平行性的前提，同时它们之间又相互作用。满足这六项要求，可以使企业获得良好的经济效益。

知识点4　焊接生产过程的空间组织

1. 焊接生产过程空间组织的概念

焊接生产过程的空间组织是指研究企业内部各焊接生产阶段和各焊接生产单位的设置和运输路线的布局问题，即厂房、车间和设备的布局问题，包括工厂总平面布置和车间布置。工业企业的焊接生产过程是在一定的空间内，通过许多相互联系的焊接生产单位实现的，所以必须进行总体规划和工厂设计，配置一定的空间场所，建立相应的焊接生产单位（车间、工段、班组）和其他设施（仓库、运输路线、管道和办公室等），并在各个焊接生产单位配备相应工种的工人和机器设备，采用一定的焊接生产专业化形式。为了经济有效地完成企业的焊接生产任务，各个焊接生产单位和其他设施应当在空间上形成一个有机的、既相互分工又相互联系的整体，而且各个焊接生产单位的内部设施、机器设备和运输装置具有合理的平面布置和立体布置。所有这些工作就是焊接生产过程的空间组织。

2. 企业内部焊接生产单位的组成

企业内部焊接生产单位的组成是由焊接生产过程的组成和功能决定的。一个企业要使整个焊接生产过程顺利进行，完成本企业产品的焊接生产任务，一定要具备执行几方面焊接生产过程功能的焊接生产部门。这些焊接生产部门包括：

（1）焊接生产技术准备部门　焊接生产技术准备部门是从事焊接生产前的各种准备工作的单位，包括研究所、设计科、工艺科、工具科和试制车间等。

（2）基本焊接生产部门　基本焊接生产部门是直接从事企业基本产品焊接生产、实现基本焊接生产过程的单位。类似于机械制造企业的铸造车间、机加工车间和装配车间；冶金企业中的炼铁、炼钢和轧钢车间；纺织企业中的纺纱、织布和印染车间等。

（3）辅助焊接生产部门　辅助焊接生产部门是指实现辅助焊接生产过程，为基本焊接生产过程提供辅助产品和工业性劳务的焊接生产单位，如工具车间、机修车间、热电站、锅炉房等。

（4）焊接生产服务部门　焊接生产服务部门是指为基本焊接生产部门和辅助焊接生产部门提供服务的单位，如运输部门、各种仓库部门、试验和计量检验部。

（5）附属焊接生产部门　附属焊接生产部门是指从事附属产品焊接生产的单位，如钢铁厂的炼焦制气部门、飞机制造厂的铝制品焊接生产部门等。

3. 影响企业焊接生产单位组成的因素

（1）企业产品方向　企业产品方向规定着企业生产产品的品种，决定着企业应建立哪些焊接生产单位。如机械制造企业一般要设置设计科，而化工企业就没有必要；一般机械产品的企业要设毛坯车间、机加工车间和铸造车间，而专门装配产品的企业，无须设置毛坯车间和零件加工车间。

（2）产品结构与工艺特点　企业产品结构与工艺特点在很大程度上决定着企业的焊接生产单位组成。如重型机器设备制造厂需要很多的大型锻件，因此设有水压机车间；汽车制造厂、机车车辆厂等通常设置很大的机加工车间；组合机床厂设置液压加工装配车间。

（3）企业的焊接生产专业化与协作化水平　首先，企业的专业化形式不同，相应地要求建立不同的焊接生产单位。如采取产品专业化形式的企业，一般拥有较完整的工艺阶段，相应地要求设置毛坯车间、机加工车间、热处理车间、装配车间等。采取零件专业化形式的企业，多数情况下不具备完整的工艺阶段，或者不设装配车间或者不设毛坯车间，如标准件厂、齿轮厂等。其次，企业协作化水平不同，相应地要求由不同的焊接生产单位组成。一般地，企业的协作范围越广，通过厂际协作获得的零件、部件、工具等越多，则企业的焊接生产车间组成越简单。

（4）企业的焊接生产规模　企业的规模越大，它所需要的焊接生产车间越多，车间的规模也相应地扩大。在大型企业中，往往建立几个同类工艺性质的车间。例如，大型的重型机器制造厂，往往把铸造车间分为铸铁件车间、非铁金属铸造车间。而小型企业往往把工艺不同的某些车间合并为一个车间，如把机加工与装配合并为一个车间，把热处理与电镀合并为一个车间。

除以上因素外，厂区的集中与分散、厂区面积的大小、物料运输量等，也是影响企业焊接生产单位设置的因素。

4. 焊接生产单位设置的原则和形式

（1）工艺专业化原则　工艺专业化原则就是按照焊接生产过程各个工艺阶段的工艺特点来设置焊接生产单位。在工艺专业化的焊接生产单位里，集中了同类型的设备和同工种的工人，对企业的各种产品、零部件进行相同工艺方法的加工。

按工艺专业化原则设置焊接生产单位的优点是：对产品品种的变化具有较强的适应性，便于充分利用焊接生产设备与焊接生产面积，提高焊接生产设备和焊接生产面积的负荷系数；便于进行工艺专业化管理；有利于工人技术熟练程度的提高。

按工艺专业化原则设置焊接生产单位的缺点是：产品加工路线长，运输工具、运输工人和中间仓库增多，使厂内运输费用增加；焊接生产周期延长，资金占用增加；管理工作复杂化。

（2）对象专业化原则　对象专业化原则就是以产品（或零部件）为对象来设置焊接生产单位。在对象专业化的焊接生产单位中，集中了为焊接生产某种产品所需要的各种设备和各工种的工人，对同类产品进行不同的工艺加工。在这里，加工对象是一定的，而加工工艺方法则是多样的。在对象专业化的焊接生产单位里，基本上能独立完成某几种产品（或零部件）的全部或大部分工艺过程。因此，这种车间也可以称为封闭式车间（或工段）。

按对象专业化原则设置焊接生产单位的优点是：可以缩短产品加工路线，节约运输工具和人力，减少仓库等辅助面积的占用；可以减少产品的运输时间和停放时间，缩短焊接生产周期，减少焊接生产中在制品占用量和流动资金占用量；减少了车间之间的焊接生产联系，从而简化并改进了计划管理与焊接生产核算工作，有利于建立全焊接生产责任制，有利于在制品管理、质量管理；有利于按期、按质、按量、成套地完成焊接生产任务，提高劳动焊接生产率和降低成本；有利于采用先进的焊接生产组织形式。

按对象专业化原则设置焊接生产单位的缺点是：不利于充分利用设备和焊接生产面积；不利于对工艺进行专业化管理；对产品变化的适应性差。

（3）综合原则　综合原则就是综合利用工艺专业化原则和对象专业化原则建立焊接生产单位的原则。按综合原则建立的车间兼备两种专业化的优点，因而是一种较为灵活的焊接生产专业化形式。它主要有两种形式：一种是在对象专业化的基础上，采用工艺原则建立焊接生产单位；一种是在工艺专业化的基础上，采用对象原则建立焊接生产单位。

总之，企业具体采用哪一种组织形式组织焊接生产，应从企业具体条件出发，全面分析、比较各种组织形式的利弊和经济效益，并考虑企业当前和长远发展的需要，然后加以决定。

知识点5　焊接生产过程的时间组织

为了合理有效地组织焊接生产过程，提高劳动焊接生产率，缩短焊接生产周期，减少资金占用量，不但要求焊接生产过程的各个组成部分在空间上紧密配合，而且要求在时间上也互相衔接协调。

1. 焊接生产过程时间组织的概念

焊接生产过程的时间组织，就是要尽可能使加工对象在各焊接生产单位之间的运动在时间上互相配合和衔接，以提高焊接生产过程的连续性，缩短焊接生产周期，加速流动资金的周转，并按时完成国家计划任务和订货合同。

焊接生产周期，是指从原材料投入焊接生产开始，经过各道工序加工，直到成品出产为止，所经历的全部时间。为了缩短焊接生产周期，需要正确选择零件在工序间的移动方式以及合理安排零件在设备上的加工顺序。

2. 批量焊接生产零件的移动方式

劳动对象在工序之间的移动方式，是指零件从一个工作地到另一个工作地之间的运送形式，劳动对象在工序之间的移动形式与制造产品的数量有关。如果某种产品只焊接生产一件，那么就只能在上一道工序加工完成之后，再把产品送到下一个工作地去进行下一道工序加工。如果是加工一批相同的零件，那么就可以采用以下三种不同的移动方式：

（1）顺序移动方式　顺序移动方式就是一批零件或产品，在上一道工序全部加工完成之后，才整批地转移到下道工序继续进行加工。零件在工序之间整批运输。采用顺序移动方式的优点是：组织与计划工作简单；零件集中加工，集中运输，减少了设备调整时间和运输工作量，设备连续加工不停顿，提高了工效。其缺点是：大多数产品有等待加工和等待运输的现象，焊接生产周期长，资金周转慢，经济效益较差。

（2）平行移动方式　平行移动方式就是当前道工序加工完成每一个零件或产品之后，立即转移到下一道工序，继续进行加工，也就是工序间的零件或产品的传递不是整批的，而是以零件或产品为单位分别进行，从而使工序与工序之间形成平行作业的状态。

（3）平行顺序移动方式　平行顺序移动方式就是平行移动方式与顺序移动方式相结合，即一批零件在某道工序尚未全部加工完毕，就将已经加好的一部分零件转到下道工序加工，并使下道工序能连续地全部加工完该批零件。平行顺序移动方式综合了前两种移动方式的优点，既缩短了一批零件的加工周期，又避免了设备间歇运转的现象，但这种移动方式计算比较复杂。

以上三种移动方式各有特点，从焊接生产周期看，平行移动方式最短，平行顺序移动方式次之，顺序移动方式最长。但在选择移动方式时，不能只考虑焊接生产周期，还要根据企业焊接生产实际情况，权衡优劣，分别加以利用。一般考虑的因素有加工批量的大小、加工对象的尺寸大小、工序时间的长短以及焊接生产过程空间组织的专业化形式等。

【综合训练】

1.（　　）是指为保证生产计划目标的实现，对企业的生产活动全过程的检查。监督和调节，是生产管理的一项重要职能。

A. 生产作业控制　　B. 生产过程组织

C. 生产作业组织　　D. 生产过程控制

2. 工业企业在生产过程组织时，满足（　　）要求可提高设备利用率。

A. 连续性　　B. 比例性

C. 节奏性　　D. 平行性

3. 工业企业在生产过程组织时，满足（　　）要求可缩短生产周期。

A. 连续性　　B. 比例性

C. 节奏性　　D. 平行性

4. 简述合理组织焊接生产过程的基本要求。

5. 比较焊接生产单位的工艺专业化原则和对象专业化原则。

6. 比较焊接生产过程中劳动对象的几种移动方式。

7. 深入焊接企业调查生产组织控制的基本程序。

模块三　焊接生产项目管理概述

项目管理是第二次世界大战后期发展起来的重大管理技术之一。虽然在此之前项目管理已广泛应用于许多领域，如工程建设项目和新产品开发，但直到第二次世界大战，它作为管理技术复杂的活动，需要多学科协作活动的一种特殊工具，价值才完全被认识，其结果使项目管理成为一种相对较新的管理方法，并得到迅速发展和不断完善。

项目管理主要是从开始和生产大型、高费用、进度要求严的复杂系统的需要中发展起来的。美国在20世纪60年代只有航空、航天、国防和建筑工业才愿意采用项目管理。20世纪70年代项目管理在新产品开发领域中扩展到了复杂性略低、变化迅速、环境比较稳定的中型企业中。到20世纪70年代后期和20世纪80年代，越来越多的中小企业也开始注目项目管理，将其灵活地运用于企业活动的管理中，项目管理技术及其方法本身也在此过程中逐步发展和完善。到20世纪80年代，项目管理已经被公认为是一种有生命力并能实现复杂的企业目标的良好方法。但是直至如今，项目管理也并非万能管理，项目以及项目管理有其明确的范围和特点。开始一项新的项目之前，首先需要判断是否适于使用项目管理，项目开始后，在项目管理中的组织、计划以及控制等诸多方面也只有遵循项目管理的基本原则以及基本方法，才有可能取得项目的成功。

知识点1　项目以及项目管理

什么是项目？项目是一种一次性的工作，它应当在规定的时间内，由为此专门组织起来的人员完成；它应有一个明确的预期目标，还要有明确的可利用的资源范围，它需要运用多种学科的知识来解决问题，没有或很少有以往的经验可以借鉴。

项目可以是建造一栋大楼、一座工厂或一座大水坝，也可以是解决某个研究课题，例如研制一种新药，设计、制造一种新型设备或产品，如一种新型计算机。这些都是一次性的，都要求在一定的期限内完成，不得超过一定的费用，并有一定的性能要求等。因此，有人说项目是新企业、新产品、新工程、新系统和新技术的总称。

由此可见，在各种不同的项目中，项目内容可以说是千差万别的。但项目本身有其共同的特点，这些特点可以概括如下：

1）项目由多个部分组成，跨越多个组织，因此需要多方合作才能完成。

2）通常是为了追求一种新产物才组织项目。

3）对可利用资源预先要有明确的预算。

4）可利用资源一经约定，不再接受其他支援。

5）有严格的时间界限，并公之于众。

6）项目的构成人员来自不同专业的不同职能组织，项目结束后原则上仍回原职能组织中。

7）对项目的产物的维护或扩展通常由项目参加者以外的人员来进行。

知识点2 项目管理及其特点

与项目的概念相对应，项目管理可以说是在一个确定的时间范围内，为了完成一个既定的目标，通过特殊形式的临时性组织运行机制，进行有效的计划、组织、领导与控制，充分利用既定有限资源的一种系统管理方法。

上述定义中的“确定的时间范围”应该是相对短期的，但不同的项目中所谓“相对短期”的概念并不完全相同。例如一种新产品的研制开发可能是半年或两三年，工业建设项目可能是3~5年，而一座发电厂的建设期可能更长。

项目管理具有以下基本特点：

（1）项目管理是一项复杂的工作　项目管理一般由多个部分组成，工作跨越多个组织，需要运用多种学科的知识来解决问题；项目工作通常没有或很少有以往的经验可以借鉴，执行中有许多未知因素，每个因素又常常带有不确定性；还需要将具有不同经历、来自不同组织的人员有机地组织在一个临时性的组织内，在技术性能、成本、进度等较为严格的约束条件下实现项目目标等。这些因素都决定了项目管理是一项很复杂的工作，而且复杂性与一般的生产管理有很大不同。

（2）项目管理具有创造性　由于项目具有一次性的特点，因而既要承担风险又必须发挥创造性。这也是与一般重复性管理的主要区别。项目的创造性依赖于科学技术的发展和支持，而近代科学技术的发展有两个明显的特点：一是继承积累性，体现在人类可以沿用前人的经验，继承前人的知识、经验和成果，在此基础上向前发展；二是综合性，即要解决复杂的项目，往往必须依靠和综合多种学科的成果，将多种技术结合起来，才能实现科学技术的飞跃或更快的发展。因此，在项目管理的前期构思中，要十分重视科学技术情报工作和信息的组织管理，这是产生新构思和解决问题的首要途径。

创造总是带有探索性的，会有较高的失败概率。有时为了加快进度和提高成功概率，需要有多个试验方案并进。例如在新产品、新技术开发项目中，为了提高新产品、新技术的质量和水平，希望新构思越多越好，然后再严格地审查、筛选和淘汰，以确保最终产品和技术的优良性能或质量。而筛选淘汰下来的方案也并不完全是没用的，它们可以成为企业内部的技术储备，这种储备越多，企业越能应付外界条件的变化和具有更强的应变能力。

（3）项目有其寿命周期　项目管理的本质是计划和控制一次性的工作，在规定期限内达到预定目标。一旦目标满足，项目就失去其存在的意义而解体。因此项目具有一种可预知的寿命周期。

项目在其寿命周期中，通常有一个较明确的阶段顺序。这些阶段可通过任务的类型加以区分，或通过关键的决策点加以区分。根据项目内容的不同，阶段的划分和定义也有所不同。但一般认为项目的每个阶段应涉及管理上的不同特点并提出需完成的不同任务。无论如何划分，对每个阶段开始和完成的条件与时间要有明确的定义，以便于审查其完成程度。

项目管理需要集权领导和建立专门的项目组织。项目的复杂性随其范围不同变化很大。项目越大越复杂，其所包括或涉及的学科、技术种类也越多。项目进行过程中可能出现的各种问题多半是贯穿于各组织部门的，它们要求这些不同的部门做出迅速而且相互关联、相互依存的反应。但传统的职能组织不能尽快与横向协调的需求相配合，因此需要建立围绕专一任务进行决策的机制和相应的专门组织。这样的组织不受现存组织的任何约束，由各种不同专业、来自不同部门的专业人员构成。因此，复杂而包含多种学科的项目，大都以矩阵方式来组织，这是一种着眼于取得项目和职能组织形式两者的好处的组织方式。

项目负责人（或称项目经理）在项目管理中起着非常重要的作用。项目管理的主要原理之一是把一个时间有限和预算有限的事业委托给一个人，即项目负责人，他有权独立进行计划、资源分配、指挥和控制。项目负责人的位置是由特殊需要形成的，因为他行使着大部分传统职能组织以外的职能。项目负责人必须能够了解、利用和管理项目技术逻辑方面的复杂性，必须能够综合各种不同专业观点来考虑问题。但只有这些技术知识和专业知识仍是不够的，成功的管理还取决于预测和控制人的行为的能力，因此项目负责人还必须通过人的因素来熟练地运用技术因素，以达到其项目目标。也就是说项目负责人必须使他的组织成员成为一支真正的队伍，一个工作配合默契、具有积极性和责任心的高效率群体。

焊接生产任务完成的基本过程，就是在焊接生产活动中，根据经营目标、方针和决策，充分考虑企业外部环境和内部条件，运用计划、组织、控制等职能，将输入焊接生产过程的人、财、物、信息等焊接生产要素有机地结合起来，经过焊接生产转换过程，以尽可能少的投入生产出尽可能多的符合市场和消费者需要的产品和劳务，并取得最佳的经济效益。因此，复杂的焊接任务完全可以作为一个项目，并且实施项目管理。

【综合训练】

1. 下列工作中属于项目的是（　　）。

A. 策划一场婚礼　　B. 开发一个软件

C. 为人民服务　　D. 主持一次会议

E. 管理大楼的卫生服务

2. 项目目标通常用下列要素来表示（　　）。

A. 工作范围　　B. 顾客满意度

C. 进度计划　　D. 成本

3. 什么是项目及项目管理？简述项目管理的特点。

4. 为什么说焊接生产任务可以作为一个项目，并且实施项目管理？

5. 为项目制订阶段顺序是什么意思？它包括哪些内容？

模块四　焊接生产信息管理

数据已经渗透到了当今每一个行业的业务领域，成为重要的生产要素。焊接生产的信息化主要包括设计数字化、生产数字化、装备数字化、管理数字化和企业数字化。制造业的信息化管理已经比较成熟，焊接生产是制造业的重要组成部分，其信息化管理势在必行。目前通行的做法是把先进技术和信息化引入传统生产技术和管理中。

知识点1　焊接生产管理数据的特点

独立的焊接制造企业和企业中的焊接车间作为底层的数据采集系统，面对目前的生产过程，其数据采集存在着许多困难，尤其是焊接生产较为离散，自动化程度较低，往往存在着以下特点：

（1）生产过程不可视　主要体现在不能实时了解生产现场中在制品、人员、设备、物料等制造资源和加工任务状态的动态变化。

（2）生产过程复杂性　由于焊接结构和加工工艺的复杂性，造成生产过程中各制造过程的关联性强，生产环境复杂多变。

（3）制造过程信息集成度低　制造过程中的各种信息不能有效地进行集成，导致产能不能得到充分利用。

（4）信息不能有效与上层管理系统进行集成　这种隔断造成生产过程不透明，生产进度、在制焊接结构状况、设备利用状况等关键数据不能到达管理层，增加了过程管理和生产决策的复杂性。

（5）制造过程信息的真实性差　现场数据信息较多依赖人机交互界面，通过人工录入，增加了出错的概率。

（6）制造过程信息的实时性低　作业任务随市场需求频繁调整变化，不利于制造过程信息的实时采集，再加上制造过程信息交互的速度和效率低，造成企业对市场变化的响应速度慢。

知识点2　焊接生产管理数据的来源

数据采集系统一般由以下组成：

（1）实时数据采集层　对焊接结构零部件可以采用多种数据采集方式，如条形码、掌上电脑、无线射频识别等，可以实时快速地采集车间生产过程产生的各种数据。

（2）业务功能数据层　业务功能层是车间制造执行系统的核心，该层包含了车间制造管理系统的业务管理功能模块。车间制造管理的功能和业务流程都在这里实现，包括车间物料管理、车间生产过程数据的分析处理、生产进度统计与预测、在线质量管理、生产过程的可视化监控、综合查询与分析等。

（3）实时存储数据层　主要由当前主流的管理数据库系统组成。

（4）系统集成框架　通过系统集成接口能有效地实现与企业其他信息系统集成，如生产计划系统，人力资源管理系统，工装管理系统，产品工艺设计系统，产品项目管理系统等，并且能够根据实际的需要有效地集成第三方的应用系统和软件服务。

焊接生产过程主要信息类别见表1-1。

表1-1　焊接生产过程主要信息类别

信息类别	采集内容	所属类别	实时性要求
产品加工信息	产品在车间的加工完成状况	动态信息	间隔采集
物料信息	物号、物料名称、物理尺寸、材料牌号、加工工艺	静态信息	入库采集
工人信息	工号、姓名、工种、班号、工时、技术等级	静态信息	一次性录入
设备信息	编号、设备名称、设大类、型号、性能、状态、所在车间	静态信息	一次性录入
产品质量信息	质量信息、检测信息、完成状况、合格数、报废数、报废原因、试料数、维修回用数	动态信息	连续采集

知识点 3　焊接生产管理数据的采集

常用的采集模式包括以下三种：

1. 传感器

传感器是一种检测装置，能感受到被测量的信息，并能将检测感受到的信息按一定规律变换成为电信号或其他所需形式的信息输出，以满足信息的传输、处理、存储、显示、记录和控制等要求。在生产车间中一般存在许多的传感节点，24 小时监控着整个生产过程，当发现异常时可迅速反馈至上位机，因此，传感器可以算得上是数据采集的感官接受系统，属于数据采集的底层环节。

传感器在采集数据的过程中主要特性是其输入与输出的关系，其静态特性反映了传感器在被测量各个值处于稳定状态时的输入和输出关系，当输入为常量或变化极慢时，这一关系就称为静态特性。我们总是希望传感器的输入与输出成唯一的对照关系，最好是线性关系。一般情况下，由于输入与输出不会符合所要求的线性关系，同时存在着迟滞、蠕变等影响因素，使输入与输出关系的唯一性也不易实现。因此我们不能忽视生产中的环境影响，其影响程度取决于传感器本身的功能和可靠性，这种影响可以通过传感器本身加以改善和抑制，有时也可以对环境条件加以限制。传感器可以采集的物理量（数据）见表 1-2。

表 1-2　传感器采集的物理量

采集物理量		派生物理量
位移	线位移	长度　厚度　应变　磨损　不平度
	角位移	旋转角　偏转角　角振动
速度	线速度	速度　振动　流量　动量
	角速度	转速　角振动
加速度	线加速度	振动　冲击　质量
	角加速度	角振动　转矩　转动惯量
力	压力	重量　应力　力矩
时间	频率	周期　计数　统计分布
温度		热容量　气体速度　涡流
光		光通量　光密度　光谱分布

2. 条码技术

条码技术是实现产品时点信息系统、电子数据交换、电子商务、供应链管理的技术基础，是实现焊接生产过程管理的重要技术手段。条码技术包括条码的编码技术、条码标识符号的设计、快速识别技术和计算机管理技术，它是实现计算机管理和电子数据交换不可或缺的前端采集技术。

二维码是用某种特定的几何图案按一定规律在平面分布的黑白相间的图形记录数据符号信息的，在代码编制上巧妙地运用计算机内部逻辑基础的“0”“1”概念，使用若干个与二进制相对应的几何形体来表示文字数值信息，通过移动图像输入设备或光电扫描设备自动识读以实现信息的自动处理。二维码具有条码技术的一些共性：每个码制有其特定的字符集，每个字符占有一定的宽度，具有一定的校验功能。同时还可以对不同行的信息自动识别与处理图形旋转变化等特定功能。二维码与一维条码的区别见表1-3。

表1-3 二维码与一维条码的区别

类别	信息密度与信息量	纠错检验与纠错能力	垂直方向是否携带信息	用途	对数据库及通信网络的依赖	保密性	识读设备
一维条码	信息密度低、信息量小	可通过检验符，没有纠错能力	不携带信息	对物体的标识	多数应用场合依赖通信网络及数据库	保密性差	可用线扫描识读器，如光笔、图像传感器、激光枪
二维码	信息密度高、信息量大	具有校验、纠错能力，可设置纠错级别	携带信息	对物体的描述	可不依赖通信网络、数据库单独使用	保密性好	可用线扫描器、图像识别器多次扫描

3. 射频识别技术

射频识别技术是一种非接触式的自动识别技术，通过射频信号自动识别目标对象并获取相关的数据信息。利用射频方式进行非接触双向通信，达到识别目的并交换数据。射频识别技术可识别高速运动物体并可同时识别多个标签，操作快捷方便。射频识别系统的特点如图1-1所示。

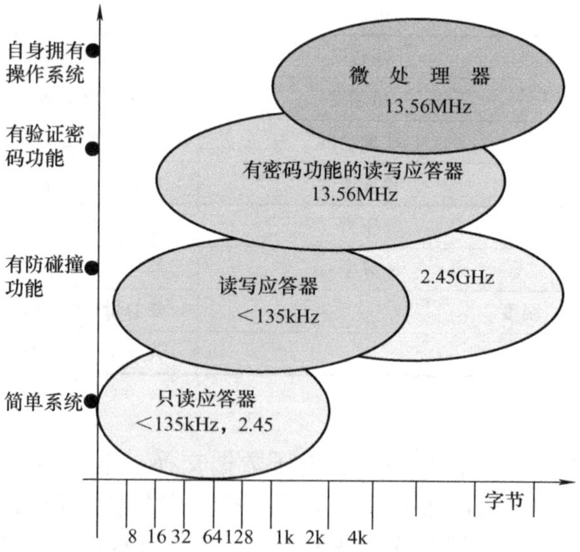

图1-1 射频识别系统的特点

在工作时，射频识别读写器通过天线发送出一定频率的脉冲信号，当射频识别标签进入磁场时，凭借感应电流所获得的能量发送出存储在芯片中的产品信息，或者主动发送某一频率的信号；阅读器对接收的信号进行解调和解码，然后送到后台主系统进行相关处理；主系统根据逻辑运算判断该芯片的合法性，针对不同的设定做出相应的处理和控制，同时发出指令信号控制执行机构动作。射频识别技术简明工作原理如图 1-2 所示。

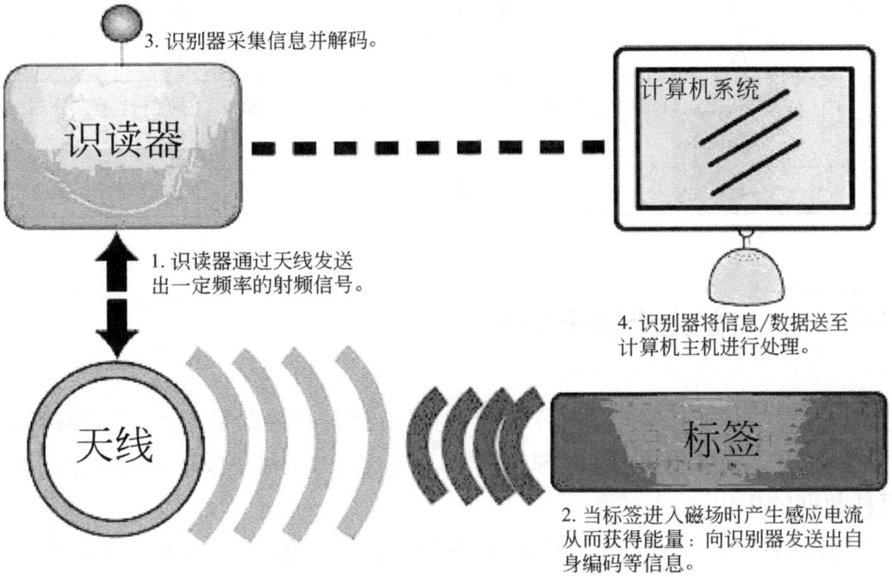

图 1-2　射频识别技术简明工作原理

射频识别技术领域应用最广泛的一个标准是产品电子代码标准，它将射频识别技术系统分成了四个层次，包括物理层、中间层、网络层和应用层。

物理层是整个系统的物理环境构造，包括标签、天线、读写器、传感器、仪器仪表等硬件设备。

中间层是信息采集的中间件和应用程序接口，负责对读卡器所采集到的标签中的信息进行简单的预处理，然后将信息传送到网络层或应用层的数据接口。

网络层是系统内部以及系统间的数据联系纽带，各种信息在其上交互传递。

应用层则是产品电子代码后端软件及企业应用系统。在明晰的系统层次上，产品电子代码标准还统一了数据的报文格式，并规范了输出传输流程。这样，射频识别系统的部署就会变得严谨有序。

企业在选择数据采集方式时，需要考虑的因素有很多。对焊接结构生产加工企业，在底层的生产车间各个关键节点上，对电动机的转速、拖动效率等实时监控，组织传感器网络向上层传递数据信息，反馈控制整个生产过程。在离散生产流水线上，可利用条码技术和射频识别系统读取流水线的部件信息，配合电子看板等在车间实时显示加工状况，结合企业资源计划、制造执行等信息化系统，对生产中的产品进行分拣和瑕疵品的剔除。在条码和射频识别系统的选择上，针对生产粗放型企业，可以以条码技术为主导进行产品的管理与仓储。针对工序复杂的制造企业，可采用射频识别结合其他信息化系统，对企业生产流程达到全方位的管理。选择数据采集方式可以参考表 1-4 的三种数据采集方式的特点综合考虑。

表1-4 三种数据采集方式的特点

特点	射频识别技术	条码技术	传感器
主要应用	非接触自动识别	扫码读取	温度、压强等物理量
数据类型	数字量	数字量	数字量
传递效率	高	高	高
系统交互	在企业资源计划系统中较多使用	与制造企业生产过程执行系统交互	向上传递，分布式控制系统上位机
成本	较高	低	高

知识点4 焊接生产管理数据的分析

在制造业发展的今天，企业往往被生产过程中庞大的数据量困扰。在焊接结构生产制造过程中，采集的有即时数据和完整数据两类，它们都和产品的管理过程息息相关。

1. 两种数据的作用

准确的即时数据，确保了机器设备的正常运转，降低生产成本；采集后的数据分析，缩短新产品从研发到上市的时间，提升生产制造能力；在数据信息的全方位支持下，能很好地完成焊接生产产品的检验，次品的溯源，在销售领域提供人性化的服务。数据采集作为生产制造的基石，经过多年的发展在保持和强化基本功能和应用的基础上，采集手段和应用方式更加成熟，生产制造过程中的数据采集能力逐渐提升，上层信息管理功能不断扩展。完整数据是一系列即时数据的集成，体现生产管理的趋势。

2. 数据采集系统的构建

焊接结构制造企业构建数据采集系统之前，务必认识到数据采集是为企业生产服务的，脱离实际生产本身采集而来的数据对生产本身毫无用处，庞大的冗余信息在处理的时候还可能占用大量人力、物力，导致生产率低下。因此，企业首先要正确认识自己的设备自动化水平，了解企业的信息化系统状况与自己的核心需求，在此基础上将数据采集融入企业生产过程执行系统中，与企业的整体信息化部署相合拍，只有这样才能实现对生产设备、工作人员、加工过程、生产计划、产品质量等进行有效管理和监控。

如果一个焊接结构生产企业的数据采集系统还处于初步实施阶段，应当以自身为对象，将生产过程中的“人、机、料、法、环”各个环节进行综合分析，先将生产的基本进度信息、物料信息和质量信息做到采集准确、胸中有数，然后再根据产品生产的需求逐步深化，层层递进。总而言之，在数据采集的选择上应该按照自己的需求灵活地选择，在管理信息化的不同阶段选择适合自己的数据采集方式。

3. 焊接结构生产数据的分析

焊接结构生产是连续化生产，应用集散型控制系统采集数据。上位机主机采用工业计算机，根据需要可以配备打印机和大屏幕监视器。根据系统需要还可以配置专门的采集站、操作员站、管理员站，将采集、操作和管理分离开。上位机系统的功能是通过通信网络实现上位机与下位机的数据传输，及时将下位机实时采集的数据进行各种处理，包括存入数据库、进行流程显示、历史趋势图和柱状图，还有数据表的显示及各种要求的报表打印输出，用户还可以查看实时数据、历史数据、下发控制操作命令、查看及查询报警信息。

下位机是直接控制设备获取设备状况的的计算机，一般是可编程控制器或者单片机，主要用来监测收集即时数据和执行上位机的操作指令。

下位机系统由多个终端组成现场测控智能装置，由专用的远程终端单元、智能仪表和智能控制器以及可编程逻辑控制器等组成，系统可采用多种模式建立。下位机系统包含了先进而复杂的通信技术、数据处理技术，有多种不同的性能指标和标准。

知识点 5　焊接生产管理数据的呈现

1. 生产管理报表系统

生产管理报表功能是生产信息管理系统的重要组成部分。根据企业生产车间的工作业务情况采用相应的功能管理模块，然后把即时信息引入到生产管理报表系统中，最后形成生产报表。报表系统的主要结构如图 1-3 所示。

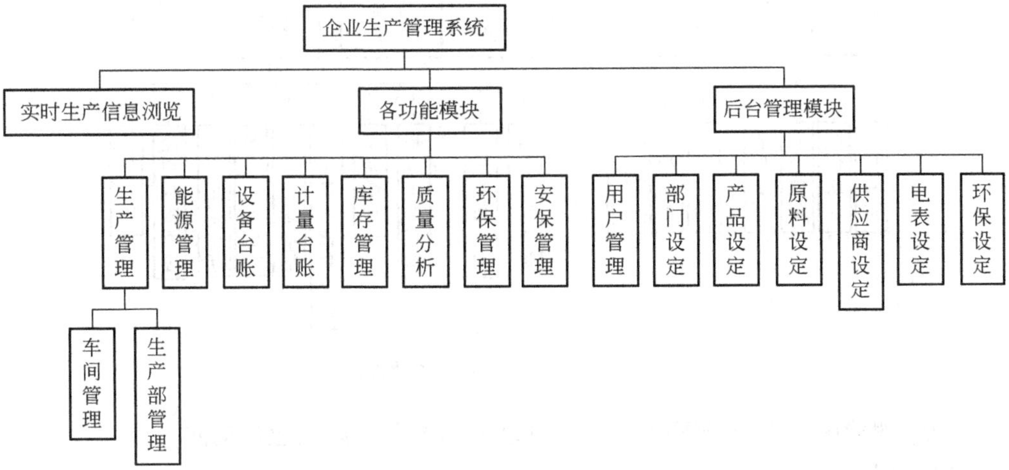

图 1-3　报表系统的主要结构

2. 各功能模块作用

这里简要列举几个重要的功能模块进行介绍：

（1）生产管理　各车间根据生产部下达的生产计划进行生产，并将每日生产信息录入系统，系统将所有车间信息汇总形成生产统计报表。生产部每月制订生产计划，通过查询各车间生产情况了解生产计划的执行情况，分析计划与实际差异原因，便于及时调整和处理。

（2）能源管理　系统将全厂各车间和单位的能耗情况（用水量、用电量、用气量）进行汇总形成能源平衡报表，其中各车间的用水量和用气量由计算机根据采集到的实时数据进行二次计算后存入数据库，通过能源平衡报表对各车间不同时期内的能耗情况进行比较和分析，以便更有效地管理和控制各车间的单位能耗。

（3）设备管理　将各类设备的相关信息进行记录，到了设备检修日期时系统会提示用户，每次检修后将设备检修记录填入系统。这样设备的状态信息就会及时在系统中显示，提高了设备管理效率。

（4）库存管理　将每日的原料和成品的进出库情况进行记录，系统形成原料和成品的库存日报表和进出库累计表，并可比较库存量和设定的库容值进行库容报警。管理人员可通过原料和成品库存情况及时安排采购和销售。

（5）质量分析　对采购的原料及生产的成品进行质量检测并将原料、成品的检测报告进行记录，检测过程中的分析结果也进行记录并形成分析汇总表。管理人员可及时了解产品质量情况。

知识点6　焊接生产人力资源信息管理

人力资源信息管理包含的内容很多，具体组成由图1-4所示。

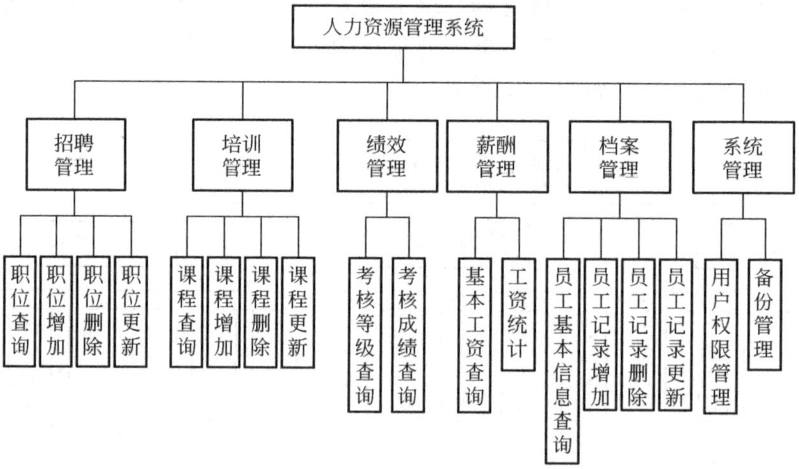

图1-4　人力资源管理系统功能结构图

从业务流程图中可以了解到人力资源管理的基本业务以及业务动向。

1. 招聘管理流程

各部门根据部门具体情况的分析得出各部门的岗位需求，制订出部门人员需求计划，将部门的人员需求计划交由财务部门进行人工成本核算，制订出人工成本预算表，根据各部门的人员需求计划和人工成本预算表制订出人力资源计划，经审批通过后由人力资源部门发布招聘信息。然后对应聘者进行面试，通过面试得到录用的填写个人信息登记表，将个人信息登记表输入员工档案数据库。录用的应聘者通过试用期后会签订聘用合同，聘用合同也将与个人信息一样进入档案数据库中。

2. 培训管理流程

根据各部门各岗位的需求制订培训计划书，经由审批通过后制订出具体的培训安排，包括不同岗位的培训课程安排和时间表，并存入档案数据库，同时在一定范围发布培训信息。培训实施后将员工的培训评估表录入档案数据库。

3. 绩效管理流程

为激励员工的工作，对每个员工的工作成果进行评定，依据具体生产情况制订考核评定表，根据考核周期（一周、一月或一季）和内容进行评定，评定的结果反映出员工的贡献和个人的知识、技术和潜能以及在特定领域为提高绩效所做的努力。这个结果也是确定激励性薪酬的基本依据，同样也录入档案数据库。

4. 薪酬管理流程

根据职位分析的结果制订薪酬结构，按照薪酬结构和考勤情况进行基本工资的计算，制订出基本工资表，财务部门根据基本工资表和福利等信息进行应付工资的计算并制订出应付工资表和实发工资表，同时录入档案数据库。

5. 档案管理流程

所有与员工有关的档案数据形成完整的员工档案数据库，使员工的信息能统一规范管理起来，并对数据库中的数据和信息及时准确完整的更新，企业提供及时、准确、方便的信息和查询渠道，使人力资源管理规范化、自动化、高效化。

【综合训练】

1. 焊接生产管理数据有什么特点？
2. 焊接生产管理数据的来源有哪些？
3. 如何采集焊接生产数据？
4. 如何分析焊接生产管理数据？
5. 焊接生产人力资源管理包括哪几方面？

模块五　焊接生产企业文化建设

企业是指从事生产、流通和服务等经济活动，为满足社会需要和获取盈利，实行独立核算、自负盈亏、依法成立的经济组织。普通企业有如下明显的特征：

1. 经济性

企业的经济性是作为经济细胞的组织区别于从事非经济活动的政府机关、政治组织，事业单位、群众组织和学术团体等非经济组织的最本质特征。

企业首先是经济组织，它在社会中所从事的是商品生产和服务的经济活动，以谋求利润为基本目的。其次，企业必须依法成立。依法成立的企业是经济的细胞，是市场中的经营主体。它以自己生产的产品或提供的服务，通过交换来满足社会需要，并从中获得利润。

2. 社会性

企业是一个社会组织，它与社会发生着广泛的、各种各样的社会关系。从商品生产角度看，企业所从事的生产经营活动是社会化大生产的一个组成部分。企业是社会经济系统中的一个子系统，它与其他子系统发生着广泛的经济联系。

3. 自主性

企业是独立自主从事生产经营活动的经济组织，在国家法律、政策允许的范围内，企业的生产经营活动不受其他主体的干预。依法成立的企业的独立性在法律上表现为财产独立、核算独立、经营自主，并以自己独立的财产享有民事权利和承担民事责任。

4. 发展性

企业是一个人、财、物、技术、信息等综合的能动的有机体。企业的发展性表现在对外部环境的适应能力、自我改造能力、自我约束能力和自我发展能力。从系统论的角度讲，企业是一个耗散结构系统，它通过不断地与外界进行能量、物质和信息的交换，调整自己的内部结构，以适应市场环境的变化，并发展和壮大自己。

5. 竞争性

竞争是市场经济的基本规律。企业要生存，要发展，就必须参与市场竞争，并在竞争中取胜。企业的竞争性表现在它所生产的产品和提供的服务要有竞争力。要在市场上接受用户的评判和挑选，要得到社会的承认。市场竞争的结果是优胜劣汰。企业通过自己有竞争力的产品或服务在市场经济中发展壮大。

焊接生产企业除了上述普通企业的特点外，还有如下特征：一是生产环节多、焊接结构相对复杂；二是各种焊接方法对操作人员的依赖程度高，人员的技术水平直接影响焊接结构的质量；三是保证焊接质量的国际、行业的标准文件多，对企业的要求也高。因此，焊接生产企业的管理必须要有企业文化作为基础，企业文化与企业管理同属企业的有机组成部分而且密不可分，只有把管理上升到文化的高度才能使企业可持续发展。

知识点1 企业文化概述

1. 企业文化的概念

企业文化是企业和企业职工在一定的历史环境中，在民族文化和现代意识影响下，在生产、经营、销售、管理等活动中逐渐形成的具有企业特点的群体意识，以及这个群体意识的价值观念、思维方式、行为准则和道德规范等。企业文化以企业精神为核心，以企业文化理念群、企业价值取向、企业文化形态、企业亚文化精髓为主要内容，以企业物质文化、企业制度文化为支撑，以企业文化符号为外部记载、传播与输出的工具，融合公司的宗旨、行为规范、伦理体系、价值准则、习俗、信仰、制度规定为一体，是企业赖以生存的精神支柱。

企业文化的来源有多种途径，但主要有以下三个方面：一是企业内生型，即随着企业创业形成、并在企业的发展中得到成长，它含有强烈的企业个性特点，不同的企业区别明显；二是外来输入型，即一家企业从其他企业聘请了一批关键人才，这些外来人才在工作中把其原来工作单位的企业文化也带过来，并对现在单位的企业文化造成极大影响，这些人才采取新的理念、新的方法进行企业治理，企业的面貌焕然一新；三是兼并重组融合型。在当今市场经济条件下竞争如此激烈，企业之间的兼并重组时刻进行。企业的兼并重组，不仅是不同企业资产的整合过程，更是不同的企业文化的融合过程。企业在兼并重组中，原有的、各自的企业文化都在新的企业中得到体现，从而产生新的企业文化，这在跨行业、跨地区的兼并重组中表现得更加明显。

2. 企业文化的特点

企业文化，分为硬文化与软文化两种。硬文化，是指企业人员本身的文化行为；软文化，则是指企业中应用的科学技术。企业管理运用科学的现代管理方法，其本身就是运用软文化为企业服务的一种表现。

企业文化是企业管理成功与否的关键。因为，企业文化是企业在长期发展过程中形成的价值观念、经营思想、群体意识、行为规范等的一种综合体，是在一个企业的核心价值体系基础上形成的，具有延续性的、共同的认知系统和习惯性的行为方式。这种共同的认知系统和习惯性的行为方式使企业员工彼此之间能够达成共识，使得每一个员工知道企业提倡什么、反对什么，怎么做才能符合企业管理的内在规范要求，怎么做可能会违背企业管理的宗旨和目标。成功的企业文化是组织员工思想、行为的依据，是企业管理成功的关键。

3. 企业文化对企业管理的作用

（1）导向作用　即把企业职工引导到企业所确定的管理目标上来，促进企业管理目标的顺利实现。

（2）约束作用　企业文化用一种无形的文化力量来形成一种价值观念、行为准则、道德规范，对企业职工起必要的约束作用。

（3）凝聚作用　企业文化一旦得到企业职工认同后，就会形成向心力和归属感，使职工感觉到主人翁的地位。

（4）融合作用　企业文化融合了职工思想、行为等个性特征，有利于企业管理形成自身的一种共性。

（5）辐射作用　企业文化对外部环境有一种辐射力，既树立了企业自我形象，又对整个企业建设产生极大的影响。

知识点2　企业文化的建设

企业文化建设的内容主要包括物质层、行为层、制度层和精神层四个层次的文化。学习型组织的塑造是企业文化建设的宗旨和追求的目标，从而构成企业文化建设的重要内容。

1. 物质文化

产品和各种物质设施等构成的器物文化，是一种以物质形态加以表现的表层文化。

企业生产的产品和提供的服务是企业生产经营的成果，是物质文化的首要内容。其次企业的生产环境、企业容貌、企业建筑、企业广告、产品包装与设计等也构成企业物质文化的重要内容。

2. 行为文化

行为层文化是指员工在生产经营及学习娱乐活动中产生的活动文化，它指企业经营、教育宣传、人际关系活动、文娱体育活动中产生的文化现象，包括企业行为的规范、企业人际关系的规范和公共关系的规范。企业行为包括企业与企业之间、企业与顾客之间、企业与政府之间、企业与社会之间的行为。

3. 制度文化

制度文化主要包括企业领导体制、企业组织机构和企业管理制度三个方面。企业制度文化是企业为实现自身目标对员工的行为给予一定限制的文化，它具有共性和强有力的行为规范的要求。它规范着企业的每一个人。企业工艺操作流程、厂纪厂规、经济责任制、考核奖惩等都是企业制度文化的内容。

4. 精神文化

精神文化是企业生产经营过程中，受一定的社会文化背景、意识形态影响而长期形成的一种精神成果和文化观念，包括企业精神、企业经营哲学、企业道德、企业价值观念、企业风貌等内容，是企业意识形态的总和。

1）“参与、奉献、协作”的企业精神，是现代意识与企业个性相结合的一种群体意识，是企业经营宗旨、价值准则、企业信条的集中体现，它构成企业文化的基石。通常通过厂歌、厂徽、厂训、厂规等形象地表现出来。

2）“以市场为导向”的企业经营哲学是指企业经营过程中提炼的世界观和方法论，是企业在处理人与人、人与物关系上形成的意识形态与文化现象。与民族文化、特定时期的社会生产、特定的经济形态、国家经济体制及企业文化背景有关。

3）“以人为本”的企业价值观是企业在追求成功经营过程中所推崇的基本信念和奉行的目标，它体现在处理股东、员工、顾客、公众等利益群体的关系中，包括利润价值观、经营管理价值观和社会互利价值观。

知识点3　企业文化的发展

从企业管理的发展来看，企业管理经历了三个阶段，即权威管理、制度管理、文化管理，也可称之为人治、法治、德治。它们分别对应物本管理、人本管理、智本管理。所谓“人治”，即权威管理，它是以个人意志、凭个人经验、靠个人权威管理企业，如最初的厂长负责制，个人说了算，就属于这种类型。“人治”管理的特点是“随意性”，完全随个人意志转移，不受任何外界约束。所谓“法治”，也就是制度管理，较之“人治”有了较大进步，它是靠制度管理企业，厂长的行为也要受制度的约束，要在制度允许范围内行使权威，它要建立现代企业制度，健全法人治理结构，实行董事会决策，经理层落实等一套比较规范的制度。“法治”管理的特点是制度的“不完备性和非刚性”，一是制度不可能像恢恢天网，覆盖企业的方方面面，二是制订制度的人不执行制度或者执行不力。因此，企业管理最终要向文化管理发展。文化管理是企业管理的最高境界，它是靠塑造人的精神，管理人的思想来达到管理人，进而达到管理企业的目的。其特点是人性化、柔性化，文化管理的最终结果是企业和谐。文化管理可以弥补制度管理的两个缺陷，它是和智本管理相对应的，它管理的不再是物，也不再是人的具体行为，而是人的思想。思想，只能靠思想去统治，制度统治不了思想。

制度的特点是量化。制度管理是定量管理，文化管理是定性管理，它们管理的对象都是人。其区别在于，前者管理的是人的具体行为，后者管理的是人的思想道德，前者以约束为主，后者以塑造、引导、激励为主。在社会经济活动中，人的因素是居于主导地位的。人作为社会生产力诸因素中最重要、最活跃的因素，并不像物质资源、财务资源、时间资源那样可以直接量化；人作为社会人，以至文化人，其学识、经验、能力、心理等因素及其主动性、积极性发挥的程度等，是极其复杂、多样的，难于甚至无法进行量化。因此，单纯依靠以量化为特点的制度管理企业、管理人，特别是管理人的思想，管理人的积极性，显然是不够的，弥补其缺陷甚至取而代之的将是文化管理，由目前的制度管理为主、文化管理为辅，发展到将来的文化管理为主、制度管理为辅，如图1-5所示。

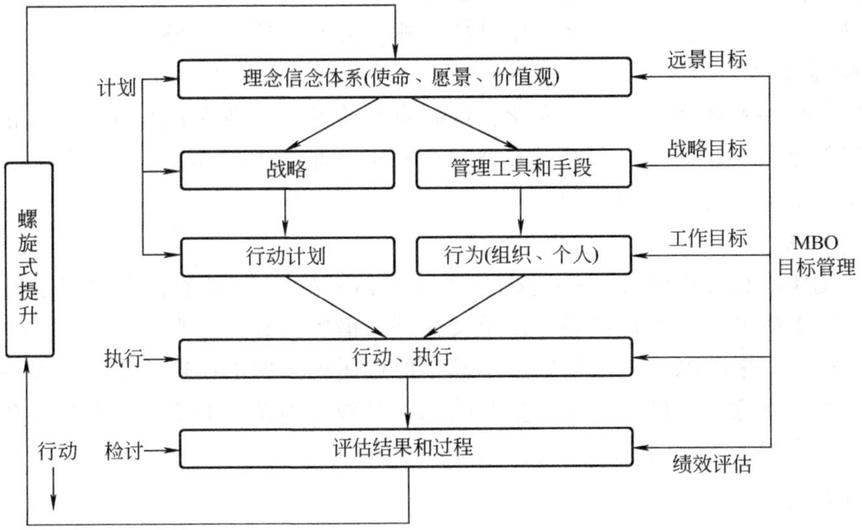

图 1-5 企业文化总结发展流程

知识点 4 焊接生产企业文化建设

焊接生产企业文化建设要结合焊接管理，在完整的质量管理体系的基础上，体现以下六个基本观点：

1）系统工程观点。

2）全员参与质量管理观点。

3）实现企业管理目标和质量方针的观点。

4）对人、机、物、法、环实行全面质量控制的观点。

5）质量评价和以见正资料为依据的观点。

6）质量信息反馈的观点。

同时要结合以下几点：

1. 以人为本

文化应以人为载体，人是文化生成与承载的第一要素。企业文化中的人不仅仅是指企业家、管理者，也体现于企业的全体职工。企业文化建设中要强调关心人、尊重人、理解人和信任人。企业团体意识的形成，首先是企业的全体成员有共同的价值观念，有一致的奋斗目标，才能形成向心力，才能成为一个具有战斗力的整体。

2. 表里一致

企业文化属意识形态的范畴，但它又要通过企业或职工的行为和外部形态表现出来，这就容易形成表里不一致的现象。建设企业文化必须首先从职工的思想观念入手，树立正确的价值观念和哲学思想，在此基础上形成企业精神和企业形象，防止搞形式主义，言行不一。形式主义不仅不能建设好企业文化，而且是对企业文化概念的歪曲。

3. 注重个性

文化本来是在本身组织发展的历史过程中形成的。每个企业都有自己的历史传统和经营特点，企业文化建设要充分利用这一点，建设具有自己特色的文化。企业有了自己的特色，而且被客户所公认，才能在企业之林中独树一帜，才有竞争的优势。

4. 重视经济性

企业文化是一种微观经济组织文化，应具有经济性。企业文化必须为企业的经济活动服务，要有利于提高企业生产力和经济效益，有利于企业的生存和发展。不能离开企业经济目标来实现和谋求企业的生存和发展。

5. 继承传统

企业文化建设是在传统文化的基础上进行增值开发，否则企业文化就会失去存在的基础，也就没有生命力。增值开发是对传统文化进行借鉴，弃其糟粕，取其精华。我国传统文化中的民本思想、平等思想、务实思想等都是值得增值开发的内容。通过开发利用，使职工产生强烈的主人翁意识，自觉地参与企业的民主管理，为企业职工提供平等竞争的机会，有利于倡导按劳分配、同工同酬的运行机制。

【综合训练】

1. 一般企业有哪些特征？
2. 什么是企业文化？
3. 制度管理和文化管理有什么异同？
4. 焊接生产企业怎样建设企业文化？

第二单元　焊接生产项目的确立

【学习目标】 熟悉焊接生产项目的承揽和准备知识；了解焊接生产项目招标和项目合同签订的过程；熟悉项目成本计划（预算）、项目成本控制、估算等具体方法；能够对简单的焊接生产项目进行成本分析。

模块一　焊接项目招投标的基本知识

焊接生产项目招投标是国际通用的、比较成熟的而且又是科学合理的承发包方式，是工程建设市场的主要交易方式。我国于 2000 年 1 月 1 日颁布施行《中华人民共和国招标投标法》，规范了招标投标活动。招标投标的基本特性是：

（1）组织性　招标投标是一种有组织、有计划的商业交易活动。它的进行过程必须按照招标文件的规定，在特定地点、时间内，按照规则、办法和程序进行，有着高度的组织性。

（2）公开性　公开性是指进行招标活动的信息公开；开标的程序公开；评标的标准和程序公开；中标的结果公开。

（3）公平性和公正性　公平性和公正性是指对待各方投标者要一视同仁，招标方不得有任何歧视某一个投标者的行为；开标过程实行公开、公证方式；严格的保密原则和科学的评标办法，保证评标过程的公正性；与投标人有利害关系的人员不得作为评标委员会成员；招标的组织性与公开性则是招标过程中公平、公正竞争的又一重要保证。

（4）一次性　招标与投标的交易行为，不同于一般商品交换，也不同于公开询价与谈判交易。招标投标过程中，投标人没有讨价还价的权利是招标投标的又一个显著特征。投标人参加投标，只能应邀进行一次性秘密报价，是“一口价”。投标文件递交后，不得撤回或进行实质性条款的修改。

（5）规范性　按照目前通用做法，招标投标程序已相对成熟与规范，不论是工程施工招标，还是有关货物或服务采购招标，都要按照“编制招标文件—发布招标公告—投标—开标—评标—签订合同”这一相对规范和成熟的程序进行。

知识点 1　焊接生产项目招标

招标是指招标人通过招标公告或投标邀请书等形式，招请具有法定条件和具有承建能力的投标人参与投标竞争。焊接生产项目招标是以发包方或发包方委托的监理公司为主体的活动，是发包方对自愿参加某一特定工程项目，如中承式钢管混凝土桥梁、球罐、钢结构厂房等中的焊接结构制作、安装等生产项目的承包进行审查、评比和选定的过程。

通常发包方首先要提出要求和目标，即对特定项目的地点、投资目的、任务数量、质量标准以及进度目标予以明确，并发布广告或发出邀请函，使自愿投标者按发包方要求的目标投标，发包方按投标报价的高低、技术水平、工程经验、财务状况和信誉等方面进行综合评价，全面分析，择优选择确定中标单位并签定合同后，招标方告终结。

1. 招标分类

招标按生产承包的范围分类，可分为以下两种：

（1）项目总承包招标　这种招标可分为两种类型：一种是生产项目施工阶段全过程，包括焊接结构制作及安装的招标；另一种是生产项目全过程，包括焊接结构设计、制作及安装的招标。

（2）专项承包招标　这种招标是指在对生产项目承包招标中，对其中某项比较复杂，或专业性强，要求特殊的工作项目，单独进行招标的称为专项承包招标。焊接生产项目的专项招标有焊接结构设计、结构制作和结构安装等三种。

2. 招标形式

国际上常采用的招标方式有以下三种形式：

（1）公开招标　公开招标也称为无限竞争性招标，是指招标人以公告的方式（如通过报纸、电视、广播、互联网公开发布招标广告）邀请不特定的法人或其他组织投标。

（2）邀请招标　邀请招标也称为有限竞争性选择招标。这种方式不发布公告，发包方根据自己的经验和各种信息资料的了解，对那些被认为有能力承担该工程的承包方发出邀请，必须邀请三家以上前来投标。这种招标方式一般可以保证参加投标的承包方有一定的项目工程经验、信誉可靠、有能力完成该工程项目，但由于经验和信息资料的局限性，有可能漏掉一些在技术、报价上有竞争能力的后起之秀。

（3）议标　议标也称为非竞争性招标或指定性招标。这种方式是发包方邀请一家，最多不超过两家承包商直接协商谈判，实际上是一种合同谈判的形式。这种方式适用于造价较低、工期紧、专业性强或军事保密项目。其优点是可以节省时间，容易达成协议，迅速开展工作，缺点是无法获得有竞争力的报价。

招标组织形式分为招标人自行组织招标和招标人委托招标代理机构代理招标两种组织形式。

（1）自行招标　自行招标具有编制招标文件和组织评标能力的招标人，自行办理招标事宜，组织招标投标活动。

（2）委托招标　委托招标招标人自行选择具有相应资质的招标代理机构，委托其办理招标事宜，开展招标投标活动；不具有编制招标文件和组织评标能力的招标人，必须委托具有相应资质的招标代理机构办理招标事宜。

3. 招标文件

我国《招标投标法》规定的招标方式是公开招标和邀请招标。无特殊情况，不应采用议标方式。招标文件是向投标单位介绍生产项目情况和招标条件的文件，也是生产项目承包合同的基础文件。通常包括以下内容：

（1）项目综合说明　项目综合说明即为招标项目的概况。一般应包括工程名称、地点、生产内容，发包范围和批准招标的机构，施工现场条件，总工期和分项项目分批分期竣工要求及保修要求。

(2) 图样和技术说明 图样和技术说明包括生产施工图样，对主要材料和设备的规格质量要求和有关特殊要求的说明，以及生产验收适用的技术规范等。

(3) 工程量清单 工程量清单是对要实施的生产项目和内容按产品部位、性质等所罗列的表格。每个表中既有需要实施的分项目，又有每个分项目的工程量和计价要求，以及每个分项目报价和每个表的总计等。项目中，焊接结构的工程量通常按不同构件或不同部位的重量列出。工程量清单是供投标单位作为计算标价的依据。

(4) 投标单位应填送的表格 投标单位应填送的表格主要有投标意见书和投标企业状况表。

(5) 投标须知 投标须知主要有材料供应方式和订货情况；中标评定的优先条件和废标的条件；投标应缴费和返还的规定；考察现场、招标交底和解答问题的时间、地点；填写标书注意事项；标书的投送方式、地点和截止时间；开标的时间、地点等。

在焊接生产项目承包招标、投标竞争中，招标就是要择优，由于项目的性质和发包方的评价标准不同，择优可能有不同的侧重面，但一般包括四个主要方面：较低的价格，先进的技术，优良的质量和较短的工期。

发包方确定中标单位，既会从其突出的侧重面进行衡量，又会综合考虑上述四个方面的因素。对于承包方来说，参加投标不仅要比报价的高低，而且要比技术、经验、实力和信誉。特别是对于技术密集型生产项目，承包方要关注两方面的挑战：一方面是技术上的挑战，要求承包方具有先进的科学技术，能够完成高、新、尖、难工程；另一方面是管理上的挑战，要求承包方具有现代先进的组织管理水平，能够以较低报价中标，靠管理获利。

知识点2 焊接生产项目投标

投标是指经资格审查合格的投标人，按招标文件的规定填写投标文件，按招标条件编制投标报价，在招标文件限定的时间送达招标单位。投标就如同参加一场赛事竞争，成败往往关系到企业的兴衰存亡。因此，投标过程中的每一项工作应认真做好，注意投标技巧，力争中标。

1. 投标过程

投标过程是指从填写资格预审调查表开始，到将正式投标文件送到承包方为止所进行的全部工作。这一阶段工作量很大，时间紧迫，一般投标工作的程序如图2-1所示。

2. 投标技巧研究

投标技巧研究是指开标前的技巧研究和开标至签订合同时的技巧研究。

开标前的投标技巧主要有以下几种方法：

(1) 不平衡报价法 不平衡报价主要应用于多个分项生产组成的大项目，是指在总价基本确定的前提下，如何调整内部各个分项的报价，以期既不影响总报价，又在中标后可以获得较好的经济效益。

1) 对能早期结账收回工程款的项目，可报以较高价，以利于资金周转，对后期的项目

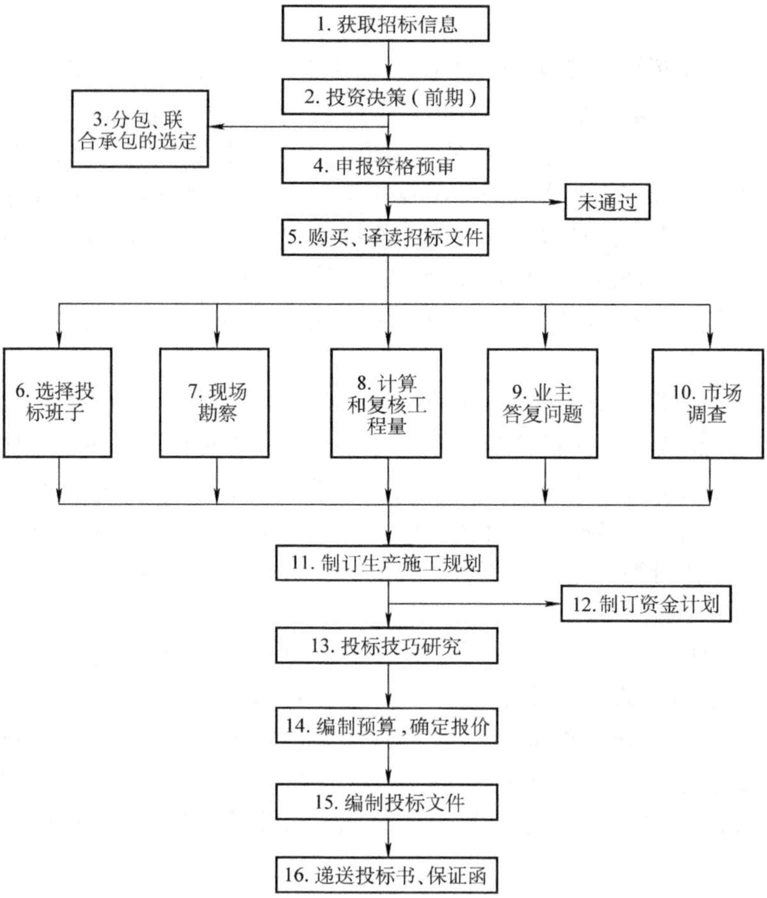

图 2-1　投标工作程序图

单价可予以适当降低。

2）估计工程量可能会增加的分项目，其单价可提高；而工程量可能减少的，则单价可降低。

3）图样内容不明确或有错误，估计修改后工程量要增加的，其单价可提高；而工程内容不明确的，其单价可降低。

4）没有工程量只填报单价的分项目，其单价宜高，这样既不影响总的投资报价，又可获利。

5）对于暂定项目，其实施可能性大的项目，可定高价，估计该工程不一定能实施的，可定低价。

6）质量要求高，技术难度大的项目，单价宜高；反之，单价宜低。例如，结构焊缝必须经 X 射线探伤，且要求达Ⅱ级合格的分项工程，其单价宜高，加工费可报 4000～6000 元/t。

7）零星用工（计时工）一般可报较高的工资单价。这是因为零星用工不属于承包总价的范围，发生时实报实销，也可多获利。

（2）多方案报价法　若承包方拟定的合同要求过于苛刻，为使承包方修改合同要求，可提出两个报价，并阐明按原合同要求规定，投标报价为一数值；倘若合同要求做某些修改的，可降低报价一定的百分比，以此来吸引对方。另外一种情况是，若因投标者自己的技术和设备满足不了原设计的要求，但在修改设计以适应自己的施工能力的前提下仍希望中标，可以报一个按原设计施工的投标报价；另一个按修改设计施工的比原设计的标价低得多的投标报价，以诱导承包方。

(3) 突然袭击法　由于投标竞争激烈，为迷惑对手，有意泄露一些假情报，如不打算参加投标，或准备投高标，表现出无利可图等假象，到投标截止之前几个小时，突然前往投标，并压低投标价，从而使对手措手不及而败北。

(4) 低投标价压标法　此种方法是在非常情况下采用的一种非常手段。例如，企业大量窝工，为减少亏损；或为打入某一产品市场，或者挤走竞争对手保住自己的地盘，于是制定了严重亏损标，力争夺标，若企业无经济实力，信誉不足，此法不一定会奏效。

(5) 联保法　一家实力不足，联合其他企业分别进行投标，无论谁家中标，都联合进行施工。

投标人通过公开开标这一程序可以得知众多投标人的报价。但有时招标人需要综合各方面的因素，反复评审，选择2~3家条件较优者进行议标谈判来确定中标人。若投标人利用议标谈判施展竞争手段，开标后可采用的投标技巧主要有：

(1) 降低投标价格　投标价格不是中标的唯一因素，但却是中标的关键因素。在议标中，投标者适时提出降低价格是要求议标的主要手段。降低投标价格可从三个方面入手，即降低投标利润，降低经营管理费和设定降价系数。

通常，投标人应准备两个投标价格，即准备应付一般情况的适中价格，同时又准备应付竞争特殊环境需要的替代价格。

(2) 补充投标优惠条件　除中标的关键因素价格外，在议标谈判的技巧中，还可以考虑其他许多重要因素，如缩短工期、提高工程质量、降低支付条件要求、提出新技术和新设计方案，以及提供补充物资和设备等，以此优惠条件得到招标人的赞许，争取中标。

3. 投标标书的内容及编制

(1) 投标标书的基本内容　投标标书的内容有封面和投标意见书。

封面需填写投标单位和单位负责人，以及标书报送日期。投标意见书是投标单位承接项目的主要条件，也是评标决标的主要依据。其内容应包括：

1) 项目承包方式，包括生产方式、结算方式。生产方式分为总包（全部工程范围自行施工或部分工程分包专业队伍施工）和联合承包（制造与安装两个企业联合承包）或单项工程承包。结算方式按总包标价一次包死和主要工程项目标价承包。

2) 工程总包价及单项标价，是投标单位承包工程的经济条件，标价中综合了施工过程中的全部费用。

3) 工期。

4) 产品或工程项目拟达到的质量等级及技术保障措施，投入本项目设备状况等。这是衡量投标单位技术水平和工程质量的重要方面。

5) 要求承包方提供的配合条件，是投标单位向招标单位提出及要约条件。提出的配合条件要有针对性，针对招标条件中招标单位应承担的合同责任。如某工程招标文件中，要求投标单位对工程造价一次包死，遇有钢材市场价格调整时，也不得调整承包造价；投标单位在标书中的报价（总包标价）就要综合招标文件中的要约条件，而招标单位有针对性地提出反要约条件，若由招标单位提供某些主要材料的，则应要求承包方对这些材料的按时按量供应提出保证条件以及违约索赔条件等承诺。

此外，工程量清单也应作为标书的组成部分与分投标意见书一并报送。

（2）填写标书应注意的事项

1）投标文件中的每一要求填写的空格都必须填写，不留空白。否则即被视为放弃意见，重要数字不填写，可能被作为废标处理。

2）填报文件应反复校对，保证分项和汇总计算均无错误。

3）递交的文件均应每页签字或盖上单位印鉴，如填写中有错误而不得修改时，则应在修改处签字盖印。

4）填写投标文件字迹要清晰、端正，补充设计图样要美观、大方，给承包方留下良好印象。

5）递标不宜太早，应密封送交指定地点。

6）所有投标文件应装帧美观。

知识点3 开标

开标是指到了投标人提交投标文件的截止时间，招标人（或招标代理机构）依据招标文件和招标公告规定的时间和地点，在有投标人和监督机构代表出席的情况下，当众公开开启投标人提交的投标文件，公开宣布投标人名称、投标价格及投标文件中的有关主要内容的过程。无论采取何种方式，开标都要公开举行，开标的程序一般是：

1）邀请公证部门复验标底和各投标单位的标书密封情况及标书收到的时间（邮寄者以邮局投递日戳为准）。

2）按标书收到的顺序当众启封标书，宣布标价及其他主要内容，并填入预先准备的登记表格中，公布于众。

3）招标领导小组对标书中不够明确的地方，投标单位可做解释和补充说明，但是标书的内容不能更改。

4）各单位标书全部宣布之后，由招标领导小组及公证部门当场检验标书，确认标书有效，如发现某单位的标书不符合招标规定时，可动员投标单位撤回标书或宣布无效。

5）投标条件较好时，可当众宣布标底。如各单位的标价与标底有较大差距时，标底可在评标会议上向招标领导小组宣布，并组织重新审查标底；标底需要调整时，按调整后的标底评标。如标底合理时，可召集投标企业宣布标底，并改为邀请投标条件较好的几个单位进行议标。

知识点4 评标

评标是指招标人依法组建的评标委员会按照招标文件规定的评标标准和方法，对投标文件进行审查、评审和比较，提出书面评标报告，推荐合格的1～3名中标候选人。评标是由招标单位的评标组织对标书进行评审择优，并决定中标单位的过程。

1. 评标组织

评标应设立临时的评标委员会或评标小组，在国内，评标组织通常由招标办、建设单位、建设单位主管部门及有关技术专家组成。在国外，一般由发包方负责组织，由总经济师、总工程师、咨询单位及有关技术专家组成。评标组织的主要任务是制订评标办法，负责评标，按照评标办法推荐或决定中标单位。发包方是指承担勘察设计费用和工程价款的法人、其他经济组织和个人。

2. 评标方法

目前国内外采用较多的评标方法是专家评议法、低标价法和打分法。

（1）专家评议法　采用这种方法是由评标小组或评标委员会拟定评标的内容，如工程报价、工期、主要材料消耗、施工组织设计、工程质量保证和安全措施，分项地进行认真分析比较或调查，进行综合评议，各种专家共同协商和评议，选择其中各项条件都优良者为中标单位。这种方法是一种定性的优选法，能深入听取各方面的意见，但易产生众说纷纭，意见难于统一的现象。

（2）低标价法　这种方法是在通过严格地资格预审和其他评标内容的要求都合格的条件下，评标只按投标报价来定标的一种方法，世界银行贷款项目多采用此种评标方法。这种评标办法有两种方式：一种方式是将所有投标者的报价依次排队，取其3～4个，对其低报价的投标者进行其他方面的综合比较，择优定标；另一种方式是“$A+B$值评标法”，即以低于标底一定百分数以内的报价的算术均值为A，以标底或评标小组确定的更合理的标价为B，然后以“$A+B$”的均值为评标标准价，选出低于或高于这个标准价的某个百分数的报价的投标者进行综合分析比较，择优选定。

（3）打分法　这种方法是由评标委员会事先将评标的内容进行分类，并确定其评分标准，然后由每位委员无记名打分，最后统计投标者的得分。得分超过及格标准分最高者为中标单位。这种定量的评标方法，在设计投标因素多而复杂，或投标前未经资格预审就投标时，常采用这种公正、科学的评标方法，能充分体现平等竞争、一视同仁的原则，定标后分歧意见较小。

知识点5　项目承包合同的签订

中标是指招标人根据评标委员会提出的书面评标报告，在推荐的中标候选人中确定中标人的过程。根据评标结果，招标单位会向中标单位发出“中标通知书”，中标单位应在收到通知书之日起一个月或招标文件规定的时间范围内与招标单位共同鉴定承包合同。

1. 合同的谈判

（1）谈判的目的　开标以后，发包方经过研究，往往选出2～3家投标者就工程有关问题和价格问题进行谈判，然后选择中标单位。这一过程习惯上称为商务谈判。谈判的目的分为发包方参加谈判的目的和投标者参加谈判的目的。

发包方参加谈判的目的主要有以下几项：

1）通过谈判，了解投标者报价的构成，进一步审核和压低报价。

2）进一步了解和审查投标者的施工规划和各项技术措施是否合理，管理力量是否足够雄厚，能否保证工程、产品的质量和进度以及负责项目实施。

3）根据参加谈判的投标者的建议和要求，也可吸收其他投标者的建议，对设计方案、图样、技术规范进行某些修改后，估计可能对工程报价和工程质量产生的影响。

投标者参加谈判的目的主要有以下几项：

1）争取中标。即通过谈判宣传自己的优势，包括技术方案的先进性，报价的合理性，所提建议方案的特点，许诺优惠条件等，以争取中标。

2）争取合理的价格，既要准备应付承包方的压价，又要准备当承包方拟增加项目、修改设计或提高标准时适当增加报价。

3）争取改善合同条款，包括争取修改过于苛刻的和不合理的条款，澄清模糊的条款和增加有利于保护承包方利益的条款。

虽然双方的目的看起来是对立的，矛盾的，但在为工程生产项目选择一家合格的承包方这一点上，则是发包方的基本意图。对于参加竞争的投标者来说，谁能掌握发包方心理、充分利用谈判技巧争取中标，谁就是强者。

（2）谈判的过程　在实际工作中，有的发包方把全部谈判均放在决标之前进行，以利用投标者想中标的心情压价并取得对自己有利的条件；也有的承包方将谈判分为决标前和决标后两个阶段进行。

1）决标前的谈判。发包方在决标前与初选出的几家投标者谈判的内容主要有两个方面：一是技术答辩，二是价格问题。

技术答辩由评标委员会主持，包括了解投标者如果中标后将如何组织施工生产，如何保证工期，对技术难度较大的部位采取什么措施等。虽然投标者在编制投标文件时对上述问题已有准备，但在开标后，当承包方进入前几标时，应该在这方面再进行认真细致的准备，必要时画出有关图解，以取得评标委员的好感，顺利通过技术答辩。

价格问题是一个十分重要的问题，发包方利用他的有利地位，要求投标者降低报价，并就工程款额中自由外汇比率、付款期限、贷款利率（对有贷款的投标）以至延期付款条件等方面要求投标者做出让步。但如为世界银行贷款项目，则不允许压低标价。投标者在这一阶段一定要沉住气，对承包方的要求进行逐条分析，在适当时机适当地、逐步地让步。因此，谈判有时会持续很长时间。

2）决标后的谈判。经过决标前的谈判，发包方确定给中标单位发中标函，这时虽然投标者的身份已经成为中标单位，发包方和中标单位还要进行决标后的谈判，即将过去双方达成的协议具体化，并最后签署合同协议书，对价格及所有条款加以认证。

决标后，中标单位地位有所改善，他可以利用这一点，积极地、有理有节地同发包方进行决标后的谈判，争取协议条款公正合理。对关键性条款的谈判，要做到彬彬有礼而又不做大的让步。对有些过分不合理的条款，宁可冒损失投标保证金的风险也要拒绝发包方的要求或退出谈判，以迫使发包方让步，因为谈判时合同并未签字，中标单位不在合同约束之内，也未提交履约保证。

在发包方和中标单位在对价格和合同条款达成充分一致的基础上，签订合同协议书（某些国家需要到法律机关认证）。至此，双方即建立了受法律保证的合作关系，招标、投标工作即告成功。

2. 合同的签订

合同签订的过程是当事人双方互相协商并最后就各方的权利、义务达成一致意见的过程。签约是双方意志统一的表现。不论是工程承包合同还是加工承揽合同，均属于经济合同。一般国际工程承包项目均要求中标单位在收到中标函后一定时期内（不超过 30 天）提交履约保证，否则发包方有权取消中标单位的中标资格。

合同订立时应遵循以下基本原则：

（1）遵守国家法律和行政法规的原则　《经济合同法》规定"订立经济合同，必须遵守法律和行政法规"。依据这一规定，当事人只有依法订立的合同才具法律约束力，才能实现当事人的经济目的。否则，即使是当事人协商一致订立的合同，也会因其违反法律或行政法规而无效，不仅不受法律的保护，还应对其违法行为承担法律责任。

（2）遵循平等互利、协商一致的原则　《经济合同法》规定"订立经济合同，必须遵循平等互利、协商一致的原则"。这一原则具体表现是：第一，经济合同中的当事人在经济法律地位上一律平等，即当事人的法律地位无高低之分，不允许以大欺小，以上压下。第二，经济合同是当事人双方意见一致的表示，是在各自充分表达了意见，经过协商一致而达成的协议，不允许任何一方违背对方意志，而把自己的意志强加给对方。

合同签订通常应考虑如下问题：

1）合同签订应该遵守的基本原则。

2）合同签订的程序。

3）合同的文件组成及其主要内容。

4）合同签订的形式。

合同文件特别是国际工程承包合同文件组成及其优先顺序为：

1）合同协议书及附录。

2）中标函。

3）投标书。

4）合同条件第二部分——通用条件。

5）合同条件第一部分——专用条件。

6）规范。

7）图样。

8）标价的工程量表。

在整个招标谈判过程中，发包方可能对招标内容做出某些修改，同时，承包方也可能会提出某些问题要求修改，经过谈判达成一致意见后，将之写入合同协议书备忘录（附录）。这份备忘录是合同文件的重要组成部分，备忘录写好并经双方同意后即可正式签署合同协议书。合同协议书由发包方和承包方的法人代表正式授权委托的全权代表签署后，合同即开始生效。至此，招投标工作即告圆满结束。

【综合训练】

1. 对一个邀请招标的工程，必须向（　　）以上的潜在投标人发出邀请。

A. 2 家　　B. 3 家　　C. 5 家　　D. 7 家

2. 招标人对已发出的招标文件进行必要的修改或者澄清，应当在招标文件要求提交投标文件截止时间至少（　　）日前，以书面形式通知所有招标文件收受人。

A. 5　　B. 15　　C. 20　　D. 30

3. 招标投标活动的公开原则首先要求（　　）要公开。

A. 招标活动的信息　　B. 评标委员会成员的名单
C. 工程设计文件　　D. 评标标准

4. 依法必须进行招标项目的（　　），必须通过国家指定的报刊、信息网络或者其他公共媒介发布。

A. 资格预审公告　　B. 投标邀请书
C. 招标公告　　D. 评标标准

5. 招标信息公开是相对的，对于一些需要保密的事项是不可以公开的。如（　　）在确定中标结果之前就不可以公开。

A. 评标委员会成员名单　　B. 投标邀请书
C. 资格预审公告　　D. 招标活动的信息

6. 评标时，（　　）应当明确、严格，对所有在投标截止日期以后送到的投标书都应拒收，与投标人有利害关系的人员都不得作为评标委员会的成员。

A. 评标程序　　B. 评标时间
C. 评标标准　　D. 评标方法

7. 招标投标活动的公正原则与公平原则的共同之处在于创造一个公平合理、（　　）的投标机会。

A. 自由竞争　　B. 平等竞争
C. 表现企业实力　　D. 展示企业业绩

8. 诚实信用是民事活动的一项基本原则，招标投标活动是以（　　）为目的的民事活动，当然也适用这一原则。

A. 承揽工程任务　　B. 签订承包合同
C. 确定中标企业　　D. 订立采购合同

9. 招投标活动应当遵守的基本原则是什么？

10. 投标文件应包含哪些内容？

11. 项目投标有哪些技巧和策略？

12. 工程项目开标的一般程序如何？

13. 合同谈判应注意的事项有哪些？

14. 订立施工合同应具备的条件有哪些？

模块二　焊接生产项目成本计划

完成焊接生产项目任务，实现生产目标，需要人力资源以及设备、材料、设施等物质资源，这些资源的取得无一例外地是以付出一定成本为代价的。虽然合同协议书中已经包含焊接项目的预算，但是比较笼统，因此生产管理人员还必须编制生产预算，制订成本计划，严格控制成本，这样才能使项目能够在额定的预算范围内，按时、按质、经济、高效地完成各项生产任务。预算又可以称为制订成本计划，是指在生产前，根据已批准的施工图样和既定的施工方法，按照特定方法计算的生产费用（直接费、间接费）和利税。

目前，常用的预算方法是单价法、实物量法和综合指标法。

知识点 1 单价法（预算定额法）

通常我们将生产项目按性质、部位划分为若干个分项工作（划分的粗细与所采用的定额相适应）。各分项工作费用由各分项工作的劳动量（工程量）分别乘以相应的定额单价求得，而定额单价由所需的人工、材料、机械台班的数量分别乘以相应的人、材、机价格求得；再按规定加上相应的有关费用（其他直接费、间接费、企业利润）和税金后构成预算价格，这种制订预算的方法称为单价法（预算定额法）。

1. 定额

所谓定额，是指在一定的外部条件下，预先规定完成某项合格产品所需要素（人力、物力、财力、时间等）的标准额度。它反映了一定时间的社会生产水平。

定额按我国现行管理体制和执行范围划分，有全国统一定额、全国行业定额、地方定额、企业定额。定额按用途不同，又可划分为预算定额和生产定额。生产定额，又称劳动定额，一般都是在企业内部使用的，这是企业组织生产和管理所依据的技术文件。

使用定额，应全面了解定额的有关规定，注意应用范围。如钢结构厂房钢柱、钢梁的制作安装工程预算，选用《全国统一建筑工程预算定额》；而压力容器的制作安装工程预算，选用《全国统一安装工程预算定额》。

2. 预算编制依据

编制焊接生产预算应主要依据下列各项：

1）生产图样。

2）预算定额。在我国，很多焊接结构生产可套用建设部批准的《全国统一建筑工程预算定额》。

3）地区定额站批准的材料预算价格（又称信息价）。预算价格包含材料供应价、材料市内运杂费和场外运输损耗、采购和保管费等。远离城市的偏僻地区，也需要单独编制材料预算价格，以区别因地点不同、运费不同，导致价格的不同。

4）单价估价表是根据现行的预算定额，地区工资标准，地区材料预算价格，机械台班费以及水、电、动力资源价格等编制的，它是预算定额在该地区的具体表现形式，也是该地区编制工程预算最直接的基础资料。

5）与定额相配套的工程量计算规则。如《全国统一安装工程预算定额》配套的工程量计算规则是《全国统一安装工程预算工程量计算规则》。

6）国家或省、市规定的各类取费标准。

7）生产组织设计（施工方案）或技术组织措施等。

8）工具书和有关手册。可利用常用数据、计算公式进行金属材料的换算（如钢材、管材、导轨等）。按施工图样可以计算出长度、面积或体积，还必须将其换算成重量，才能套用预算单价。

9）合同协议书。发包方和承包方双方签订的合同协议书有关条款规定也是编制预算的依据之一，如是否采取施工图预算加系数包干，在合同协议书中均有明确规定。

3. 费用的组成

在定额法预算中，产品造价通常由直接费、施工管理费、独立费和利润组成，如图 2-2 所示。

（1）直接费　直接费是指直接用于生产上并能区分和直接计入产品价值中的各种费用，包括人工费、材料费、机械费和其他直接费用。

1）人工费指直接从事生产的工人和附属辅助生产工人的基本工资、工资性津贴。在定额中，不分列工种和技术等级，一律以综合工日表示，内容包括基本用工、超远距离用工和人工幅度差。

2）材料费包括直接消耗在结构制作安装内容中的主要材料、辅助材料、零星材料费用及施工措施性消耗的周转材料摊销费，材料的价格及主要材料损耗率在定额中均有明确规定。

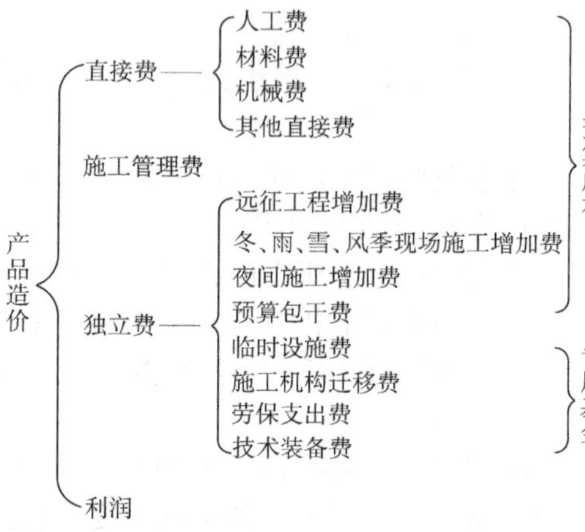

图 2-2　定额法预算费用组成

3）机械使用费指工程施工生产过程中使用机械所发生的费用。在《全国统一安装工程预算定额》中规定的机械使用费台班单价是按2012年建设部颁发的《全国统一施工机械台班费用定额》计算的，凡单位价值在2000元以内，使用年限在两年以内的不构成固定资产。如常用的生产工具、用具（如手提式角磨机）等。

4）其他直接费指预算定额和施工管理费定额规定以外的施工生产需要的水、气等费用，以及因场地狭小等特殊情况而发生的材料二次搬运费以及其他直接费用。

（2）生产管理费（又称间接费）　生产管理费是指为组织和管理生产施工所发生的各项管理费用，这些费用不能区分和直接计入工程或构件价值中，只能按照规定的计算基础和取费计算，间接地摊入工程价值中去。其内容包括：工作人员工资、生产工人辅助工资、工资附加费、办公费、差旅交通费、固定资产使用费、工具用具使用费、劳动保护费、检验试验费、职工教育经费、利息支出、上级管理费、场地清理费等。

这里需特别指出的是，焊接结构生产中所进行的焊接工艺评定、产品试样试验及产品无损检测、压力试验等所发生的费用均属于直接费。在施工管理费中的检验试验费，是指业主要求对有出厂证明的材料、构件进行试验和其他特殊要求检验试验的费用，如制造Ⅲ类压力容器对钢材的超声检测所需费用即属于施工管理费中的检验试验费。

施工管理费的取费计算基础目前有三种：

1）以直接费为基础计取，这是多数地区采用的方法。

2）以人工费加机械费为基础计算。

3）以人工费为基础计取。

关于具体的取费费率，各省、市地区会结合本地区具体情况而定。

（3）独立费　独立费是指为进行工程施工需要而发生的，但又不包括在工程的直接费和施工管理费范围之内，具有特定用途的其他工程费用，如远征工程增加费，冬、雨、雪、风季施工增加费，夜间施工增加费和临时设施费等。其取费标准由各省、市制订。

1）远征工程增加费指企业派出施工力量到远郊区焊接结构安装现场承担工程任务需增加的费用。其范围包括：职工差旅费、探亲路费和工资、流动施工津贴、生活用车等。

2）冬、雨、雪、风季施工增加费指施工单位在冬、雨、雪、风季现场施工采取各种防护措施所增加的费用。其内容包括：材料费、人工费、防护设施费、冬季施工室内外作业临时取暖以及排除雪、雨、污水的费用。为简化计算手续，多数地区规定按常年摊销办法取费，如南方地区雨季施工增加费平均可占直接费的0.5%~0.7%。

3）夜间施工增加费指根据业主要求或设计和施工的技术要求，在夜间连续施工而发生的照明设施，夜餐补助等费用，可以按加班人数，每人每班以元计算。

4）临时设施费指为进行现场施工所需的生产和生活用的临时设施费。各地区规定的范围不尽一致，有的包括大型和小型临时设施，有的只包括大型临时设施。大型临时设施包括：临时宿舍、文化福利用房、通信工程、给排水工程、供热、供电管线、围墙等；小型临时设施是指施工过程中搭设的小型设施，如储水池、工具棚、宿舍区的食堂、卫生间和播音室。

（4）利润　利润是指安装企业完成工程后可计取的利润，一般其取费基础是直接费、施工管理费、夜间施工增加费、预算包干费和独立费中的远征工程费、冬雨雪风季施工增加费等的生产预算成本。

4. 预算方法步骤

1）熟悉图样，包括说明、技术要求、目录等内容，熟悉所采用的生产标准。

2）熟悉施工组织设计（或生产方案）。

3）熟悉预算定额单价表的内容和使用方法，学习工程量计算规则。

4）计算工程量。

必须按照相应工程量计算规则所制订的计算方法，进行工程量计算。各分项工程应按定额项目的顺序，循序逐项进行计量，避免重复和遗漏。在计算焊接结构生产工程量时，应按生产施工主要过程来划分。按照项目管理理论，生产过程即为项目活动，以完成一个完整的可交出物（而非工序、工步）来界定。焊接结构生产过程可分为制作、无损检测、热处理、压力试验、脱脂钝化、现场安装等。计算单位以物理单位（如立方米、吨）或自然单位（如个）且必须与工程量计算规则的规定相符合。

5. 编制工程预算书

1）将各分项计算出的工程量，按照顺序逐项填入工程量计算表。

2）按照工程量，套用相应定额单价表的单价，计算出各项目的直接费用。

3）根据施工组织设计，计算其他直接费、独立费。

4）汇总直接费。

5）按照各省、市地区所规定的取费费率计算施工管理费、利润和税金。

知识点2　实物量法（成本计算估价法）

实物量法是按具体的生产条件和生产组织设计，对生产过程进行资源配置而编制造价文件的一种方法。这是目前国际社会，特别是英、美发达国家普遍采用的预算编制方法，并已成为当今国际社会的一种惯例。

1. 实物量法基本原理

实物量法预测造价是根据确定的生产工序、生产工艺方法及劳动组合，计算各种资源（人、材、机）的消耗量，用当时当地的资源预算价格乘以相应资源的数量，求得完成项目生产任务的基本直接费用。而其他费用的计算可与定额法类似，当然费率由各企业根据生产施工方案分析确定。实物量法的基本原理可以用公式来表示：

项目预算直接费 = 材料费合计 + 人工费合计 + 机械费合计 + 外购件费用合计 = Σ（工序工程量 × 材料预算耗用量 × 当地当时材料预算价格） + Σ（工序工程量 × 人工预算耗用量 × 当地当时人工工资单价） + Σ（工序工程量 × 机械预算耗用量 × 当地当时机械台时或台班单价） + Σ（外购件数量 × 当地当时外购件单价）

2. 实物量法计算的一般步骤

（1）直接费分析

1）以产出物为界定标准确定项目活动，如封头制作、筒体制作、封头与筒体的装配等。

2）确定各项目活动所包含的工序，如筒身制作包括划线、切割、卷圆、焊接和检验等。

3）确定各工序加工方法，如筒身纵缝的焊接采用埋弧焊。

4）根据所要求的生产进度确定每个工序的生产强度，据此确定设备和劳动力的组合。

5）根据生产施工进度计算出人、材、机的总数量。

6）人、材、机总数量分别乘以相应的基础价格，计算该生产项目的总直接费用。

（2）间接费分析　间接费分析是指间接成本分析，它包括生产管理费用、准备工作费用、财务费用（贷款利息）等。间接费分析是根据整个焊接生产项目的生产规模以及生产规划、工期，确定生产管理机构和人员设置、车辆配置，并根据间接费包含的内容如办公费、办公设备等计算生产管理费。

（3）承包商加价分析　根据结构施工特点、承包商的经营状况和市场竞争状况等因素，具体分析确定承包商的总部管理费、中间商的佣金以及承包人不可预见费、利润和税金。

（4）项目风险分析　根据生产项目规模、结构特点以及劳动力、设备材料等市场供求状况，进行项目风险分析，确定不可预见准备金。

（5）项目总成本　项目总成本为直接费、间接费、承包商加价三部分之和，再加上类似“实物量法”分析求出的施工生产准备的费用、有关公共费用、保险及不可预见准备金等，即得项目总成本。

3. 实物量法编制造价的依据

采用实物量法编制成本计划（造价）是针对每个具体生产项目“逐个量体裁衣”，在施工图设计深度满足需求的前提下，编制出一个切合实际的生产施工规划，这个规划又称为施工组织设计。实物量法编制造价的依据就是这个规划。

知识点3　综合指标法

1. 指标（理论）估价法

根据各制造厂或其他有关部门收集来的各种类型的非标准设备制造或合同价格资料，经过统计分析后平均得出每吨产品的价格，再根据这个价格进行估价的方法称为指标估价法。此方法的计算公式为：

$$P = QM$$

式中　P——产品的出厂价格（元/台）；

Q——产品的净重（t/台）；

M——该类设备每吨重理论价格。

指标估价法的优点：

1）应用范围广。一般工程均可采用，当无详细设备制造价时，也可采用此法作价。

2）方法简单，适应性强。只要有实际制造资料，或订货合同价格，均可求出理论估价数据。

3）数据简单，估价速度快。

指标估价法的缺点：

1）当调查不周时，准确程度较差。

2）没有反映出市场信息和动态因素的影响。

2. 系列（或类似）产品插入估价法

在系列（或类似）的机电产品中，只有一个或几个产品没有价格时，可根据其邻近的价格用插入法求出补充价格，所谓插入法就是在该系列（或类似）产品中，找出它邻近的比它稍大的和比它稍小的产品价格及其相应的重量，将大小两种类似产品的价格平均求出每吨价格指标后，再乘以所求产品重量即得。计算公式为：

$$P = QM = Q\ (P_1/Q_1 + P_2/Q_2)\ /2$$

或

$$P = QM = Q\ (P_1 + P_2)\ /\ (Q_1 + Q_2)$$

式中　P——拟计算的设备价格（元/台）；

Q——拟计算的设备重量（t）；

Q_1、Q_2——拟计算的设备相邻的设备重量（t，$Q_1 < Q < Q_2$）；

P_1、P_2——Q_1、Q_2 相对应的设备价格（元/台）。

系列产品插入估价法的优点：

1）计算简单、方便、速度快。

2）用于系统标准设备当中的非标准设备估价，具有一定的准确度。

系列产品插入估价法的缺点：

1）应用范围小。

2）适应性差。

【综合训练】

1. 根据成本信息和焊接项目的具体情况，运用一定的专门方法，对未来的成本水平及其可能发展趋势做出科学的估计，这是（　　）。

A. 成本控制　　B. 成本计划

C. 成本预测　　D. 成本核算

2. 以货币形式编制焊接生产项目在计划期内的生产费用、成本水平、成本降低率以及为降低成本所采取的主要措施和规划的书面方案，这是（　　）。

A. 成本控制　　B. 成本计划

C. 成本预测　　D. 成本核算

3. 比较单价法、实物量法和综合指标法的异同。

4. 什么是定额？定额的费用组成有哪些？

5. 深入焊接企业调查焊接生产项目成本计划制订的基本程序。

6. 案例分析

某高速公路由于业主原因导致高架桥修改设计，监理工程师下令承包商工程暂停一个月，分析在这种情况下，承包商可索赔哪些费用？

可索赔费用如下：

（1）人工费　对于不可辞退的工人，索赔人工窝工费，应按人工工日成本计算；对于可以辞退的工人可索赔人工上涨费。

（2）材料费　可索赔超期储存费用或材料价格上涨费。

（3）施工机械使用费　可索赔机械窝工费或机械台班上涨费。自有机械窝工费一般按台班折旧费索赔；租赁机械一般按实际租金和调进调出的分摊费计算。

（4）现场管理费　由于全面停工，可索赔增加的工地管理费。可按日计算，也可按直接成本的百分比计算。

（5）利息　可索赔延期一个月增加的利息支出。按合同约定的利率计算。

（6）总部管理费　由于全面停工，可索赔延期增加的总部管理费。可按总部规定的百分比计算。

模块三　焊接生产定额的计算

生产定额是生产项目中各项具体工作的成本控制标准。上面介绍的国家预算定额虽然也可以作为生产定额使用，但由于其“共性”太强，与实际生产消耗有较大偏差，因此很多企业都自行编制企业内部使用的生产定额，以便开展项目成本控制。

知识点1　焊接生产定额的编制方法

1. 技术测定法

技术测定法是深入生产现场，应用计时观察和材料消耗测定的方法，对各个工序进行实际测量、查定、取得数据，然后对这些资料进行科学的整理分析，拟定成定额。这种方法有较充分的科学依据，有较大的说服力，但工作量较大。它适用于产品结构简单、经济价值大的生产项目。

2. 统计分析法

统计分析法是根据生产实际中的工、料、台时消耗和产品完成数量的统计资料，经科学的分析、整理，剔去其中不合理的部分后，拟订成定额。

3. 调查研究法

调查研究法是和参加施工生产的老工人、班组长、技术人员座谈讨论，利用他们在生产实践中积累的经验和资料，加以分析整理而成定额。

4. 计算分析法

这种方法大多用于材料消耗定额和一些机械的作业定额。其方法为在确定焊接生产工艺后，根据施工图计算劳动量或工程量，从而计算定额。

知识点 2 焊接材料能源消耗定额的计算

1. 焊接原材料的消耗定额

制订焊接原材料的消耗定额是保证均衡生产、计算产品成本的一个重要因素。它包括焊条消耗定额、焊丝消耗定额、焊剂消耗定额和保护气体消耗定额四部分。

（1）焊条消耗定额的计算　单件焊条消耗量 $g_{条}$（kg）可由下式决定：

$$g_{条} = FL\rho(1 + K_b)/1000K_n$$

式中 F——焊缝熔敷金属横截面积（mm^2），其计算公式见表 2-1；

L——焊缝长度（m）；

ρ——熔敷金属密度（g/cm^3）；

K_b——焊条药皮的质量系数，见表 2-2；

K_n——金属由焊条到焊缝的转熔系数，包括因烧损、飞溅及未利用的焊条头的损失，见表 2-3。

表 2-1　焊缝熔敷金属横截面积计算公式

序号	焊缝名称	焊接接头及坡口形式和尺寸/mm	计算公式
1	单面 I 形焊缝	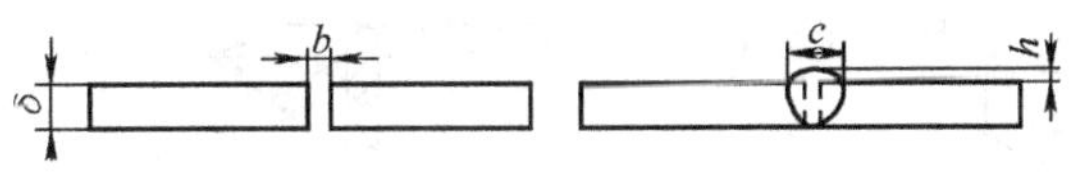	$F=\frac{1}{100}\left(\delta b+\frac{2}{3}ch\right)$
2	I 形焊缝	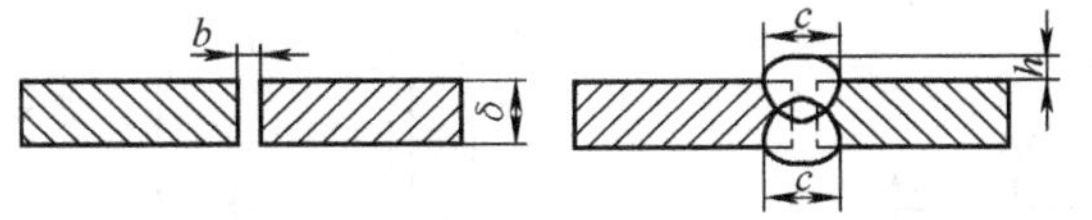	$F=\frac{1}{100}\left(\delta b+\frac{4}{3}ch\right)$
3	V 形焊缝（不作封底焊）	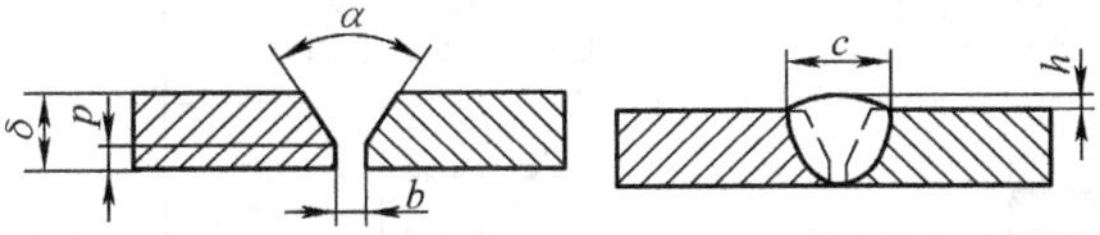	$F=\frac{1}{100}\left[\delta b+(\delta-p)^2\tan\frac{\alpha}{2}+\frac{2}{3}ch\right]$
4	单边 V 形焊缝（不作封底焊）	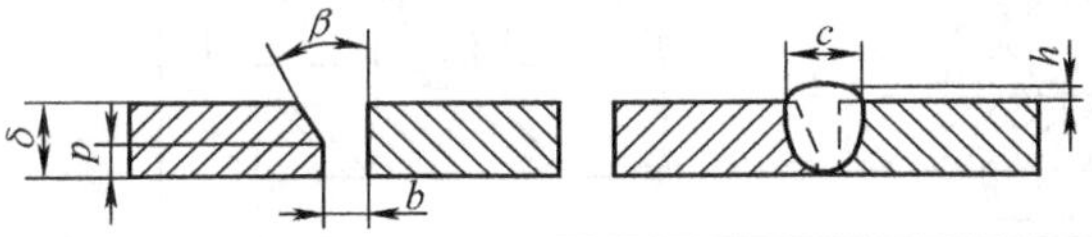	$F=\frac{1}{100}\left[\delta b+\frac{(\delta-p)^2\tan\beta}{2}+\frac{2}{3}ch\right]$
5	U 形焊缝（不作封底焊）	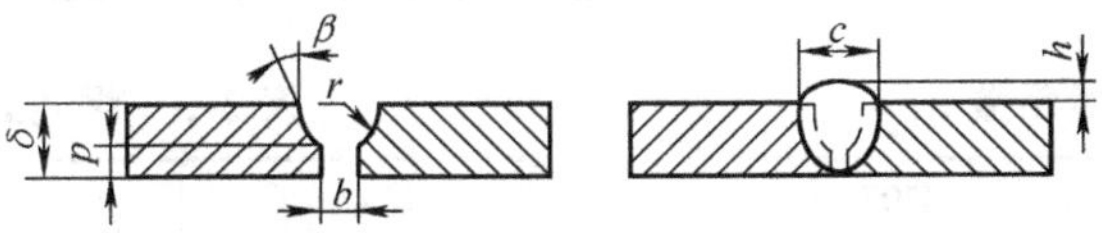	$F=\frac{1}{100}\left[\delta b+(\delta-p-r)^2\cdot\tan\beta+2r(\delta-p-r)+\frac{\pi r^2}{2}+\frac{2}{3}ch\right]$
6	V 形、U 形焊缝的根部不挑根的封底焊缝	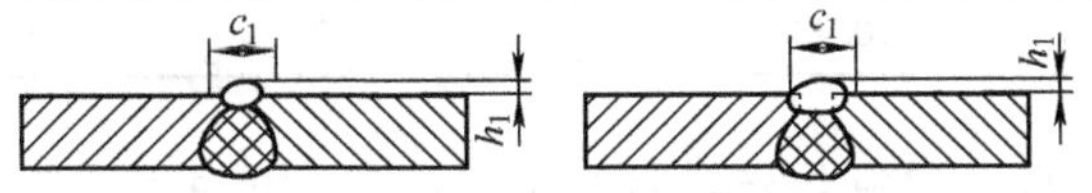	$F=\frac{1}{100}\left(\frac{2}{3}c_1h_1\right)$
7	V 形、U 形焊缝的根部挑根封底焊缝	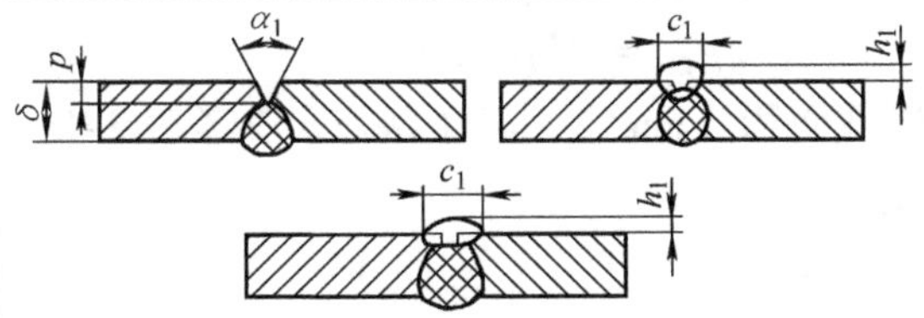	$F=\frac{1}{100}\left(p^2\tan\frac{\alpha_1}{2}+\frac{2}{3}c_1h_1\right)$

（续）

序号	焊缝名称	焊接接头及坡口形式和尺寸/mm	计算公式
8	保留钢垫板的V形焊缝	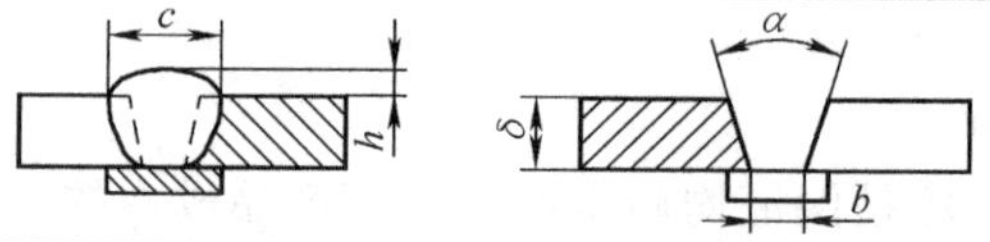	$F=\frac{1}{100}\left(\delta b+\delta^2\tan\frac{\alpha}{2}+\frac{2}{3}ch\right)$
9	X形焊缝（坡口对称）	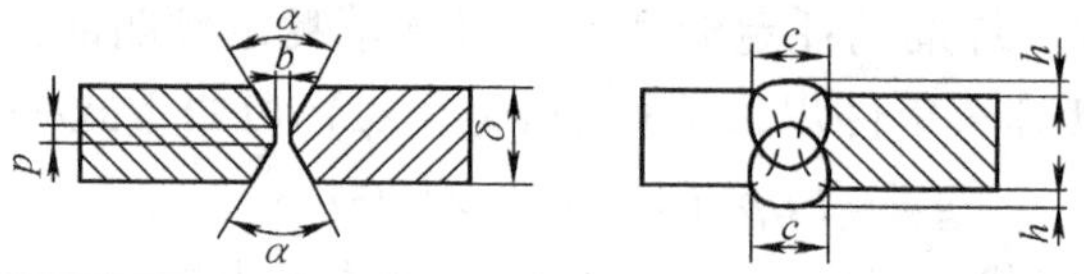	$F=\frac{1}{100}5\left[\delta b+\frac{(\delta-p)^2\tan\frac{\alpha}{2}}{2}+\frac{4}{3}ch\right]$
10	K形对接焊（坡口对称）	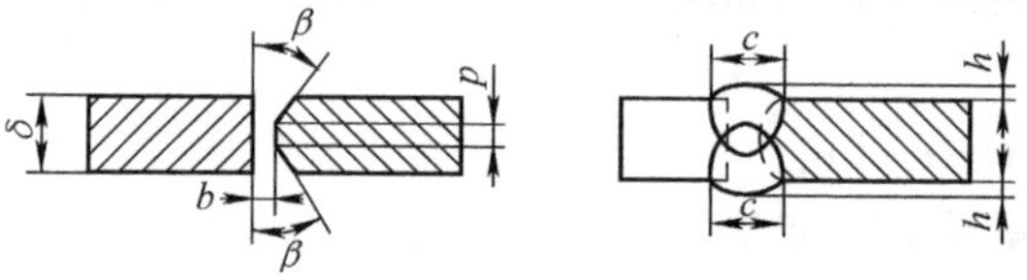	$F=\frac{1}{100}\left[\delta b+\frac{(\delta-p)^2\tan\beta}{4}+\frac{4}{3}ch\right]$
11	双U形焊缝（坡口对称）	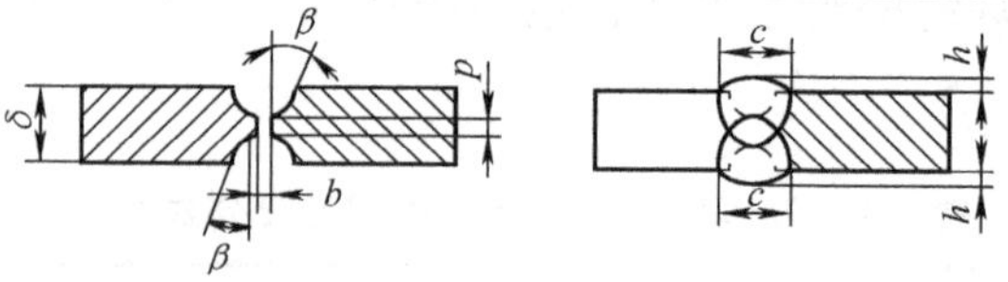	$F=\frac{1}{100}\left[\delta b+2r(\delta-2r-p)+\pi r^2+\frac{(\delta-2r-p)^2\tan\beta}{2}+\frac{4}{3}ch\right]$
12	开I形坡口的角焊缝	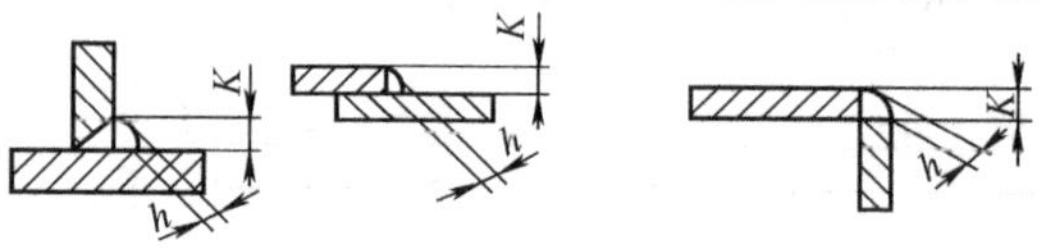	$F=\frac{1}{100}\left(\frac{K^2}{2}+Kh\right)$
13	单边钝边V形角焊缝		$F=\frac{1}{100}\left[\delta b+\frac{(\delta-p)^2\tan\alpha}{2}+\frac{2}{3}ch\right]$
14	K形T字头接头焊缝	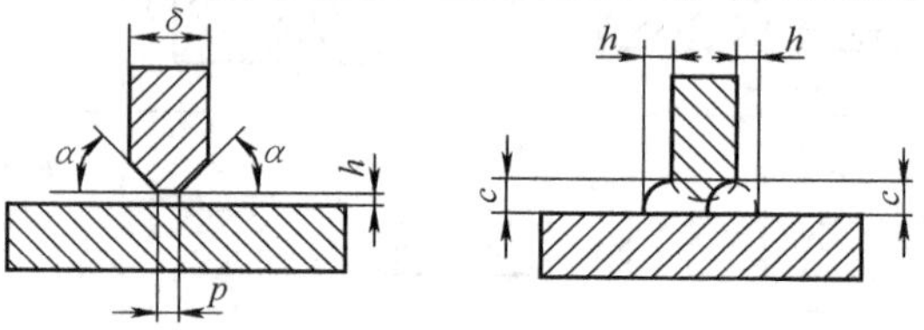	$F=\frac{1}{100}\left[\delta b+\frac{(\delta-p)^2\tan\alpha}{4}+\frac{4}{3}ch\right]$

表2-2　焊条药皮的质量系数 K_b

J422	J424	J507
0.42～0.48	0.42～0.5	0.38～0.44

表2-3　焊条的转熔系数 K_n

J422	J424	J507
0.77	0.77	0.79

（2）焊丝消耗定额的计算　单件焊丝消耗量 $g_{条}$（kg）可由下式决定：

$$g_{条}=AL\rho/1000K_n$$

式中 A——焊缝熔敷金属横截面积（mm^2），其计算公式参考表2-1；

L——焊缝长度（m）；

ρ——熔敷金属密度（g/cm^3）；

K_n——金属由焊丝到焊缝的转熔系数，包括因烧损、飞溅及未利用的焊条头的损失，常取0.92～0.99。

（3）焊剂消耗定额的计算　常用实测方法得到单位长度焊缝焊剂的消耗量，然后由焊缝总长度计算总的焊剂消耗量。在概略计算中，焊剂消耗量可定为焊丝消耗量的0.8～1.2倍。

（4）保护气体消耗定额的计算　保护气体消耗量由下式决定：

$$V=Q(1+\eta)tn$$

式中　V——保护气体体积（L）；

Q——焊接时保护气体的流量（L/min）；

η——气体损耗系数，常取0.03～0.05；

t——焊接完成一件焊件的时间（min）；

n——每年或者每月焊接完成焊件的数量。

焊接用CO_2气由瓶装的液态CO_2汽化而来，容量为40L的标准钢瓶可灌入25kg液态CO_2。在0℃和0.1MPa大气压力下，10kg液态CO_2可以汽化成509L的气态CO_2。瓶内有液态CO_2时，其气态CO_2的压力为4.90～6.86MPa，此压力随环境温度而变化。当瓶中气压降至0.1MPa大气压时，便不能再使用，以防止0.1MPa大气压中的水汽含量超标。由此可知，每瓶可得到气态$CO_2$12324L（标准状态）。因此，就可折算出每月或每年需要用气瓶数N为：

$$N=V/12324$$

对于氩气，当温度在20℃以下、40L标准钢瓶中氩气的压力为15MPa，由此可知，每瓶氩气在20℃、0.1MPa大气压力下可以得到6000L，因此，就可折算出每月或每年需要用气瓶数N为：

$$N=V/6000$$

2. 焊接生产电力消耗定额的计算

电弧焊时电力消耗量可按下式进行计算：

$$A=A_1+A_2=UIt/1000\eta+W_0(T-t)$$

式中　A——电力消耗量（kW·h）；

A_1——弧焊电源工作状态时的电力消耗（kW·h）；

A_2——弧焊电源空载时的电力消耗（kW·h）；

U——电弧电压（V）；

I——焊接电流（A）；

t——电弧燃烧时间（h）；

η——弧焊电源的效率；

W_0——弧焊电源空载功率（kW）；

T——弧焊电源工作总时间（h）。

用交流电焊机焊接时，空载的电力消耗甚微，所以公式中A_2可忽略不计，此时电力消耗$A=A_1$，当采用直流电焊机焊接时，焊机空载电力消耗大，通常可达焊机工作状态时消耗电力的40%，甚至更大，因而空载电力消耗不能忽略。

知识点3　焊接劳动工时定额的计算

劳动定额是为了完成一定生产工作而规定的必要劳动量。劳动定额有两种：一是工时定额，即用时间表示的劳动定额，它是指在一定的生产条件下，为完成某工作所必须消耗的时间。二是产量定额，即用产量表示的劳动定额，它是指在一定的生产条件下，工人在单位时间内应完成的产品数量。两者的关系是：工时定额越低，产量定额就越高，产量定额是在工时定额的基础上计算出来的。

1. 工时定额的组成

电弧焊的工时定额由作业时间、布置工作场地时间、休息和生理需要时间以及准备结束时间四部分组成。

（1）作业时间　作业时间是直接用于焊接工作的时间。作业时间按其作用又可分为基本时间和辅助时间两大项。

基本时间是直接用于焊接工件的时间。它的特点是每焊一个零部件就重复消耗一次。辅助时间是为了保证实现基本工作而执行的各种操作所消耗的时间。它包括：焊件边缘的检查和清理、焊条的更换、焊缝上的渣壳和母材上飞溅金属的清除、焊缝的测量检查以及在焊缝上打钢印等。辅助时间可能是每焊接一个零部件就重复一次，也可能是在焊接一定数量的零部件后才重复。

分析作业时间时，必须把基本时间与辅助时间分开，以免重复计算到工时定额中去。

（2）布置工作场地时间　布置工作场地时间是用于照料工作场地以保持工作场地处于正常工作状态所需要的时间。它包括：工具的放置、接电源线、电源的接通和调整、电源的关闭以及工具与工作场地的收拾等。

（3）休息和生理需要时间　休息和生理需要时间是指工人休息、喝水和上厕所所消耗的时间，这类时间决定于工作条件和生产条件。休息时间仅在繁重的体力劳动情况下才包括在工时定额内，在一般情况下，工时定额只包括生理需要时间。

（4）准备结束时间　准备结束时间是指为了焊接某一批焊件所消耗的准备时间和结束时间。它包括：领取生产任务单、图样和焊接工艺卡片；了解工作、工艺规程和焊接参数，听取技术管理人员指示；准备工作场地和工、夹具；工作开始时调整设备；将完成的产品上交和检验员验收的所有时间。

准备结束时间的特点是每加工一批焊件只消耗一次，其时间长短与零件数量无关，因此一般不包括在单件工时定额中。但为了简化计算，对成批生产焊件的准备结束时间则归并到单件时间内，并以工作时间的百分数表示。对大量生产的焊件，由于每一个工作场地的加工对象不常变换，所以准备结束时间可以忽略不计。

2. 制订工时定额的方法

焊接工时定额可以从经验和计算两个方面进行制订。

（1）经验估工法　经验估工法是依靠经验，对图样、工艺文件和其他生产条件进行分析，用估算方法来确定定额。常用于多品种单件生产和新产品试制时的工时定额计算。

（2）经验统计法　经验统计法是根据同类产品在以往生产中的实际工时统计资料，经分析并考虑提高劳动生产率的各项因素，再根据经验来确定工时定额的一种方法。

经验法简单易行，工作量小，但定额准确性较差。

（3）分析计算法　分析计算法是在充分挖掘生产潜力的基础上，按工时定额的各个组成部分来制订工时定额的方法。

由于在不同的生产条件下，完成同一工作所需的时间不等，因此制订工时定额时，必须考虑生产类型和具体的技术条件。生产类型不同，对所制订的工时定额的准确程度要求也不同。

在大量生产中，每项工作都要重复多次，定额即使有很小的误差，也会显著影响机器设备和整个工段生产能力的确定。因此，工时定额要尽可能的准确。虽然制订较准确的工时定额要花费比较多的时间，但由于准确的工时定额可以节约大量的工作时间，因此在大量生产的情况下，采用分析计算法是比较合适的。

小批和单件生产中，由于生产对象不固定，产品经常更换，适宜于采用比较简化的制订定额的方法，但仍要求工时定额具有一定的准确性。为此，吸收分析计算法准确性比较高的优点，克服制订定额复杂的缺点，使其适用于单件和小批生产，制订工时定额还可以采用比较法。

（4）比较法　比较法是首先按焊件的结构和工艺过程的相似性，把焊件分组，在每组中选出几个在结构上和尺寸上具有代表性的典型工件，通过分析比较，制订该组中其他焊件的工时定额。

必须指出，不能把工时定额看成是一成不变的时间极限。随着焊接技术的发展，焊工技术水平的提高，生产工作的技术组织条件的改进，焊工的劳动生产率会不断提高。因此，工时定额应根据实际情况随时进行必要的修订。

3. 工时定额的计算

电弧焊的工时定额的计算包括作业时间计算、布置工作地时间计算、休息和生理需要时间计算以及准备结束时间计算四个部分。

（1）作业时间计算　作业时间 $T_{作}$ 是直接用于焊接工作的时间。作业时间按其作用不同可分成基本时间 $T_{基}$ 和辅助时间 $T_{辅}$ 两项。即：

$$T_{作}=T_{基}+T_{辅}$$

1）基本时间 $T_{基}$ 是指直接进行焊接的时间。可按下列公式计算求得：

$$T_{基}=m/d_{H}I$$

式中　d_H——焊条的熔敷系数［g/(A·min)或g/(A·h)］，见表2-4；

I——焊接电流（A）；

m——熔敷金属总重量（g），$m=AL\rho$；

表2-4　常用焊条的熔敷系数（d_H）

熔敷系数＼焊条牌号	J422	J424	J507
d_H/［g/(A·h)］	8.25	9.7	8.49
d_H/［g/(A·min)］	0.138	0.162	0.142

注：1. $T_{基}$ 单位用“分”时，d_H 系数应采用［g/(A·min)］。

2. $T_{基}$ 单位用“时”时，d_H 系数应采用［g/(A·h)］。

2）辅助时间 $T_{辅}$ 是指为保证实现基本工作而执行的各种操作所消耗的时间。它包括：更换焊条时间 t_1，测量和检查焊缝时间 t_2，清理焊缝和边缘时间 t_3，焊件翻转时间 t_4 和焊件打钢印时间 t_5。

更换焊条时间 t_1 是由焊缝金属的体积乘以熔敷 $1cm^3$ 焊条金属时所需要的平均更换焊条时间求得，见表2-5。

表2-5　熔敷 $1cm^3$ 金属时平均更换焊条时间　（单位：min）

焊条直径/mm	焊条长度/mm	焊缝的空间位置	
		平焊、立焊、横焊	仰焊
3	350	0.098	0.141
4	450	0.040	0.059
5	450	0.260	0.038
6	450	0.018	0.026

测量和检查焊缝的时间 t_2 是以焊缝长度（米）乘以单位焊缝长度测量和检查的时间，其与焊缝位置有关，见表2-6。

表2-6　测量和检查焊缝的时间

焊缝的空间位置	每米焊缝所需要时间/min
平焊、立焊或横焊	0.35
仰焊	0.50

清理焊缝和边缘的时间 t_3 与焊缝长度（m）有关，可按下式求得：

$$t_3 = L\ [0.6 + 1.2\ (n-1)]$$

式中　n——层数；

L——焊缝长度。

焊件翻转时间 t_4 与焊件自身重量有关，见表2-7。

表2-7　焊件翻转时间

焊件重量/kg	20	30	50	100	200	300	500	800	1000	1500	2000	3000
需要时间/min	5	7	10	11	12	13	15	17	20	25	30	40

焊件打钢印时间 t_5 一般取0.5min。

因此，总的辅助时间为 $T_{辅} = t_1 + t_2 + t_3 + t_4 + t_5$

（2）布置工作地时间 $T_{布}$　布置工作地时间是用于照料工作地以保持工作地处于正常工作状态所需要的时间。布置工作地时间一般为作业时间的3%。如果工作地是在室外或工地上，则可将时间指标增加到5%。

（3）休息和生理需要的时间 $T_{休}$　休息和生理需要的时间是指工人休息、喝水和上厕所等所消耗的时间，它决定于工作条件和生产条件。其具体时间如下：

1）在方便位置进行焊接时：$T_{休} = 5\% T_{作}$。

2）在不方便位置进行焊接时：$T_{休}=7\%T_{作}$。

3）在紧张的条件下焊接时：$T_{休}=10\%T_{作}$。

4）在密闭容器内焊接时：$T_{休}=(17\%\sim20\%)T_{作}$。

（4）准备结束时间 $T_{准}$　准备结束时间是指为了焊接某一批焊件所消耗的准备时间和结束时间。准备结束时间的特点是每加工一批焊件只消耗一次，其时间长短与零件的批量无关，因此一般不包括在单件工时定额中。

根据焊接工作的复杂程度不同，准备结束时间确定如下：

1）简便的工作 10min。

2）中等复杂的工作 17min。

3）复杂的工作 24min。

【综合训练】

1. 调查一个焊接企业或者焊接车间，了解其生产定额管理的全过程，利用所学知识给他们提出一些合理化建议。

2. 什么是焊接生产定额？确定焊接生产定额的原则是什么？

3. 什么是劳动定额？如何确定劳动定额？

4. T形接头单面不开坡口的角焊缝，焊脚高 10mm，余高 1mm，母材是 20g 钢，焊条为 E5015，问焊缝长度为 5m 时焊条消耗量是多少？

5. 对接接头不开坡口双面埋弧自动焊，母材为 20g 钢，板厚 12mm，间隙 2mm，焊缝宽度 10mm，余高 1mm，焊丝为 H08MnA，问焊缝长度为 5m 时焊丝消耗量是多少？

6. 根据本单元的知识，如果当焊丝直径≤1.2mm 时，气体流量一般为 6～15L/min；焊丝直径>1.2mm 时，气体流量应取 15～25L/min，那么焊接 100 件焊件消耗多少二氧化碳气体？

模块四　焊接生产成本的控制

成本管理就是充分动员和组织企业全体人员，在保证产品质量的前提下，对企业生产经营过程的各个环节进行科学合理的管理，力求以最少生产耗费取得最大的生产成果。成本管理是企业管理的一个重要组成部分，它要求系统而全面，对于促进增产节支、加强经济核算，改进企业管理非常必要，能够提高企业整体管理水平。

知识点 1　焊接生产成本核算

1. 产品成本的含义

一般来说，产品成本是产品生产经营过程中劳动消耗的货币表现。就其实质而言，可从以下两方面来理解：一方面从产品价值的形成来看，产品成本是价值的一部分，产品（即商品）价值的构成如图 2-3 所示。

可以看出，产品成本是产品价值 W 中 C、V 两部分之和。

另一方面从生产消耗来看，产品成本也可以认为是企业生产和销售产品所支出费用的总和。

2. 成本核算的目的

（1）确定产品销售价格　根据产品成本核算，可以确定产品的销售价格。

（2）降低生产成本，提高产品市场竞争能力　根据产品实际成本及市场情况，分析企业的生产率，确定降低成本的途径，尽量做到以最低的成本达到预先规定的质量和数量，提高产品的市场竞争能力。

（3）衡量经营活动的成绩和效果　通过成本核算，可以综合反映企业经营活动的成绩和效果。

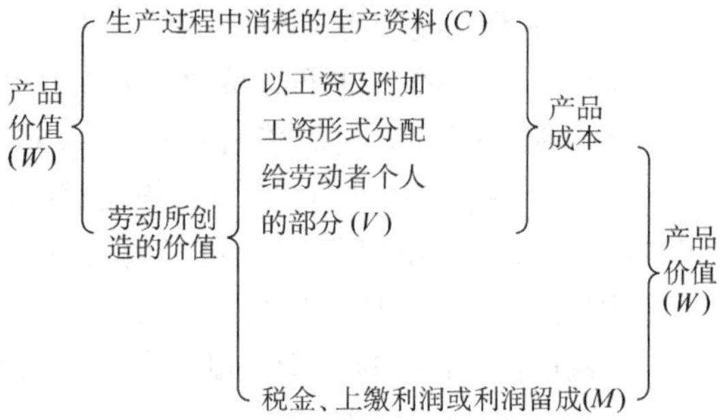

图2-3　产品价值的构成

（4）进行成本控制　根据成本核算结果，进行成本控制，以增加利润，求得生存与发展。

3. 成本核算的内容

在焊接生产项目施工中，必须加强焊接成本的核算，通常焊接成本核算包括以下内容：

（1）为制造产品而耗用的各种原料、材料和外购半成品的费用　包括金属母材费、焊条（或焊丝）费、气体（如氧气、乙炔、保护气体等）费用、焊剂及衬垫费用、钨极和碳棒、半成品费等。

（2）职工工资及福利基金　生产工人、管理人员的工资和按工资总额提取的职工福利基金。

（3）为制造产品而消耗的燃料和动力费用　水电费及其他燃料动力费等。

（4）按规定提取的固定资产费用　固定资产基本折旧基金、大修折旧基金和固定资产中的中小修理费用、厂房、焊机、气瓶、加工设备及工夹具辅助设备等的折旧费，设备保养修理费。

（5）低值易耗品费　按规定应当列入产品成本的低值易耗品购置费用。

（6）停工与废品损失费　按规定应当列入产品成本的停工、废品损失费用。

（7）包装与销售费　产品包装和销售经营管理费用。

（8）其他生产费用　管理费、运输费、检验费、外协加工费、研究试验费、劳动保护费、租赁费、保险费、排污费、材料与产品的存货盘亏损失费、广告宣传费、培训费等。

4. 产品成本的核算方法

成本核算的方法主要是会计核算、统计核算和业务核算三种基本方法。

（1）会计核算　会计核算主要是运用货币形式，通过记账、算账和报账等手段以严格地审核无误的凭证，连续地、系统地反映和监督经济活动的全过程。

（2）统计核算　统计核算就是采用货币、实物量和工时等多种计算单位，运用一系列的统计指标和统计图表，收集和整理、分析经济活动过程中反映经济现象特征和规律性的数据资料。

（3）业务核算　业务核算就是对个别业务事项的记载，主要是进行单个业务的抽样核算。业务核算的形式是多种多样的，没有一套专门的方法。

成本核算采用何种方法是由成本管理制度以及企业所达到的实际水平决定的。一般来说，企业在开展成本核算的初期，可以采用以统计方法为主，沟通、理顺数据收集渠道，形成成本报表体系。待条件成熟后，再过渡到以会计核算为主的方法。

知识点2　焊接生产成本分析

1. 焊接生产成本的综合分析

焊接成本综合分析是对焊接项目降低成本计划执行情况进行概括性分析和总的评价，为进一步深入分析和专题分析指出方向。综合分析根据生产预算、降低成本计划和实际成本报表进行，一般采用比较分析法，其内容如下：

1）实际成本与计划成本进行比较，以检查完成生产项目降低成本计划的情况，以及各个成本项目的降低或超支情况，进而检查技术组织措施计划编制的合理性及其执行情况。

2）实际成本与预算成本比较，以检查是否完成降低成本目标，以及各个成本项目的降低或超支情况，进而分析工程成本升降的主要原因。

3）对所属施工部门之间进行比较分析，可检查各部门完成降低成本任务情况和成本水平高低的原因，进而总结推广降低成本的先进经验。

4）不同项目之间进行成本比较，以检查各项目及其成本的情况，进一步深入分析生产项目成本升降的原因，改进管理工作。

5）本年度同上年度降低成本进行比较，以衡量企业成本管理的水平。

2. 成本分析的内容

（1）人工费分析　影响人工费节约或超支的主要因素有两个：工日差和日工资单价差。工日差指实际耗用工日与预算工日的差异。日工资单价差指实际日平均工资与预算定额的日平均工资的差异。据此可进一步分析工日利用、劳动组织、工人平均等级变动、各种基本工资变动以及工资调整等情况。这为进一步节约人工费提供了途径。

（2）材料费分析　材料费分析是指根据预算材料费与实际材料以及地区材料预算价格进行比较分析。影响材料费节约或超支的主要因素是量差和价差。量差指材料实际耗用量同预定额用量的差异。价差指材料实际单价与预算单价的差异。通过分析，可以找出是材料验收发放管理、工人操作、材料代用等方面的原因，还是材料原价、运输、采购及保管费方面变动的原因，从而进一步挖掘节约材料的潜力，降低材料费用。

（3）机械使用费分析　机械使用费分析可根据预算和实际的机械成本、机械台班产量及台班费定额进行，可分为自有机械使用费分析和机械租赁费分析。影响机械租赁费的因素主要是预算台班数和实际台班数差异。其原因主要是由机械效率是否充分发挥和施工组织是否合理引起的。影响自有机械使用费变动的因素主要有台班数变动和台班成本的变动。台班数变动是由机械使用效率的改变造成的，而台班成本是由台班费用项目实际比定额节约或超支引起的。根据上述分析，应及时采取措施以节约机械使用费的支出。

（4）其他直接费分析　其他直接费用分析应根据预算中属于这部分的费用与实施发生的成本进行比较。它的节约或超支主要是组织管理上的原因引起的。

（5）施工管理费分析　施工中管理成本的实际管理费与预算管理费发生变动，主要是由于直接成本和单位直接成本应分配的管理费这两个因素变化引起的。因此，对于成本中的实际管理费节约或超支，应结合本施工项目全部管理费的分析，通常可以把管理费的实际发生数与计划支出数进行比较分析，才能确定管理费节约或超支的原因。

知识点3 焊接生产成本控制技术

焊接生产成本控制技术是通过各种措施和控制手段达到成本预期的目标和效果的一项管理工作。要完成成本计划，实现降低成本和优化质量的目标，很大程度上取决于日常的成本控制。

1. 成本控制的步骤

成本控制一般分为三个步骤，即事前控制、事中控制和事后处置。

（1）事前控制　事前控制就是事前确定成本控制的标准。根据成本计划所定的目标，为各项费用开支和资源消耗确定其数量界限，形成成本费用指标计划，并作为成本控制的主要标准，以便对费用开支进行检查和评价。

（2）事中控制　事中控制就是在生产经营过程中控制监督成本的形成过程，这是控制的重点。对于日常发生的各种费用都要按照既定的标准进行控制监督，力求做到所有直接费用都不突破定额，各项间接费用都不超过预算。

（3）事后处置　事后处置是在一个阶段性的生产经营活动结束后，分析造成实际成本偏离目标的原因，然后在此基础上提出切实可行的措施，使实际成本管理更好地达到目标成本的要求。

2. 降低焊接生产成本的途径

降低焊接生产成本应在保证焊接质量的基础上进行，主要从提高焊接生产率，保证焊接质量，减少返修，减少非生产性开支，健全生产管理和财务管理等方面入手。

（1）采用先进的焊接和切割方法　焊接方法不同，其熔敷相同的金属所消耗的电能是不同的。实践证明：埋弧焊和气体保护焊与焊条电弧焊相比，可以减少工件的加工量和准备工时，可以提高焊接速度和质量，提高焊接生产率。如焊条电弧焊的熔化系数一般为8～12g/（A·h），而埋弧焊可达14～18g/（A·h）。窄间隙埋弧焊焊接100～350mm厚的钢板时，对接坡口间隙仅18～24mm，若采用焊条电弧焊来进行焊接，应开多大的坡口是难以想象的。又如热丝焊、双丝焊等都可以大大提高熔化效率，提高焊接速度。采用液化石油气切割、火焰精密切割、激光切割代替一般氧乙炔切割不但可取得显著的节能效果，而且还能“以割代削”来缩短工时，提高产品质量。

（2）采用高生产率的焊接材料　如焊条电弧焊时采用含铁粉的高效率焊条，可提高熔敷系数30%左右。

（3）选用节能焊接设备　采用半自动和自动焊接技术，再加装必要的变位器、滚轮胎架或自动操纵台，即可以大幅度提高焊接生产率，并可以显著节能。选用逆变式弧焊电源，与传统的弧焊变压器、弧焊整流器相比，逆变式弧焊电源体积小、质量轻、节约材料，例如300A晶闸管整流式焊机质量为180kg，体积0.65m^3，而逆变式弧焊电源质量只有35kg，体积0.06m^3；高效节能，比一般弧焊电源可节能10%～20%；适应性强，引弧成功率高，焊接过程控制性好，飞溅降低。因此，随着电子元件质量的提高，整机价格的下降，逆变式弧焊电源应用越来越广。

(4) 采用合理的焊接工艺 选择合理的接头形式，采用转胎、变位器等实现平焊与角接的船形焊，合理的焊接次序和合适的焊接规范等，可提高焊接速度和质量，减少返修量。

(5) 提高焊工素质和技术操作水平 在生产中，人的因素是第一位的，所以不断进行焊工培训和考核，提高焊工的素质和技术操作水平，是保证焊接生产顺利进行、保证焊接质量、减少焊接缺陷和返修量、降低生产成本的关键。

(6) 减少不必要的非生产性开支 加强管理，精打细算，减少一切不必要的非生产性开支。

(7) 加强生产和财务管理 加强生产管理，制订合理的生产计划和焊接工艺规程并严格执行，严格控制焊接质量，发现问题并及时解决问题。坚持财务制度，加强财务管理，对生产成本有预算、有检查、有总结，并不断挖掘降低生产成本的潜力。

3. 成本控制方法

(1) 建立成本控制的基本制度

1) 分级分口成本控制责任制。它是以公司为主体，把公司、处、队、班组的成本控制结合起来；以财务部门为主，把生产、技术、劳动、材料、机械设备和质量等部门的成本控制结合起来。

分级控制是纵向地把成本计划指标按所属范围逐级分解落实到处、队、班组，班组再把指标分解落实到个人。分口控制是横向地把成本计划指标按性质落实到各职能科室，每个职能科室又将指标分解落实到职能人员。这样，形成全企业的成本控制网。

2) 成本记录报告制度和成本指标考核制度。各部门要设置成本账卡资料，班组要有完成任务的日、旬、月记录，并编制成本报表和进行成本分析报告；对各级、各部门和队组的降低成本指标完成情况，实施技术组织措施计划的经济效果等进行考核，辅以必要的奖惩措施，使之制度化。

(2) 成本控制的方法

1) 间接成本的控制方法。该方法采用指标分解归口管理的方法，即按计划指标特定的用途分解为若干明细项目，确定其开支指标，分别由各级有产归口部门管理。为便于日常掌握和控制费用支出，可设立管理费用开支手册，一切费用开支前都要经过审批，批准后才能开支。凡超标准、违反成本开支范围的费用都要予以抵制。财务部门每月要监督检查计划执行情况，以促进节约，避免浪费。

2) 直接成本的控制方法。除要控制材料采购成本外，最基本的是在工程施工的过程中，落实技术组织措施，经常把实际发生的人工、材料、机械和分包等费用与施工预算中各相应的分部分项工程的目标成本进行对比分析，及时发现差异或预计其趋向，并找出差异发生的因素，采取有效措施加以改正或预防，保证按成本计划支出或节约生产费用。为此，需制订成本记录报表和成本报告书（成本完成情况报告书）。

成本记录报表是实际成本形成过程中有关费用的记录报表，如人工工日、机械台班、工资、材料、分包费用支付账等。按日、周（或旬）、月和完工时进行累计。成本数据记录要及时准确。记录方式采用手工处理的格式化和传票化方式。为提高效率达到有效控制，应采用电算处理方式。

成本报告书一般分日、周（或旬）、月和完工报告。日、周报告由班长做出，及时报告成本上的重要事项。月报告又称月结成本报告，它是工程概况和月成本。在月成本报告中，必须进行成本分析和预测，找出差异，分析原因，迅速采取措施加以改正和预防。这一分析预测可借助分项成本分析表和最终费用盈亏预测表。完工报告是由项目负责人做出的，它和财务部门所做的工程决算报告是有区别的。工程的完工报告除了有详细的金额外，还必须把与施工条件有关的成本是如何发生的作为重点写清楚。

【综合训练】

1. 在焊接生产过程中，对影响施工项目成本的各种因素加强管理，并采用各种有效措施加以纠正，这是（　　）。

A. 成本控制　　B. 成本计划

C. 成本预测　　D. 成本核算

2. （　　）是指按照规定开支范围对焊接项目费用进行归集，计算出焊接项目费用的实际发生额，并根据成本核算对象，采用适当的方法，计算出该项目的总成本和单位成本。

A. 成本分析　　B. 成本考核

C. 成本控制　　D. 成本核算

3. （　　）是在成本形成过程中，对焊接项目成本进行的对比评价和总结工作。

A. 成本分析　　B. 成本考核

C. 成本控制　　D. 成本核算

4. （　　）是指焊接项目完成后，对焊接项目成本形成中的各责任者，按项目成本目标责任制的有关规定，将成本的实际指标与计划、定额、预算进行对比和考核，评定项目成本计划的完成情况和各责任者的业绩，并以此给以相应的奖励和处罚。

A. 成本考核　　B. 成本分析

C. 成本控制　　D. 成本核算

5. 产品成本的含义是什么？

6. 为什么要进行成本核算？

7. 成本控制的方法有哪些？

8. 降低焊接生产成本的途径有哪些？

9. 成本核算都有哪些内容？

第三单元　焊接项目的生产组织

【学习目标】　熟悉生产前的准备工作；能够制定科学的施工组织计划，确定实施计划全过程的目标、任务、进度和责任委派。

模块一　焊接项目生产准备工作

焊接项目的生产准备工作是指在生产项目正式开工前所进行的一切准备，目的是为生产施工活动创造有利条件。主要工作包括技术准备、物资准备、劳动组织准备、生产现场准备等。

知识点1　焊接项目的技术准备

1. 焊接项目技术准备的任务

1）做好项目、技术和生产方式新旧交替的准备工作，实现有条不紊的转变。

2）为了有效地生产新项目，完成新项目，往往要根据新项目的生产技术特点改变过去的生产方式，调整设备的空间布置，改革劳动组织，以及重新制订生产标准和生产作业计划等。

3）有时在准备生产新项目的过程中，还要根据新项目的要求对企业进行必要的技术改造。

2. 焊接项目设计的准备

焊接项目设计准备是企业生产技术准备工作中最重要的阶段。项目设计准备工作质量的优劣，直接影响到未来项目的性能、质量、市场、成本和利润。项目设计准备的基本程序和主要内容如下：

（1）编制设计任务书　编制设计任务书的目的主要是要正确地解决项目的选型问题，设计任务书中必须确定新项目的用途、适用范围、使用条件、使用要求、基本的质量标准，主要技术参数、设计原则、基本结构和特征，以及与国内外同类项目的比较分析，并且要对项目进行技术经济论证。

这一阶段工作的关键在于做好市场调查研究及技术情报的收集和分析。通过对该项目当前市场情况的调查研究和预测，确认该项目的发展前景；并具体掌握市场对该项目的性能、结构、外观、耐用性、可靠性和可维修性的意见和要求。通过技术情报的收集和分析，了解国内外同类项目已达到的水平及今后发展趋势，确认本企业项目目前存在的差距、应吸取的技术成果和需要突破的技术难关。

（2）技术设计　技术设计的任务是将已批准的项目设计任务书具体化，并对新项目进行详细的技术经济分析，解决在技术上如何实现项目设计任务书所规定的目标，能取得哪些具体的技术经济效果。因此，在技术设计阶段需要通过科学试验、计算和分析确定重要零部件、组件的结构、尺寸和技术条件及技术经济指标，画出项目总图及部件、组件装配图，传动和控制系统图，电气原理图等。对于某些复杂项目的重要部件或工艺，还需要进行模拟试验或中间试验，以取得必要的技术经济数据。

这一阶段工作的关键在于控制所设计项目的功能和成本。因此，在这阶段开始之前，根据项目设计任务书的要求和市场调查结果，确定项目的目标成本，并将项目的目标成本按项目各组成部分功能的重要性分解下达到各设计组。采用价值工程的方法和系列化、通用化、标准化的方法，实行严格的成本控制和功能控制，以保证未来的新项目不仅具有优良性能和质量，并且具有低廉的成本，从而获得较强的竞争力和较强的生命力。

（3）工作图设计　工作图设计的任务是根据项目技术设计的要求，绘制出试制和生产用的全套图样和技术文件，解决怎样可靠而又经济地实现新项目的功能问题。因此，在工作图设计阶段要提供可供生产使用的零件图、部件图、总装配图、零件明细表、项目说明书等。

这一阶段工作的关键，在于通过加强工作图的标准化审查和工艺性审查，提高设计经济性。通过标准化审查尽量提高项目系列化、部件组件通用化和零件标准化程度，使图样和技术条件完全符合国家标准的要求，从而可以大大提高图样和技术文件的质量，减少设计、试制、采购的工作量，扩大生产和采购的批量，有利于降低项目的成本和加快项目的生产技术准备工作。通过工艺性审查，尽量提高项目设计的工艺性，使项目更加符合本企业的生产技术条件，更加便于制造，以使用较少的专用设备和专用工艺装备，促进生产率的提高和项目成本的降低。

工作图是企业生产的依据，因此在审查、修改过程中要建立严格的会签制度和管理办法。工作图经过批准印发后，任何人包括设计师都无权擅自修改图样。对图样的任何修改都必须严格按规定的程序和手续办理，以免造成混乱和不应有的损失。

（4）项目经济指标的计算　在市场经济条件下，一切项目都要作为商品参加到流通过程中去。因此，必须精确计算生产项目所需的成本和企业可能获得的利润。在我国企业中，目前虽然对项目成本和企业利润已比较重视，但多半仍属“事后算账”。项目的成本应当在项目的设计准备阶段就加以控制。由于我国人工费用较低，在项目成本构成中，原材料、外购件、外协件、能源等的费用占项目全部成本费用的60%～90%，而这些费用大都是在项目设计工作中确定的。因此，降低项目成本、增加企业利润的最大潜力就在项目设计工作中，而我们恰恰在这个阶段对项目成本不加控制，这正是企业经营管理落后的表现之一。

现代经营观念认为，设计、制造和销售只是企业经营的开始。企业经营的真正重点，是要使用户在使用项目产品的过程中感到满意。这就不仅要求项目产品在使用性能上完全满足用户的需要，并且要求项目产品的使用费用最少。项目产品的使用性能、使用费用和项目的制造费用（生产成本）三者并不是一致的，它们的综合结果就表现为项目设计的经济效果。

（1）项目设计的效果指标　项目设计的效果可以用数量指标和质量指标来衡量。项目设计的数量指标主要是指该项目的生产率、材料利用率、能源消耗指标等。项目设计的质量指标主要是指该项目满足社会需要的程度，对生产劳动条件的保障，对环境影响的评价等。

（2）项目设计方案的社会劳动消耗　项目设计制造和使用过程中的一切耗费都是社会劳动的耗费。它由两个部分所组成：项目产品的制造费用和项目产品的使用费用。

1）项目产品的制造费用是指企业制造该项目产品所耗费的一切费用，可用以下公式计算：

$$C = C_T + (C_M + C_L)\left(1 + \frac{\alpha + \beta}{100}\right)$$

式中　C——项目的制造费用；

C_T——项目的设计试制费用，在单件小批生产时一次摊入成本，在成批生产时分期摊入成本；

C_M——项目的材料费，可以参照同类项目的主要技术参数折算修正；

C_L——基本生产工人工资；

α——车间费用占 C_M 和 C_L 两项费用的百分比；

β——企业管理费占 C_M 和 C_L 两项费用的百分比。

2）项目产品的使用费用是指用户使用该项目产品过程中所支出的费用。一般只需计算不同方案之间使用费用的差额即可。该差额可用下式计算：

$$\Delta C_R = (C_k - C_i)N$$

式中　ΔC_R——不同方案年使用费用差额；

C_k——第 k 方案的使用费用；

C_i——第 i 方案的使用费用；

N——项目数量。

3. 熟悉和审查施工图样

审查施工图样主要包含以下几点：

1）审查焊接结构设计是否合理，是否符合国家有关设计和施工的规范，在现有的工艺技术条件下能否实现设计所要达到的质量要求，并向设计单位提出修改意见。

2）施工图样是否完整和齐全，与说明书在内容上是否保持一致；图样及其各组成部分之间有无矛盾和错误。

3）焊接结构图样与其他相关的工程图（如土建图样）在尺寸、坐标、标高和说明方面是否一致，对技术要求是否明确。

4）复核主要承载结构或构件的强度、刚度和稳定性能否满足施工要求；对于工程复杂、施工难度大和技术要求高的分部工程，要审查现有生产技术和管理水平能否满足工程质量和工期要求；对结构有何特殊要求等。

熟悉审查施工图样，通常按图样自审、会审和现场签证等三个阶段进行。图样自审由施工单位主持，并写出图样自审记录，记录可在会审会议上提交讨论。图样会审由发包方（业主）主持，设计和生产单位共同参加，形成“图样会审纪要”，并由发包方正式行文，三方共同会签并加盖公章，作为指导施工结算的依据。图样现场签证是在生产过程中，遵循技术核定和设计变更签证制度，对所发现的问题进行现场签证，作为指导施工、竣工验收和结算的依据。

当焊接结构项目在其安装的现场进行制作或安装时，我们必须对现场的社会、经济、地理等情况进行深入调查，并分析其特点，为正确编制施工组织设计提供依据。如在某市商业闹市区邻街相对两商场间计划搭建一人行钢桥进行连接，为不影响道路的正常通行及行人安全，应考虑在加工厂完成人行钢桥的节段制作，而现场的节段安装及主要位置的焊接、安装、辅助支架的拆除则应在夜间12点至次日上午9点间完成。因此，需做现场调查，只有掌握现场具体情况，才能决定采取何种相应的技术措施。

通常调查的内容包括自然地理条件、技术经济条件和施工条件。自然地理条件是工程所在地的地理位置、地形；施工场地范围的气象、水文等情况。技术经济条件包括工程材料、设备、燃料、动力和生活用品的供应情况、价格水平以及当地劳务市场可雇佣人员的技术水平、工资水平等。施工条件包括场地四周情况、给排水、供电、道路条件、通信设施等。

4. 编制工艺规程和施工组织设计文件

施工组织设计，是指对即将施工项目的制作及安装工程，在开工前针对项目本身的特点和现场或生产车间具体情况，按照项目的要求对所需要的生产劳力、生产材料、施工机械和施工临时设施，经过科学计算、精心比较及合理安排后而编制出的一套在时间上和空间上进行合理施工的战略部署文件。

1）编制焊接工艺规程可参阅《焊接结构生产》教材。

2）编制项目预算，确定工料定额。根据图样所确定的工程量、施工组织设计所拟定的生产工艺，可参考国家劳动定额资料，计算各主要生产工序需要的人员工时、材料消耗数量并汇编成册，为开展成本控制管理做好技术上的准备。

3）施工组织设计文件。编制施工组织设计是技术准备工作中的核心工作，该部分内容将在后面的单元详细讨论。

知识点2 焊接项目生产的物资准备

1. 物资准备工作内容

在焊接结构生产中所需的物资包括主原材料如钢板、钢管、型钢等，外购件如法兰、标准件等，辅材如焊条、氧气、乙炔等，施工机具如焊机、起重机、空压机等，工艺装备如滚轮架、变位器、夹具等。相应的物资准备工作有材料准备、施工机具准备和工装准备。

（1）材料准备　根据图样标明的材质计算出各种规格的材料净用量，再加一定数量的合理损耗，提出材料预算计划，结合生产进度计划，编制主原材料、辅材、外购件需要量的供应计划，为施工备料、确定仓库和堆场面积以及组织运输提供依据。

（2）施工机具准备　根据生产工艺和进度计划的要求，编制机具需要量计划，为组织、运输和确定机具停放场地提供依据。

（3）工装准备　根据生产工艺流程及现场工艺布置图的要求，编制工装需要量计划，为组织、运输和确定堆场面积提供依据。

2. 物资准备工作程序

1）编制各种物资需要量计划。

2）选择信誉好、价廉物优的供货商家，签订物资供应合同。

3）确定物资运输方案和计划。

4）组织物资按计划进厂（场）和保管。

知识点3　焊接项目的劳动组织准备

1. 建立项目组织机构

根据项目工程规模、结构特点和复杂程度，确定项目领导机构的人选和名额，遵循合理分工与密切协作、因事设职与因职选人的原则，建立有施工生产经验、有开拓精神和工作效率高的项目领导机构。

2. 组织精干的作业班组

作业班组的组建，应根据施工组织设计中所拟订采用的生产组织方式来确定，在焊接结构生产中，主要的生产组织方式有两种：

（1）专业分工的大流水作业生产　这种生产组织方式的特点是各工序分工明确，所做的工作相对稳定，定机、定人进行流水作业，作业班组是专业班组，如焊工班、装配钳工班、冷作钳工班等。在有些大批量生产的场合，冷作班甚至分为划线放样班、切割班和构件成形班等。因此，应选择专业技能较强的人员组成各个作业班组。这种生产组织方式适用于大型、工期长的生产项目。

（2）一包到底的混合组方式　这种生产组织方式的特点是项目统一由大组包干，生产人员多是“一专多能”的综合型技能人员，如放样工兼做划线、装配，剪冲工兼做平直、矫正工作，焊工兼做切割等，而且机具也由大组统一调配使用。因此应选择工作经验丰富、技术水平较高的多面手组成作业班组。这种生产组织方式适合小型、工期短的生产项目。

不管是采用何种方式的生产组织，均应按照生产进度计划拟订劳动力需要量计划，按照生产进度要求，既要及时准备作业班组投入生产，又要避免无计划而出现生产人员窝工现象，造成不必要的人力浪费。

3. 做好职工教育工作，组织技能考核

加强对生产人员的职业技能培训考核、安全与文明生产教育，是保证按时、按质、按量完成生产任务的重要工作。同时，为落实施工计划和技术责任制，应按管理系统逐级进行技术交底。交底内容包括：生产进度计划和日、月、旬作业计划；各项安全技术措施、降低成本措施和质量保证措施；质量标准和验收规范要求；图样变更和技术核定事项等。必要时，要举办专门的培训班，进行现场示范。此外，要建立健全各项规章制度，加强遵纪守法教育。

知识点4　焊接项目的生产现场准备

1. 焊接车间生产准备

焊接企业在组织生产过程时，必须根据自身的特点进行，才能做到合理有效。任何一种焊接生产都属于下列生产类型之一，即单件生产、成批生产和大量生产三种。在同一个工厂或车间，生产类型可能是单一的，也可能是三种情况兼而有之。

（1）单件生产　单件生产是指同一项目产品的生产数量较少，项目结构经常变化，并且事先难以确定重复生产的数量。因此，从所要求的设备来看，通常采用通用的设备，不采用专用夹具和特种工具，以便适应加工各种不同零件的要求。从生产组织上来看，只能将不同零件逐个按顺序生产、基本上没有流水作业，生产设备和工作地呈机群式分布，各工作位置或工段应设置零部件或半成品储存地。从生产方式来看，装配时多采用划线方式，部件间不具有互换性，装配－焊接以手工操作为主，机械化程度低；工人专业化程度也低，工作地点不易固定，而且对工人的技术水平要求比较高。从工艺准备上来看，通常只编制简单的工艺规程（工艺过程卡）及综合统计的定额。最后可能导致生产成本高及生产工人工资所占比例较大。

（2）成批生产　成批生产是指一段时期内生产一定数量的同一项目产品，周期性地轮换生产若干种项目。因此，从设备条件上来看，由于每一设备和工装周期性地重复生产几种零部件，可以采用专用夹具及特种工具。从生产组织上来看，零部件交叉混合生产，有流水生产的，但各工序不同步，设备和工作场地布置应考虑流水生产的需要，需设置中间仓库。从生产方式上来看，装配时采用分组选配（部分互换），还保留部分划线工作。装配－焊接工作可实现部分机械化，工人专业化程度稍高，而对工人技术水平要求稍低。从工艺准备上来看，要编制工艺过程卡及部分重要工序的工艺卡片；对重复性及劳动量消耗大的各部件要进行定额标定，在项目成本中，生产工人工资所占比例较小。

（3）大量生产　大量生产是指在相当长一段时期内只生产同一种项目产品，生产量很大。因此，从设备条件上来看，可以广泛地采用各种专用设备及复杂的机械化高效工夹具、工艺装备。从生产组织上来看，零部件同时平行生产，流水性强，各工序应同步；设备按工艺过程布置，通常无需中间仓库。从生产方式上来看，装配工作完全不需要划线，零部件具有互换性或者在个别情况下选配；操作是高度机械化和自动化的。工人专业化程度极高，工作地点完全固定，一般对工人技术水平要求较低。从工艺准备上来看，要详细地编制每一工序的工艺文件，并对全部相应工艺单元进行技术定额标定。在项目成本中，生产工人工资所占比例最低。

任何项目产品都具有自身的特点，也就是具有一定的工艺特点，表3-1说明了项目产品的自身特点与工艺特点的关系，表3-2说明了项目产品工艺类型与生产类型的关系。在设计工艺之前，对项目产品进行详细的了解和工艺分析是必不可少的。

表3-1　项目产品的自身特点与工艺特点的关系

分类方法	产品特点	工艺过程特点
复杂程度	简单	不划分部件，在一个流水线上将零件装成产品后焊接
	复杂	划分部件，分头同时制造之后，再将各部件流水线上产品汇总到总装焊流水线上装焊
外形尺寸	大	工序之间单件运送，对极重要产品需固定装焊位置，生产工人流动
	小	重量轻、工序之间分批加工和运送，产品流动

表 3-2　项目产品工艺类型与生产类型的关系

	单件生产	成批生产	大量生产
产品数量	少	多	大量
生产重复情况	经常交换产品	周期性重复加工	长期重复加工
生产方式	按工艺顺序加工流水性弱	顺序平行式加工有部分流水，节奏不一定同步	平行流水生产，机械自动化流水，同步节奏
设备安排	通用设备机群式排列	部分专用，混合排列	按工艺顺序排序，专用性强
机械自动化程度	通用夹具手工生产	部分专用，部分机械化	机械自动化高，专用性强
装配方式	划线修配	部分划线选配	不需划线，焊件互换性强
工人及工作地安排	专业化少，有堆放场及中间仓库	一定专业化，有中间仓库	工人及工作地皆固定，不需中间仓库，零配件循环供应
工艺过程及定额	粗定工艺过程，粗估定额	详订工艺规程，定额较精确	详订工艺工序，精确计算定额
技术等级及成本	要求工人熟练，生产成本高	（介于二者之间）	技术水平要求低，成本低

生产类型是用来表明工作场地专业化程度的标志。工作场地专业化程度，是按照工作场地负担的工序数目的多少来判断的。工作场地负担的工序数目越少，工作场地专业化程度越高；相反，工作场地负担的工序数目越多，其专业化程度就越低。成批生产是经常固定地完成一两道工序，因而专业化程度很高；大量生产是轮换地完成若干道不同的工序，所以其专业化程度较低；而单件生产是经常变换地完成很不固定的工序，因而专业化程度更低。表 3-3 说明了工作场地负担的工序数和工作场地生产类型的关系。

表 3-3　工作场地负担的工序数和工作场地生产类型的关系

工作场地生产类型	工作场地负担的工序数目
大量生产	1～2
成批生产	2～30
单件生产	>30

应该注意的是，生产类型的划分是相对的。它们对企业各方面的影响，如生产过程组织方式、经济效果及管理工作等也是相对的。特别是大量生产和大批生产之间、小批生产和单件之间更是如此。因此，在实际工作中，经常运用“大量大批生产”“单件小批生产”等概念。

企业在组织生产的时候，应仔细分析研究影响生产类型的因素，努力提高工作场地专业化程度。影响工作场地专业化程度的因素有项目的品种数量和每种产品的产量；项目的结构与工艺复杂程度；企业的设备数量等。这些因素是交错在一起发生作用的，对企业来说都是客观因素。企业不能片面追求生产的专业化而忽略社会的需求。每个企业应在满足社会需求的前提下，加强技术工作和管理工作，以此来提高工作场地的专业化程度，改善生产类型。

提高工作场地专业化程度与改善生产类型的主要措施如下：

1）积极扩大同其他企业的生产协作，以减少本企业制造零部件的种类，增加每种零部件的批量。

2）在项目结构设计方面，应根据项目产品的特点和市场需求情况，在分析项目结构和性能的基础上，积极开展项目产品系列化、零部件标准化和通用化工作。

3）在工艺设计方面，开展工艺过程典型化工作，使结构相似的零部件具有相同或大致相同的工艺过程。为了减少工序数目，应提高工作场地专业化水平，增加工序加工批量，为采用成组技术和先进生产组织形式创造条件。

4）在生产组织方面，应加强订货管理，通过与用户协商，尽可能定购本企业正在生产或已生产过的变形项目。同时在保证交货期的前提下，做到项目品种和数量之间的合理搭配，以增加同一时期的产量，减少同一品种生产的批次。

5）加强日常的生产调度工作，合理分配任务，改善劳动组织，实行定人、定机、定活等。

2. 生产能力的计算

（1）生产能力的种类　生产能力的种类有设计能力、查定能力和计划能力。

1）设计能力是指企业进行新建、扩建或技术改造时在项目方向与品种构成既定的条件下，生产设计任务书和技术设计文件中所规定项目的能力。因此，在原设计的各项条件没有变化的情况下，企业的项目设计能力就是企业的工业产品生产能力。

2）查定能力是指企业没有设计能力，或者由于生产技术条件变化较大，实际生产水平与原设计能力相差较大，由企业重新调查核定的生产能力称为查定能力。

3）计划能力（现实能力）是指企业在计划年度内实际可能达到的生产能力。它是根据企业现有的生产条件，并考虑到计划年度内能够实现的各种技术组织、措施、效果而计算的。计划能力又分为年初能力、年末能力及年平均生产能力。年初能力是指车间及其各生产环节计划年度开始时的能力，它按计划年度1月1日的情况计算确定。年末能力是指车间计划年度末时的生产能力，它考虑了拟在计划年度内采取的并在计划期末得以实现的扩大生产能力的措施。年平均生产能力是指在计划年度内平均拥有的生产能力。

（2）决定生产能力的因素　决定焊接车间生产能力的因素，可归纳为以下三个方面，即固定资产的数量、固定资产的工作时间及固定资产的生产率定额。

1）固定资产的数量是指计算生产能力时的设备数量，应包括企业全部已安装的生产成套设备。不论这些设备是正在运转，还是在修理或因某种原因暂时停止使用的，均应计算在内。但不包括不能修复的设备、备用设备、封存设备、辅助部门的设备、尚未验收投产的设备、不配套设备以及由于生产任务改变而停止使用的闲置设备。

除设备数量外，生产面积的数量对于焊接车间生产能力的计算也具有重要的意义。生产面积是指作业面积、作业通道、零部件存放地及运输设备所占面积。

2）固定资产工作时间是指在规定的工作制度下，固定资产可工作（或利用）的时间。固定资产工作时间分为制度工作时间和有效工作时间。

年制度工作时间的计算公式如下：

$$F_{制} = (D_{历} - D_{节}) f$$

式中　$F_{制}$——年制度工作时间；

$D_{历}$——全年日历日数；

$D_{节}$——全年节假日数；

f——每日制度工作小时数。

日历日数减去节假日数，即为全年制度工作日数，共计251天。每日制度工作小时数，根据企业的工作班制而定。

有效工作时间是指在制度工作时间中，扣除设备修理停歇时间后的工作时间计算公式如下：

$$F = F_{制} (1 - \varepsilon)$$

式中　$F_{制}$——设备年有效工作时间；

ε——设备修理停工率，按修理计划或参照历年设备修理的经验统计数确定，一般为5%～10%。

计算设备生产能力时用有效工作时间，而计算生产面积的生产能力时用制度工作时间。

3）固定资产的生产率定额包括设备及生产面积的生产率定额。生产率定额可以用设备（生产面积）的产量定额表示，即单位设备（生产面积）在单位时间内的产量标准；生产率定额也可用项目的时间定额表示，即生产单位项目的设备台时标准或制造单位项目的生产面积占用标准。

（3）焊接生产能力的计算　生产能力的计算是以实际生产指标来确定的。

1）单台设备及流水线生产能力的计算。确定单台设备生产能力的计算公式为：

$$M_{单} = F/t$$

式中　$M_{单}$——单台设备生产能力（件）；

F——单台设备计划期（年）有效工作时间（h）；

t——项目的工序时间定额，（h/件）。

工序由一台设备承担时，单台设备的生产能力即为工序生产能力；工序由 S 台设备承担时，工序生产能力为 $M_{单} S$。

按流水线组织生产时，生产能力按每条流水线核算。流水线生产能力是在组成流水线各工序单台设备生产能力计算的基础上，经过综合平衡之后确定的。

2）设备组生产能力的计算。当企业生产单位按工艺专业化形式划分时，生产能力的计算通常按设备组进行。设备组生产能力的计算公式如下：

$$M_{组} = FS/t$$

式中　$M_{组}$——设备组生产能力；

S——设备组设备数量；

t——生产单台项目产品所需要该种设备的台时数。

当设备组生产能力以重量为计量单位时，设备组生产能力的计算公式为：

$$M_{组} = FSPW$$

式中　P——单台设备生产率（台/h）；

W——每台焊件的平均重量（kg/台）。

当工段生产能力取决于生产面积时，则生产能力按下式计算：

$$M_{段}=F_{制}A/\alpha t$$

式中　$M_{段}$——某工段生产能力；

$F_{制}$——计划期（年）制度工作时间（h）；

A——某工段生产面积（m^2）；

α——焊接单位项目所需占用面积（m^2/件）；

t——该工段焊接单位项目的生产周期（h）。

焊接车间计算生产能力时，实际常用报告期所达到的生产焊接件的重量水平来计算焊接车间的生产能力。计算公式如下：

$$M_{车}=P_{重}F_{制}A_{车}\beta$$

式中　$M_{车}$——焊接车间年生产能力（t）；

$P_{重}$——报告期单位生产面积的小时产量（t/m^2）；

$A_{车}$——计划期车间的生产面积（m^2）；

β——计划期采用技术组织措施后车间产量增长率。

3. 现场焊接生产准备

生产场地的准备工作需要考虑供水、供电、供热、供气等材料，能源供应问题、场地定置管理问题和临时设施问题等。然而，许多大型或工期长的焊接结构制作与安装工程项目，因加工占用空间大、运输难度高等原因，一般不在车间内组织结构部件的装配与焊接，往往是选择开阔、平整、交通便利的户外场地或结构安装现场组织生产施工。这样一种经批准占用，从事大型焊接结构的装配焊接、结构安装的场地称为项目施工现场。工程项目施工现场是施工的“枢纽站”，需大量的物资“停站”于此，活动在现场的大量劳动力、机械设备和管理人员，通过生产活动将这些物资一步一步转变成结构项目。这个“枢纽站”组织是否得当，将会涉及人员、物流和财务是否畅通，涉及生产活动能否顺利进行。因此，必须合理规划用地，认真计算各种设施用量，科学设计场地的平面布置。

（1）现场设施种类　大型焊接结构工程项目施工现场的设施按类型分为两大类：一类是房屋设施，主要有办公用房、各专业工序作业棚（场）、电工房、机修间、机具保管室、焊接材料保管室、气瓶储放室、物料场（仓库）等；另一类是管线设施，包括供水管线、供电网路、供气管线、供热管线等。

（2）现场房屋设施　现场房屋设施的组织应结合现场的具体情况，统筹安排、合理布置、厉行节约、反对浪费，一般要求做到以下几点：

1）布点要适应生产需要，方便职工上下班。

2）尽量靠近已有交通线路，或即将修建的正式或临时交通线路。

3）野外场地要不受洪水、泥石流、滑坡等之害，否则，应有防护措施。

4）尽量利用施工现场或附近已有的建筑物，包括拟拆除可暂时利用的建筑物。在新开辟地区，应尽可能提前修建能加以利用的永久性建筑。

5）必须修建的临时房屋设施，应以经济、实用为原则，合理选择形式，如充分利用当地材料和旧料，制成装拆式或移动式设施，以便于重复使用。

6）各种房屋设施均应符合安全防火要求。

此外，与现场房屋设施相关的办公用房的布置与要求应满足以下几点：

1）办公用房一般应布置在现场进出口附近，以便能兼顾内外联络的需要。

2）办公用房与生活用房应适当隔离，以减少相互干扰的影响。

3）如果条件许可，办公用房应尽量设置在场区的上风方向。

4）办公用房的面积按下式确定：

$$A_{办}=n\ (3\sim4\mathrm{m}^2/人)$$

式中　$A_{办}$——现场办公用房的面积（m^2）；

n——办公人数。

（3）物资储存临时设施

1）仓库的类型。仓库按堆放材料的种类不同，可分为原材料仓库、半成品仓库；按其在工程项目中所起作用的不同，又可分为转运仓库、中心仓库（总仓库）、现场仓库。各类仓库按其储存材料的性质和贵重程度，可采用露天堆场、半封闭式（棚）和封闭式（库房）三种存放形式。大宗材料（或结构零件）一般应直接运往使用地点堆放，以减少施工现场的二次搬运。

2）仓库材料的储备量。确定仓库内的材料储备量，一方面要做到能保证生产的正常需要，另一方面又不宜储存过多，以免加大仓库面积，积压资金。通常的储备量应根据现场条件、供应条件和运输条件来确定。如场地狭小的可少些，生产受季节性影响的材料，必须考虑中断因素；水运材料则需考虑枯水期及严寒影响航运问题，储备量可大些；加工周期较长的材料，应考虑储备量要大些。另外，还需考虑供料制度中有的材料要求一次储备的情况。

3）长期项目的材料储备，一般按年、季组织储备，可按下式计算：

$$q_1=K_1Q_1$$

式中　q_1——某项材料总储备量（t）；

K_1——储备系数。不经常使用的材料取0.3～0.4，经常使用的材料取0.2～0.3；

Q_1——该项材料最高年、季需用量（t）。

总储备量（q_1）包括为本工程使用已经落实的材料，如已进入转运仓库和中心仓库的材料，以及有了货源又签订供货合同的材料。

4）短期项目材料储备，应保证工程连续施工的需要，其储备量可按下式计算：

$$q_2=nQ_2/T$$

式中　q_2——某项材料总储备量（t）；

n——储备天数；

Q_2——计划期间内需用的材料数量（t）；

T——需用该项材料的施工天数，并大于n。

5）仓库面积的计算，按材料储备期计算，套用下式：

$$F=q/p$$

式中　F——仓库面积（m^2），包括通道面积；

p——每平方米仓库面积上存放材料数量，见表3-4；

q——材料储备量（t），用于长期项目为q_1，用于短期项目为q_2。

表 3-4　每平方米仓库面积上存放材料数量

序号	材料名称	单位	储备时间/天	每 m^2 储存量 p/t	堆置高度/m	仓库类型
1	钢板	t	40～50	2.4～2.7	1.0	露天
2	钢管 ϕ200mm 以上			0.5～0.6	1.2	
3	钢管 ϕ200mm 以下			0.7～1.0	2.0	
4	角钢			1.2～1.8	1.2	
5	工槽钢			0.8～0.9	0.5	
6	焊条		—	—	1.0	库房
7	焊丝					
8	焊剂					
9	氧气	瓶			立置瓶高	棚
10	CO_2 气体					
11	乙炔					

6）仓库最优的选点。大型焊接结构制作安装工程，对各加工场往往采用集中供应点布置的方案，这时供应点距离各使用点的运输吨千米数越少，则越经济，越有利于减少成本的开支。因此，可以采用运筹学中的麦场作业法，确定材料仓库的最佳设库位置。

由于道路的形式不同，用麦场作业法确定最优设库点时，可分为两种情况：当道路没有环路时，选择最优设库点可概括为四句话“道路没有圈，检查各个端，小半归邻站，够半就设库”，如图 3-1 所示。

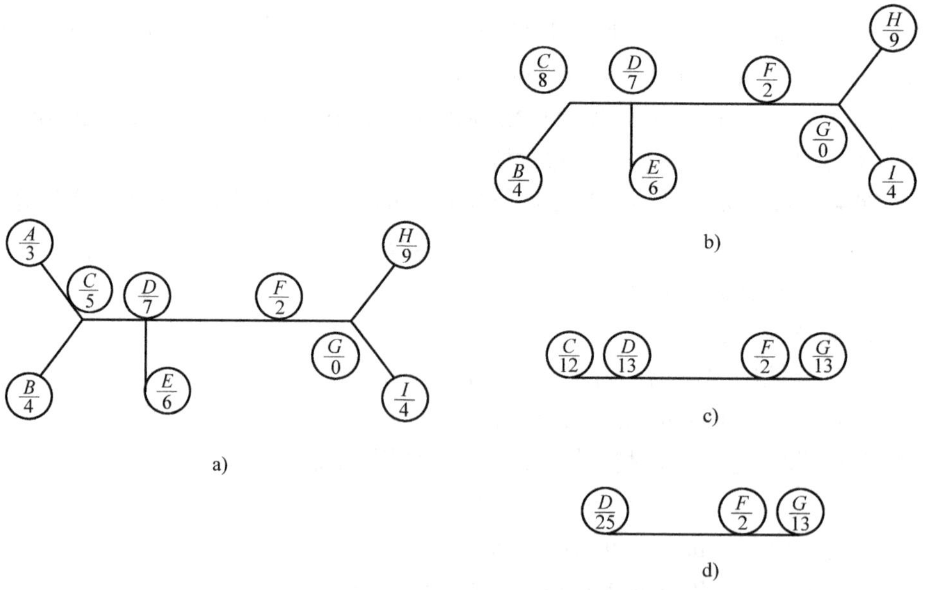

图 3-1　最优设库点的确定（无环路）

图 3-1a 表示某施工现场有八个加工场，圆圈中字母表示某加工场，数字表示相应场点的材料需要量，G 是道路交叉点，求材料仓库的最佳位置。

八个点总需要量为 40t，先检查端点 A，其收量为 3t，不超过 40/2，归邻站 C，则 C 点的收量变为 $5+3=8$t，如图 3-1b。同理检查端点 B、E、H、I，其收量分别为 4t、6t、9t、4t，均不超过 40/2，分别归邻站 C、D、G，从图 3-1b 可看到，D 点的收量为 25，已超过 40/2，则 D 点是最优设库点。

当道路有环路时，数学上已经证明，最优设库点一定可以在某个收点或道路交叉点上找到。因此，只能先假定每个收点或道路交叉点为最优设库点，然后分别计算到各收点的 t · km 数总和，其最小者，为最优设库点。如图 3-2 所示，因道路有环路，在图上必须标出各收点及收量，以及各收点间的距离。

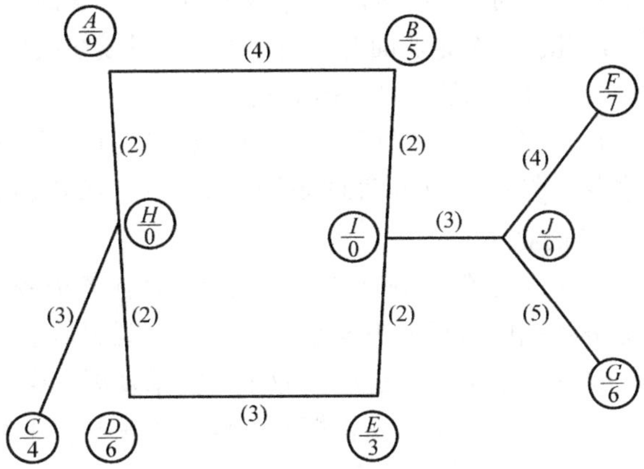

图 3-2　最优库点的确定（有环路）

库址设 A 点：$(5\times4+4\times5+6\times4+3\times7+7\times13+6\times14)$ t · km = 260t · km

B 点：249t · km　　C 点：271t · km

D 点：262t · km　　E 点：256t · km

F 点：383t · km　　G 点：419t · km

H 点：275t · km　　I 点：237t · km

J 点：279t · km

因此，I 点是最优设库点。

【综合训练】

1. 什么是焊接项目生产准备？
2. 焊接生产准备包括哪些内容？
3. 为什么要进行物质和劳动准备？
4. 对焊接生产项目的施工图样的审查，通常按哪几个阶段来进行？
5. 如何分析项目生产与工艺关系特点？
6. 怎样计算焊接生产能力？
7. 焊接施工现场如何准备？
8. 怎样为材料仓库选址？

模块二　焊接生产项目的组织机构

完成焊接生产项目任务，实现生产目标，需要人力资源，因此生产管理人员还必须围绕一项共同目标，建立组织机构，并对组织机构中的每个人员指定职位，明确职责，授予权力，交流信息并协调工作，使其以最大的效率实现既定目标。

知识点1 项目管理组织机构

项目的管理组织与生产运营的管理组织在组织机构上是不同的，一个项目的组织机构通常受项目的目标、项目的任务、项目所能获得资源的多少、项目的各种制约条件等的影响和限制。因此，一个企业面对不同的生产项目或在项目实施的不同阶段要建立不同的项目组织机构。

1. 项目管理组织结构形式

（1）直线制（图3-3） 直线制是由上层到基层按垂直系统建立的组织形式，由各级领导者执行统一指挥和管理职能，不设专门的职能机构。这种组织形式一般适用于小型、生产简单的企业。

（2）职能制（图3-4） 职能制是在各级领导者之下，按专业分工设置管理职能部门，在其业务范围内有权向下发布指令，下级既服从上级领导者的指挥，又听从上级各职能部门的指挥。这种组织形式，适应企业生产技术发展和经营管理复杂化的要求，以发挥专业管理人员的专长。但它妨碍了统一指挥而形成多头领导，不利于责任制的建立和效率的提高。

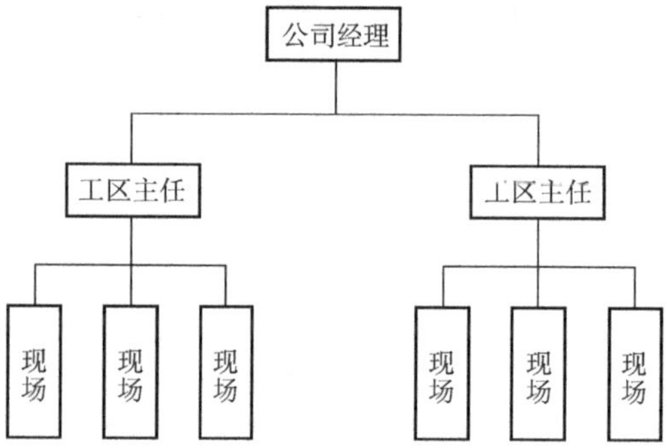

图3-3 直线制

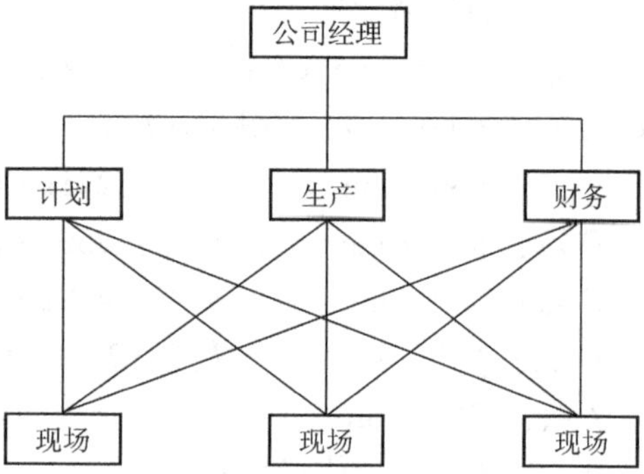

图3-4 职能制

（3）直线职能制（图3-5） 直线职能制是以直线制为基础，在各级领导者之下设置各专业职能部门，作为该级领导者的参谋部，由职能部门拟定计划、方案以及有关指令，经领导者批准下达。职能部门对下级进行业务指导。

这种组织形式，保持了直线制的集中统一指挥的优点，吸取了职能制订发挥专业管理职能作用的长处，其缺点是各职能部门之间的横向联系差，直线与职能的责权协调较难。

（4）矩阵组织（图3-6） 矩阵组织把按职能划分的部门和按项目划分的小组结合起来组成一个矩阵，项目小组成员，既向原

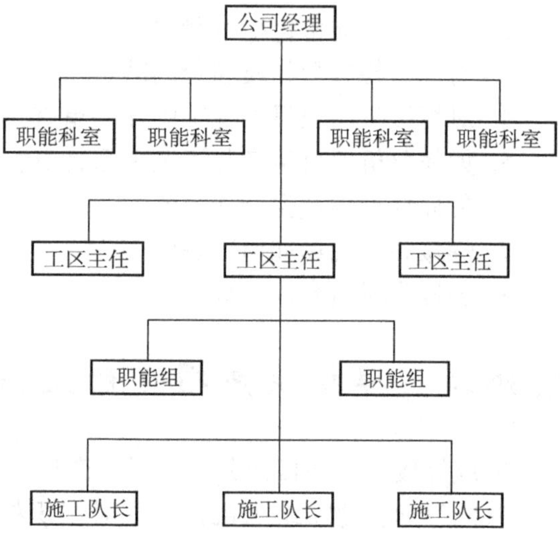

图3-5 直线职能制

职能部门保持组织与业务上的联系，又参加项目小组的工作。每个项目负责人（项目经理），受企业领导者领导，而项目小组成员受项目负责人和原属职能部门双重领导。这种组织形式，富有弹性、灵活性，适应性较强，能使管理中的纵向横向很好地结合，对项目管理有利并能充分发挥专业人员的作用，适用于工程或科研项目。其缺点是由于领导关系上的双重性，往往会发生一些矛盾。

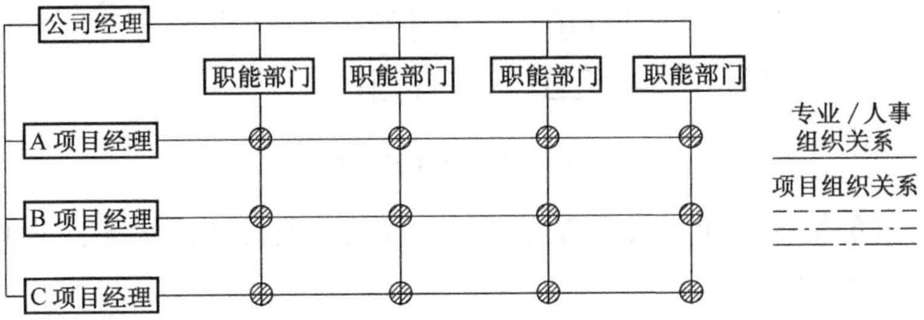

图 3-6　矩阵组织

（5）项目型组织（图 3-7）　项目型组织是一种模块式的组织结构，主要适合于各种业务项目企业和组织。例如，现有的安装施工企业多数是这种组织结构。在这种组织中的雇员多数属于某个项目团队，而项目团队通常是多种职能人员组合而成的。这种组织也会有一定数量的职能部门，由这些部门负责整个企业的一些职能管理业务。例如企业的人力资源管理、财务管理和后勤管理等方面的工作。项目型组织的职能部门是纯职能性的，这些职能部门不行使对项目经理的直接领导，只是为各种项目的开展提供支持或服务。在这种组织中，企业或组织的大部分资源都投入到各种业务项目工作中。

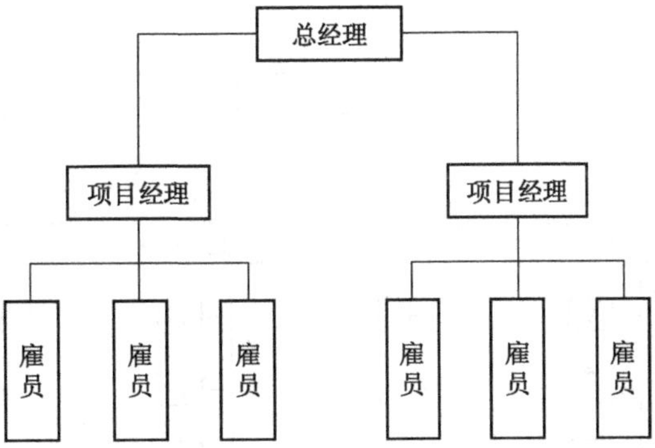

图 3-7　项目型组织

这种组织的主要经营活动是开展各种业务项目，在这种组织中，绝大多数人员（相同专业的和不同专业的员工）分属于不同的项目组织或项目团队，多数是专职的项目工作人员，只有少数是临时抽调的项目工作人员。这种组织的项目经理都是专职的，而且在整个组织中十分独立和具有权威性。这种组织的项目团队由专职的项目经理、专职的项目管理人员、作业队和少量临时抽调的兼职项目工作人员构成（这些兼职的项目工作人员多数是一些特殊性的专业人才，如高水平焊工）。

2. 项目组织形式的选择

生产项目有许多种组织形式可以选择，如寄生式组织，如图 3-8 所示，自主式组织，如图 3-9 所示，还有直线式组织、矩阵式组织、项目型组织。这些项目组织形式各有其使用范围、使用条件和特点，不存在唯一地适用于所有组织或所有情况的最好组织形式，必须考虑下列一些具体情况予以分析选择：

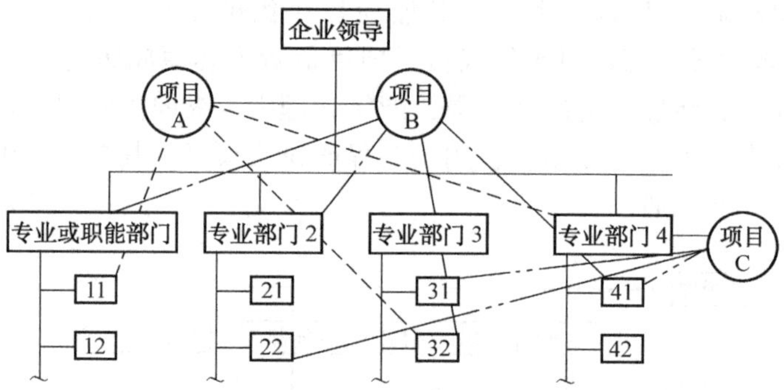

图3-8　寄生式组织

1）项目自身的情况，如规模、难度、复杂程度、项目结构状况、子项目数量和特征，可以用图3-10简单分析。

2）上层系统（企业）组织状况，同时进行的项目数量，及其在本项目中承担的任务范围。同时进行的项目（或子项目）很多，必须采用矩阵式的组织形式。

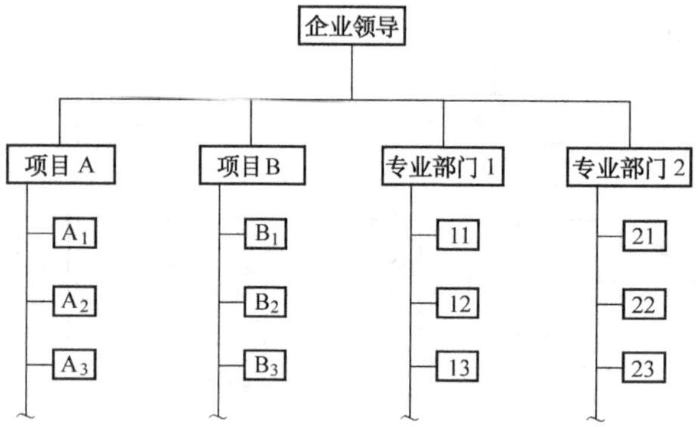

图3-9　自主式组织

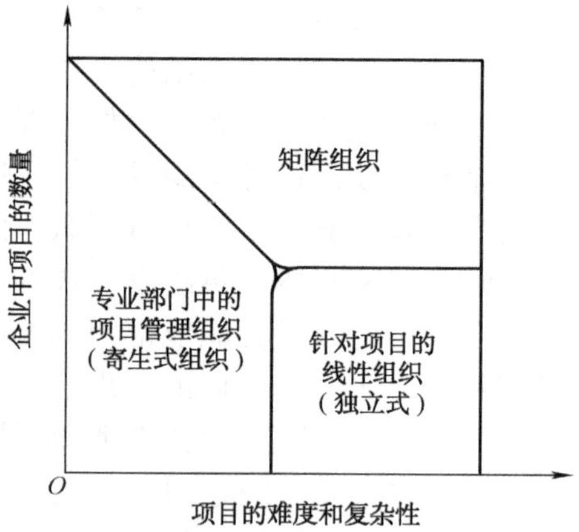

图3-10　项目难度和复杂性分析

3）应采用高效率、低成本的项目组织形式，能使各方面有效的沟通，各方面责任权利关系明确，能进行有效的项目控制。

4）决策简便、快速。由于项目与企业部门之间关系复杂，而其中最重要的是指令权的分配。不同的组织形式有不同指令权的分配，如图3-11所示。对此企业和项目管理者都应有清醒的认识，并在组织设置及管理系统设计时贯彻这个精神。

5）不同的组织机构可用于项目周期的不同阶段，即项目组织在项目期间可不断改变：早期仅为一个小型的工作小组，可能为寄生式的；进入设计阶段可能采用直

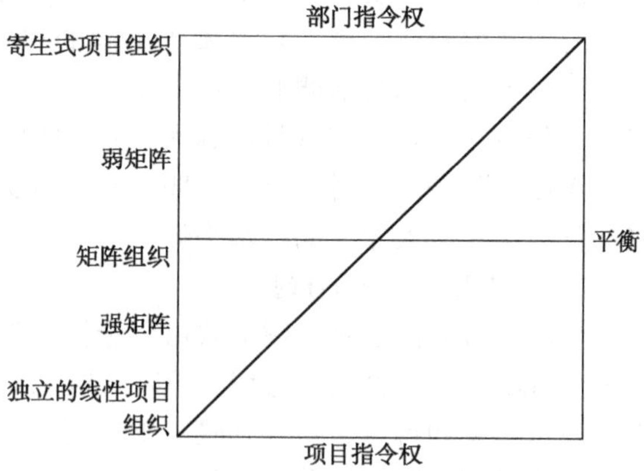

图3-11　指令权的分配

线式组织，或由一职能经理领导进行项目规划和设计、合同谈判；在生产施工阶段为一个以生产管理为主的组织，对一个大项目可能是矩阵式的；在交工阶段，需要各层次参与，再次产生集中的必要，通常仍回到直线式组织。

6）通常强矩阵式的组织形式比弱矩阵组织更能确保项目目标的实现，而比独立项目组织更有效地降低项目成本。

7）项目组织形式的选择有一些评价指标，可见表3-5。

表3-5 项目组织选择的评价指标分析表

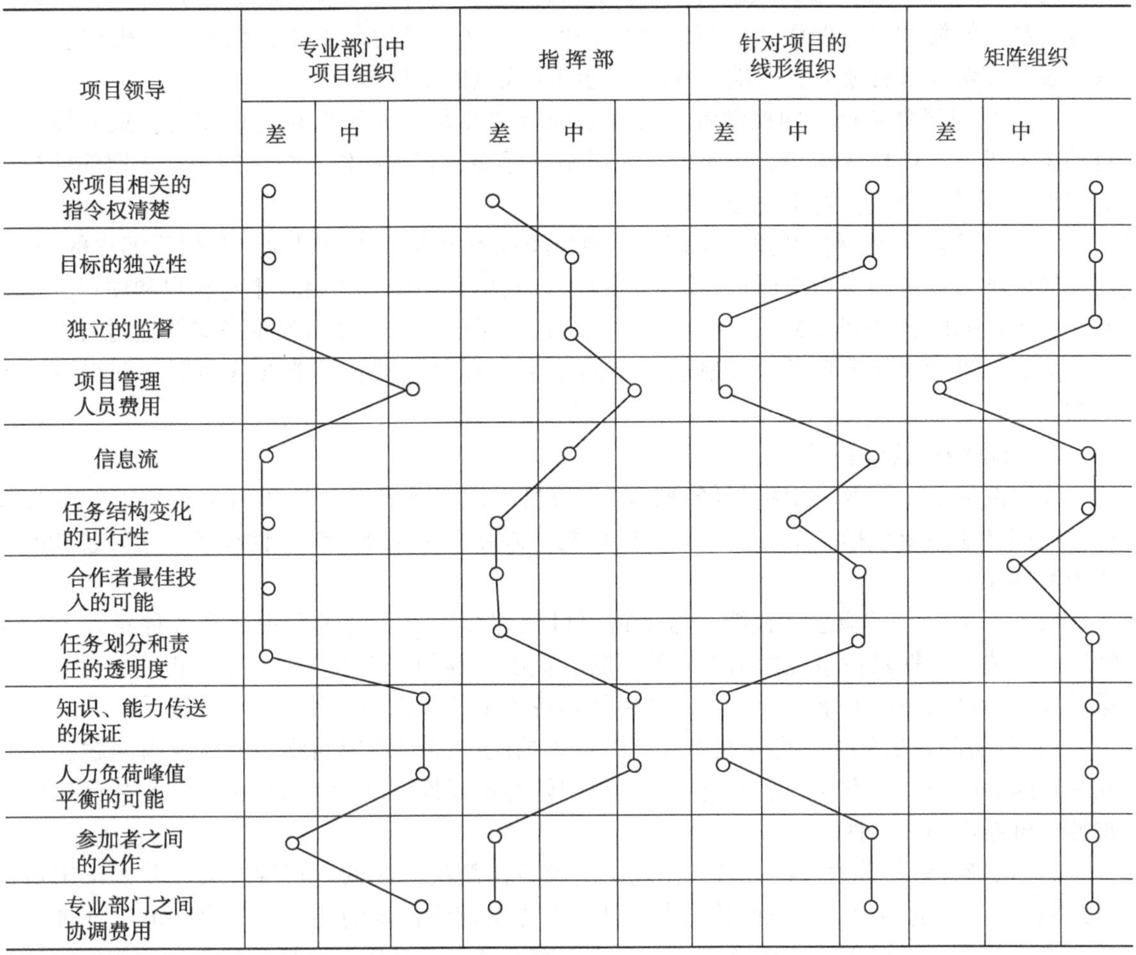

知识点2 项目经理

1. 项目经理的角色与职责

生产项目管理的主要责任是由项目经理承担的，项目经理是项目管理的主要责任人。项目经理的根本职责是确保项目的全部工作在项目预算范围内按时、优质地完成，从而使客户（业主）满意。项目经理在整个项目管理中是核心人物，他在项目管理中承担着许多角色，项目经理承担的最主要角色和职责包括下列几个方面：

（1）项目经理是生产项目的领导者　其领导职责主要是充分运用自己的职权和个人权利去影响他人，为实现项目的目标而服务。这种领导职责包括：适时地做出正确决策，适时地开展项目团队的激励，充分地与全体团队成员进行沟通等方面的工作。

（2）项目经理是项目的计划者　其计划职责主要是明确项目目标，界定项目的任务和编制项目的各种计划。具体地说，项目经理要决定项目要实现哪些目标，这些目标相互如何协调，项目要完成哪些任务，这些任务哪些由自己的项目团队完成，哪些进行对外分包，要指导项目管理人员制订出项目的各种专项计划，并负责项目全过程的计划调整与管理。

（3）项目经理是项目的组织者　其组织职责主要是努力为项目的实施获得足够的人力资源、物力资源和财力资源，并组织建设好项目团队合理地分配项目任务，积极地向下授权，及时地解决各种矛盾和争端，开展对全团队成员的培训等。

（4）项目经理是项目的控制者　其控制职责主要是全面对项目进行监控，集成控制项目的工期进度、项目成本和工作质量，通过制订标准、客观评价、找出差距和采取纠偏措施等工作使项目的全过程处于受控状态。

（5）项目经理是项目利益的协调者　项目经理不但要协调项目业主和项目客户的利益，还要协调项目业主和客户与项目团队的利益，以及项目团队、项目业主与客户和项目其他利益相关者之间的各种利益关系。在协调这些利益关系的同时，项目经理还需要通过自己的工作，努力促进和增加项目的总体利益，从而使所有利益相关者都能够从项目中获得更大的利益。

2. 项目经理技能要求

项目的成功主要取决于项目经理，因此项目经理必须具备保证项目成功所需的各种技能。这些技能主要包括三个方面：概念性技能，人际关系技能和专业性技能。这些技能的具体内涵分述如下：

（1）项目经理的概念性技能　这是指项目经理在项目实现过程中遇到各种意外或特殊情况时，能够根据具体情况做出正确的判断、提出正确的解决方案，并做出正确的决策和安排的技能。这项技能要求一个项目经理必须具备如下几个方面的能力：

1）分析问题的能力。即从复杂多变的各种情况中能够发现问题和分析找出问题实质与问题原因的能力。这方面的能力包括：发现问题的敏锐性、准确性和全面性；分析问题的逻辑性、可靠性和透彻性。

2）正确决策的能力。即在各种情况下能够找出解决问题的可行性方案，并挑选出最佳（或满意）方案的能力。这方面的能力包括：首先是搜集信息的能力，其次是加工处理信息的能力，然后是根据各种信息确定行动备选方案的能力，最后是抉择最佳方案的能力。

3）解决问题的能力。项目经理这一职务和岗位就是为解决项目不断出现的各种问题而设立的。一个项目经理的解决问题能力包括三个方面：针对性地解决问题，解决问题的正确性，解决问题的完善性。

4）灵活应变的能力。项目本身的可变因素很多，相对开放的环境是可变的，工期进度的时间和各种资源是可变的，项目任务的范围和内容是可变的，项目的组织和团队成员是可变的（因为是临时性的），项目业主和客户的要求与期望是可变的。面对这么多的可变因素，项目经理必须具有灵活应变的能力。这是一种控制和处理项目各种变动的能力，一种在各种变动中确保项目目标得以实现的能力。

(2) 项目经理的人际关系能力　这是指项目经理在与各种人员（包括项目的相关利益者和项目团体的全体成员）打交道时，能够充分地与他人沟通，能够很好地进行激励，能够因人而异地采取领导和管理的方式，能够有效地影响他人的行为以及处理好各方面的人际关系的技能。这项技能要求一个项目经理必须具备如下几个方面的能力：

1）沟通能力。项目经理必须具备很强的沟通能力，因为项目经理与一般运营管理人员的情况不同，他需要不断地与项目团队的各个成员，与项目业主和客户或者他们的代理人，与项目其他相关利益者以及其他组织和个人之间进行沟通。在这些沟通中，既包括管理方面的沟通和技术方面的沟通，也包括商务方面的沟通和思想感情方面的沟通；既包括书面语言的沟通，也包括口头语言沟通和非语言沟通（各种手势和表情等）。项目经理必须能够掌握各种沟通的技能，以便在项目管理中能够充分地进行信息传递和思想交流。

2）激励能力。这包括对他人的激励和自我激励两个方面的能力。项目管理中的激励与一般运营管理中的激励不同，整个项目的激励工作主要都是由项目经理承担的。项目经理需要不断地激励项目团队的每个成员，使整个项目团队能够保持士气和工作的积极性，共同为实现项目的目标而努力。同时项目经理还需要不断地激励自己，使自己能够去面对和解决项目的各种问题。项目经理的激励能力包括下述几个方面：

① 项目经理必须具有深入了解和正确认识项目团队成员各种需求的能力。

② 项目经理要能够正确选择激励手段，这包括：精神激励和物质激励手段，内在激励和外在激励手段，正强化和负强化手段等各种不同的激励手段和它们的有机结合。

③ 项目经理要能够制订出合理的奖惩制度。

④ 项目经理还必须能够适时地采用奖惩和其他一些激励措施。

3）影响他人行为的能力。项目经理要管理好一个项目最重要的是要有影响他人行为的能力，这包括运用职权影响他人行为和运用个人权力影响他人行为的能力两个方面。在项目管理中，项目经理需要使用自己拥有的权利，通过各种各样的方式去影响他人的行为，为实现项目的目标服务。项目经理运用权力去影响他人为实现项目的目标所做的努力是项目经理在一定条件下为实现项目目标所开展的一种管理行为，是根据项目的具体情况和项目环境的发展变化，按照权宜之变的原则所采取的各种相应的领导方式。项目经理影响他人行为的能力包括下述几个方面：

① 运用职权去影响他人行为的能力。项目经理的职位赋予了项目经理一定的职权，包括奖惩权、强制权和其他一些规定的权力。项目经理必须具备能够正确使用这些职权的能力，具备运用由于拥有这些职权所获得的权力倾斜优势，去影响和改变他人行为的能力。

② 运用个人权力去影响他人行为的能力。除了项目经理的职位赋予的职权以外，项目经理还应具有专长权，个人影响权、参与权等一系列与个人素质和能力等因素有关的个人权力。

4）人际交往能力。项目经理是一个项目的核心人物，他必须与项目业主、项目客户、项目的其他相关利益者以及项目团队的全体成员打交道，因此他必须具备较高的人际关系交往能力，否则他将无法领导他的团队，他将无法与项目全体相关利益者保持正常的工作关系。

5）处理矛盾和冲突的能力。项目经理是一个项目的矛盾和冲突的中心，因为所有项目业主、项目客户、项目的其他相关利益者以及项目团队的各种矛盾和多数需要项目经理进行协调和处理。因此他必须具备处理矛盾和冲突的能力，否则就会陷入各种矛盾和冲突之中，那样不但无法完成项目，而且会引发各种各样的纠纷甚至诉讼。项目经理处理矛盾和冲突的能力同样包括许多方面，其中最主要的能力如下：

① 协商的能力。项目经理处理矛盾和解决冲突首要的能力是通过协商使矛盾和冲突的双方达成一致的能力。这方面最主要的是项目经理和与其矛盾或冲突的另一方进行协商的能力。

② 调停的能力。项目经理应当具备充当调停者，为项目团队成员之间或团队成员与其他人等矛盾和冲突的双方进行调解的能力。这包括：项目经理出面安排和组织双方协商的能力，由项目经理裁定和解决矛盾与冲突的能力。

③ 妥协的能力。现代项目管理认为任何项目的最终结果都是一种妥协的结果，不是利益的妥协，就是目标的妥协或者其他的妥协。项目经理必须具备在矛盾和冲突中进行妥协的能力，即牺牲一定的利益或目标以解决矛盾和冲突的能力。

④ 搁置的能力。项目经理有时面对的冲突和矛盾是可以随着时间的推移而自行消失的，所以项目经理应该具有一定的搁置矛盾和冲突的能力。在遇到冲突和矛盾的时候能够"沉得住气"，并分析确定一个具体的矛盾和冲突是否可以通过搁置办法化解和解决。

⑤ 激化的能力。项目经理有时面对的矛盾和冲突必须采取激化冲突或矛盾的方法去解决，所以项目经理应该具有一定的激化矛盾和冲突的能力。在遇到冲突和矛盾的时候能够分析确定一个具体的矛盾和冲突是否可以通过计划的办法去转化和解决。

（3）项目经理的专业技能　这是指项目经理在整个项目实现过程所需的处理项目所属专业领域技术问题的能力。一个项目经理不但要有上述项目管理和一般管理方面的能力，还必须要有与生产项目相关的专业领域的知识和技能。因为项目都是属于一定专业领域中的一次性和创新性的工作，这要求项目的主管、项目经理必须具备足够的相关专业知识和专业技能。在项目管理当中"外行领导内行"是非常困难的，所以多数项目经理都是由项目相关领域中的专家担任的。由于不同的项目涉及不同的专业领域，所以很难具体描述项目经理应该具备的专业技能。当然，一个项目经理不必一定是具体项目专业领域中的权威，但是项目经理必须具备项目所需的基本专业知识，了解项目所涉及专业的基本原理。一个焊接结构制作与安装工程项目的经理必须了解焊接结构生产工艺和安装的技术等。

3. 项目经理的素质要求

（1）要有勇于承担责任的精神　一个项目的管理责任是很重的，而项目经理所承担的责任尤为重要。因为项目管理与运营管理不同，没有职能部门去分担责任，多数责任是由项目经理承担的。而且项目管理所处的环境又是相对不确定性的，所以在项目管理的过程中，随时都需要做出决策和选择。因此项目经理必须具备勇于承担责任的素质，任何不负责任、推卸责任和逃避责任的行为都是不许可的。

（2）要有积极创新的精神　一个项目经理与一般运营管理中的经理不同，因为项目是一次性的和独特性的，所以往往没有经验可以借鉴，在项目的实现过程中，项目管理几乎处处需要创新和探索，所以项目经理必须具备创新精神，任何保守的做法、教条的做法和墨守成规的做法都会给项目的实现带来问题和麻烦，甚至是行不通的。

（3）要有实事求是的作风　由于项目管理中需要具备创新精神，而创新的前提必须是实事求是，尊重客观规律，所以项目经理还必须具有实事求是的作风。项目经理必须要具有根据各种情况报告分析和发现事务客观规律的能力，坚持实事求是原则的作风。不管是项目业主、项目客户、还是自己的上级提出的要求、做出的决定、给出的指示，项目经理都必须首先分析他们是否符合事务的本来面貌和客观规律，凡是有问题的一定要认真说明和据理力争。项目经理一定要忠于事实、尊重科学、实事求是，决不能唯唯诺诺、唯命是从，更不能贪污腐败，违背客观规律。

（4）要有任劳任怨积极肯干的作风　项目经理的主要工作是现场指挥和项目一线的管理，这与一般运营管理有很大不同，这就要求项目经理有吃苦耐劳、任劳任怨、身先士卒、积极肯干的作风。因为在项目管理中有许多需要解决的矛盾和冲突，对项目经理会有各种各样的抱怨，如果项目经理没有任劳任怨的作风就无法承担项目经理的重担。同时，项目经理必须具备积极肯干和敬业的精神，因为项目经理在许多时候既要承担一般项目团队成员的责任，又要完成项目经理的工作，如果没有积极肯干的作风是很难胜任的。

（5）要有自信心　项目经理另一个重要的素质是要有自信心，因为项目团队多数时间是在项目经理的领导下独立工作的，很少有上级或职能人员可以依靠，许多时间只能相信自己的判断、自己的决策和自己的指挥命令。在这种环境下，一个项目经理如果没有自信心就会犹豫不决、就会贻误战机，就会耽误工作，所以项目经理一定要有自信心。

【综合训练】

1. 项目管理组织结构形式有哪些？
2. 项目经理的根本职责是什么？
3. 在焊接生产项目管理中，项目经理应该扮演什么样的角色？
4. 对项目经理的技能要求主要包括哪几个方面？
5. 对项目经理的素质要求如何？

模块三　焊接生产项目的实施计划

计划是指预先决定要做什么，如何做，何时做和由谁做。我们这里所谈的施工计划是指对制作与安装工程项目实施过程（活动）进行各种计划、安排的总称，是对生产项目实施过程的设计，又称为施工组织设计。在具体内容上，它包括确定项目目标（质量、成本、工期）；确定实现项目目标的方法；确定项目预测、决策和计划的原则；计划的编制和计划的实施措施。计划是项目管理的一个重要职能，又是项目管理过程的一个极为重要环节，它在项目管理中具有十分重要的地位。

知识点1　施工组织设计法

1. 概念

施工组织设计是针对焊接结构制作和安装工程项目，在开工前根据项目本身的特点和施工生产现场具体情况，对所需要的施工生产劳力、施工生产材料、施工生产机具和施工临时设施，经过科学计算、精心比较及合理安排后而编制出的一套在时间上和空间上进行合理生产施工的战略部署文件。

施工组织设计的内容通常包括项目（工程）概况、施工生产方案、施工生产进度计划、准备工作计划（大型、工期长的焊接结构生产必须考虑）、各项资源需要量计划、生产组织平面布置图、质量和安全保障措施和技术经济指标八个部分，它是项目计划在焊接生产项目中的具体表现。

2. 作用

1）报批开工、备工、备料、备机、申请预付款的基本文件。

2）施工单位开展施工，检查控制生产施工进展情况的重要文件。

3）生产队组安排施工作业计划的主要依据。

4）业主或客户配合施工、监理工程质量、支付工程款项的基本依据。

知识点2 施工组织设计的任务与要求

1. 施工组织设计的主要任务

1）通过精心部署安排，使得全场的施工作业能有条不紊、按部就班地进行。

2）经过科学计算和细致比较，在保证生产质量的前提下，以较少的消耗求得最合理的工期。

3）按照节约开支、方便生产、有利生活的原则，做出现场临时设施的平面布置，以确保工作顺利进行。

4）在吸收以往经验教训的基础上，拟定出各种有关技术措施，以提高生产质量和生产率，确保安全生产。

2. 对施工组织设计的要求

施工组织设计作为一个重要的项目阶段，在项目施工中承上启下，必须防止其计划的失误或失败。由于工程项目的特殊性和计划在项目管理中的独特作用，对施工组织设计有以下特殊要求：

（1）符合总目标　计划是为保证实现总目标（按质按量按期低耗完成结构制作与安装）而做的各种安排，所以目标是计划的灵魂，必须按照拟定的项目总目标、总任务做详细的计划。计划人员首先必须详细地分析目标、弄清任务。如果对目标和任务理解有误或不完全，必然导致计划的失误。

（2）符合实际　计划要有可行性，不能纸上谈兵。在实际工作中，计划的失误经常是由于人们不了解实际情况，缺少和实际工作的沟通造成的。

（3）经济性要求　计划应充分考虑各项资源（人、机械设备、材料）的合理配置，以利于合理投入使用，降低生产成本。

（4）全面性要求　要使项目顺利实施，必须安排各方面的工作，提供各种保证。施工组织设计必须包括项目实施的各个方面和各种要素，在内容上必须周密。

（5）计划的弹性要求　施工组织设计的种类计划是建立在预定的项目目标和施工方案、以往经验、环境状况以及对将来合理的预测基础上的，所以计划的人为因素较强。在计划的实施过程中，可能会由于各种各样的因素导致实际情况与原计划不符，这就使得各项计划在实施过程中能够调整以适应新的情况。

（6）计划详细程度的要求　种类计划不应太细，太细则束缚实施者的活力，使下级丧失创造力和主动精神，造成执行和变更的困难，造成信息处理量大，计划费用多；但如果太粗又达不到指导实际工作和进行实施控制的要求，容易造成混乱。

（7）必须包括相应风险分析的内容　对可能发生的困难、问题和干扰需做出预测，并提出预防措施。

知识点 3　制订施工组织设计的原则和步骤

1. 原则

1）遵循生产施工工艺及其技术规律，坚持合理的施工程序和施工顺序。

2）采用网络计划技术组织有节奏、均衡和连续地生产施工。

3）充分利用现有机械设备，扩大机械化施工范围，提高机械化程度，改善劳动条件，提高劳动生产率。

4）尽量采用国内外先进生产技术，科学地确定施工方案；提高产品及工程质量，确保安全生产；缩短工期，降低成本。

5）尽量减少临时设施，合理储存物资，减少物资运输量；科学地布置施工生产平面图，减少施工生产用地。

2. 步骤

1）准备资料，熟悉情况。

2）编写项目（工程）概况。

3）拟订制作与安装施工生产方案，进行生产部署。

4）编制施工生产进度计划。

5）制订施工准备工作及资源需要量计划。

6）规划施工现场平面布置及加工厂车间定置。

7）拟订质量、安全技术措施。

知识点 4　施工组织设计技术

1. 项目（工程）概况的编写

施工组织设计的概况主要应编写以下内容：

（1）项目特征　项目特征叙述的主要内容有：

1）项目概貌：叙述业主、项目（工程）名称、项目（工程）性质或用途、工程量、项目（工程）投资、工期期限以及合同或上级要求等。

2）结构特点：主要叙述产品的结构形式、主要外观尺寸、质量要求等。

（2）现场施工的自然条件　施工现场的自然条件应主要叙述以下内容：

1）地形地质：主要叙述现场的地理位置和形状、土层深度和相应土质、地下水位深度和水质等。

2）主要气象：主要叙述工地的主导风向、最大风力和时期、最高温度和持续时间、最低温度和时间、雨期时间和雨量等。

（3）现场施工的物资条件　现场施工的物资条件主要叙述交通运输条件、水电供应条件、加工资源可供情况、生活设施可利用情况等。

［示例］　某市百货公司南北两楼间钢制人行天桥工程

本工程是某市百货公司南北楼钢制人行天桥安装工程。桥体结构是由两榀钢桁架及水平支撑连接的钢架结构体系。该钢架下部由四个钢筋混凝土柱支承，跨距 26.40m，全长 33.00m，宽 4.70m，高 4.80m，上下弦起拱 60mm，分有三个节段：

1～5 轴南节段，长 11.94m，重 20.70t；

5～7 轴中节段，长 6.60m，重 11.44t；

7～12 轴北节段，长 14.46m，重 25.08t。

全段钢材总重 57.22t，工程造价 50 万元，工期 30 天。

工程地处闹市，场地平整，交通便利，施工用水用电可接驳百货公司北楼。但现场施工场地狭小，无法进行现场制作。

施工期是当年 4～5 月，平均气温 20～25℃，主导风向为东南风，2～3 级左右。期间最大日降雨量为 250mm，延时 1～2 天。自然条件好，适于施工。

2. 拟订生产施工方案

生产施工方案的拟定是施工组织设计的核心内容。选择生产施工方案必须从保证工期、节约成本、提高质量三大目标出发，慎重研究确定，做到方案技术可行、工艺先进、经济合理、措施得力、操作方便。

施工方案的拟定内容一般包含三个方面：确定生产施工过程；安排生产施工顺序；明确生产工艺和施工方法，选择生产施工机械。它是一个综合的、全面的分析和对比决策的过程，既要考虑施工的技术措施，又必须考虑相应的施工组织措施，确保技术措施的落实。

在拟定生产施工方案之前，还应先考虑下面一些问题：水电的供应条件；生产施工阶段的划分；各阶段主导施工机械的型号、数量及供应条件；材料、外购件的供应条件；劳动力的供应情况；工期的限制等。这些问题作为编制方案时的初始依据，并在方案编制过程中逐步调整和完善。

（1）确定生产施工过程　确定生产施工过程，是指为了简单明了地表达整个项目的进度计划活动，而选择具有代表性的生产施工项目作为安排计划的“生产施工过程”，这是一系列项目活动。现代项目管理理论认为，项目活动不是简单的一道工序或一个工步，而是以实现一个完整的可交出物（零件、部件、产品）的任务组合作为项目活动。在一个项目中，应划分多少个“过程”，没有统一的规定，通常以“施工过程完整、项数简单明了”为原则。

焊接结构工程宏观上由制作与安装两个“大过程”组成。产品制作过程中，既可以将一个零件的制作（包括零件的下料、成形、焊接、检验等工序）定义为一个过程，也可以将部件的制作（包括零件制作、零件组装焊接）确定为一个过程。如前述钢制人行天桥，其制作过程可分为 1～5 轴南节段制作、5～7 轴中节段制作、7～12 轴北节段制作三个施工过程。又如常见的加油站汽油储罐的制作，分为储罐制作、储罐安装两大过程，其中储罐制作过程又包含筒身制作、封头制作、接管（含法兰）制作、支座制作等过程。

在一些大型钢结构工程（如高层钢结构建筑、长距离压力管道等）施工中，往往还划分施工段，将整个工程化整为零，分成几个施工区段，当一个施工段完成后，再进行下一个施工段的施工，这样可以在施工段内形成流水作业，以较少的人员投入完成同样规格要求的工程任务，从而提高施工效率，避免停歇窝工，达到降低工程施工费用的目的。划分施工段的大小和多少没有具体的量性规定，但应遵循这样一些原则：施工段的大小应满足劳动组织所需工作面积的要求；施工段与施工段之间的工程量差距最好控制有15%以内。

（2）安排生产施工顺序　安排生产施工顺序，是指识别上述已确定的“过程”（或施工段）之间的相互关系与依赖关系，并据此对各“过程”的先后顺序进行安排和确定的工作。它是制订项目进度计划的依据。编排的施工顺序需满足各种技术条件及要求，各个施工阶段要划分明确，同时要考虑各工种能进行交替作业，以有利组织、调动和周转各种生产设备和人员，使其能发挥最大作用，避免各施工阶段脱节，提高生产率。施工顺序编排的恰当与否，会直接影响工程的经济性甚至工程质量。

“过程”排序所需的信息是：

1）项目“过程”清单（含产出物描述）。如加油站汽油储罐的制作，包括筒身制作、封头制作、接管（人孔）制作、支座制作、筒身与封头装配、接管与筒体装配、支座与筒体装配、致密性试验、油漆、现场吊装就位等。

2）“过程”之间的必然依存关系。如接管与筒体装配“过程”的开展必须以完成接管制作“过程”和筒身与封头装配“过程”为前提。

3）“过程”之间的人为依存关系。这种关系是项目管理者人为的、主观确定的关系。如为减少制作班组成员，我们可以人为地将接管制作“过程”安排在筒身制作“过程”之后。

4）“过程”的外部依存关系。这种关系是指本项目团队与其他团队活动、以及项目活动与项目团队的非项目活动之间的相互关系。如企业内仅有一台三辊卷板机，而该企业同时有多个生产项目在同时开展，都需要使用卷板机，这种情况就会干扰本项目“过程”排序工作。

5）“过程”的约束条件。项目所面临的各种资源与条件限制因素，同样会对排序造成影响。

安排生产施工顺序，常用的是顺序图法。该图法用单个节点（框）表示一项“过程”，用节点（框）之间的箭线表示“过程”之间的相互关系。其表现形式类似《焊接结构生产》教材中所述的工艺路线图。

以前述钢制人行天桥工程为例，安装的施工过程包括支承架搭建就位（A）、复核安装位置（B）、南节段吊装就位（C）、北节段吊装就位（D）、中节段吊装就位（E）、位置检测调整（F）焊接（G）、支承架拆除（H）等。其施工顺序可以有以下三种方案：

Ⅰ. $A—B—C—D—E—F—G—H$

Ⅱ. $A—B—C—E—D—F—G—H$

Ⅲ. $A—B—C—E—F—G—D—F—G—H$

其中以方案Ⅰ为最佳施工顺序。

（3）选定施工方法　在拟定生产施工方案时，明确主要施工过程（及重要工序）采用什么施工方式和技术方法进行生产施工，是具体指导施工工作，做好备工、备料、备机的一项基本任务。在选择施工方法时应遵循以下原则：

1）应既便于施工，又要经济合理。适合一个施工过程的施工方法一般有好几种，应根据工程具体情况，选择一种既使施工方便，又可少花钱多办事的方式作为选择对象。必要时还须进行一些经济比较计算进行选择。如球罐的组装过程，其采用的散装法有两种方式：中心柱散装法和无中心柱散装法。无中心柱散装法可以省去中心柱安装，节省了费用，但上、下温带板的固定却比较烦琐，调整困难，必须在球罐壳板质量较好、吊装能力强时，方可采用无中心柱散装法。

2）应采用技术先进，能够提高质量的新工艺、新材料。技术先进主要表现在提高工效、降低成本、投入减少、产出增多等方面。焊接是焊接结构工程中最重要的工序之一，应积极选用先进焊接方法。如前述钢制人行天桥的焊接，可选用 CO_2 气体保护焊，其与电焊条电弧焊相比，具有无可比拟的优越性，主要表现为：电弧热量集中，焊接变形小；无焊渣，减少焊渣缺陷；焊透含氢量低，抗冷裂能力强；对油、锈不敏感；全位置焊接成形美观；生产率高，节省能量，节约人工开支。

（4）选择施工机械　选择施工方法、施工技术，应结合施工设备供应的具体情况综合考虑。在可能的情况下，施工方法一经确定，应尽量选择性能稳定、满足施工要求的机械设备，如焊接采用 CO_2 气体保护焊技术，数字化焊机将比传统的晶闸管式焊机更易获得质优形美的焊接头质量。

焊接结构的现场施工，选用起重机械时，必须考虑起重方法并选用适宜的起重设备，这关系到现场制作安装的速度和经济效果等。结构制安工程中常用的起重机械有桅杆式起重机、自行杆式起重机和龙门架式起重机三大类。

桅杆式起重机具有制作简单，装拆方便，起重量较大，可达100t以上，受地形限制小，能用于其他起重机械不能安装的一些特殊结构；但其服务半径小，移动困难，需要拉设较多的缆风绳。

常见的自行杆式起重机有履带式起重机、汽车式起重机和轮胎式起重机三种。履带式起重机操作灵活，使用方便，有较大的起重能力，在平坦坚实的路面上可负载行走。但行走速度慢，对路面破坏性大，在进行长距离转移时，需用平板拖车或铁路平板车运输。汽车式起重机常用于构件运输、装卸和结构吊装，其特点是转移迅速，对路面损伤小；但吊装时需使用支腿，不能负载行走，也不适于在松软或泥泞的场地上工作。我国生产的汽车式起重机有Q2系列、QY系列。如QY-32型，臂长32m，最大起重量32t。目前国产汽车式起重机最大起重量已达65t，可满足重型构件的吊装。

龙门架式起重机构造简单，制作容易，用材少，装拆方便，适用于中小工程。

3. 编制生产施工进度计划

生产施工进度计划是指在已确定的施工方案和工期要求的基础上，根据施工图样和劳动定额的计算，安排各施工过程之间相互搭接的关系和各自开工完工时间的一套计划安排。通常以图表形式加以表示。

（1）编制单位工程施工进度计划的内容和步骤如下：

1）确定生产施工“过程”项目。

2）计算各“过程”的工程量和劳动量。

3）初步各施工“过程”的施工人数，并计算各施工“过程”的施工天数。

4）按各施工过程或施工段施工顺序绘制施工进度计划图。

5）检查和调整施工进度计划。

（2）施工进度计划的形式　现场施工的工程项目常用的进度计划有横道图（又称甘特图）和网络进度计划两种形式。

横道图通常按照一定的格式编制，如图3-12所示。一般应包括下列内容：各生产施工过程项目（分项工程）名称、工程量、劳动量、每天安排的人数和施工时间等。表格分为两部分，左边是“过程”的名称和相应的施工参数，右边是时间图表，即画横道图的部位。

项次	分项名称	工程量		定额	人员劳动量		机械使用量		每天工作班数	每天工作人数	施工进度/d											
		单位	数量		工种	工日	名称	台班			5	10	15	20	25	30	35	40	45	50	55	60
1																						
2																						
3																						
4																						
5																						

图3-12 生产施工进度计划横道图

编制施工进度计划时，需考虑的因素很多，初步编制往往会出现这样那样的问题。因此，初步进度计划完成后，还必须进行检查、调整。

对于初步施工进度计划，主要检查其各生产施工过程的施工顺序、施工时间和项目的工期是否合理，劳动力、材料、机械设备的供应能否满足且是否均衡。此外，还要检查进度计划在绘制过程中是否有误。

经过检查，如发现有不合理的地方，就要调整。调整进度计划可以通过调整施工过程的工作天数、搭接关系或改变某些施工过程的施工方法等来实现。在调整某一分项时要注意它对其他分项的影响。通过调整可使劳动力、材料的需要量更为均衡，主要设备的利用更为合理，避免或减少短期内资源供应的过分集中。

4. 编制资源需要量计划

资源需要量计划是根据项目施工进度计划及各分项“过程”对劳动力、材料、成品、半成品、设备等资源的不同需要量，计算出单位时间里对某种资源的需要量，即可得到与施工进度相应的资源需要量计划。再根据各种材料、成品、半成品在现场的储存量或储存天数，编制出各种资源的供应计划、劳动力计划、机械设备进出场计划。

5. 绘制现场施工平面布置图

现场的平面布置需要根据现场条件认真筹划，力求布置合理，充分利用作业条件，使各工种能协同作业。主要的施工场地与各种施工设备能相互协调，发挥最大效果。现场施工平面布置的设计内容和步骤如下：

1）选择并确定制作场和预装场等作业区。要保证足够的施工场地，同时要考虑经济性。预装场地的位置应尽可能靠近安装基础，并在起重设备有效作业范围内，且与各施工道路相适应，进出料方便。

2）布置设备及专用工棚。焊接结构生产使用焊机较多，应搭置专用工棚集中管理。焊机工棚要相对靠近作业场地，避免因电缆引出过长影响焊接稳定性，并要通风良好、防止雨淋，要注意安全防火等问题。噪声较大的设备，离主要作业区安置远些为宜。

3）布置材料堆场和仓库。布置的内容应明确两个方面，位置和面积。相关内容已在第二单元中有所表述。但要特别提醒的是，对于易燃易爆物品要单独设在离主要设备和人员以及材料出入较少的地方。

4）布置场内临时道路。为便于各种材料设备的水平运输，施工道路应围绕主要作业区和材料仓库、堆场。凡有条件者，应将道路布置成环形路线，以利错车畅行；若无条件成环形者，应在适当地点布置回车场地，以便回车和错车。道路的进出口最好分开布置，若不能分开，则进出口通道宽度不得少于6m，以便进出车辆错位。

5）布置办公和生活临时设施，确定面积和位置。

6）布置水电管网。

6. 拟定质量、安全技术措施

在项目生产施工过程中，由于施工人员的技术水平和思想重视程度的不同，都会或大或小地影响到工程质量的好坏和施工人员的生命安全。因此，在施工组织设计中，必须对容易发生的质量安全事故，借用已往生产的经验教训和有关的“规范”“规程”，事先提出一些具体技术措施以便防患未然。

（1）质量技术措施　质量技术措施是指对单位工程的一些主要施工环节，针对具体工程情况和施工条件，提出控制和保证施工质量所应采取的一些具体预防技术措施。具体措施内容应包含以下几个方面：

1）保证工程定位、放样准确无误的技术措施。

2）保证焊缝质量达标的技术措施。

3）保证装配达到要求的技术措施。

4）保证吊装到位的技术措施。

5）拟定对风、雪、雨季节施工的技术措施。

（2）安全技术措施　安全技术措施是指为确保单位工程的顺利进行和避免不必要的意外损失，在吸取以往工程经验教训的基础上，对预计施工过程中可能发生的一些问题和现象，提出具体的预防措施。这些措施的内容有以下几个方面：

1）防止高空坠落、机具伤害、触电事故、物体打击等工伤事故的安全措施。

2）对易燃易爆物品的严格管理和安全使用的技术措施。

3）对防火、防雷等自然灾害影响安全的技术措施。

4）对有毒、有尘、有害气体操作人员的安全防护措施。

知识点5　施工组织设计的贯彻

1. 做好施工组织设计交底

经过审批的施工组织设计，在开工前要召开各级生产、技术会议，逐级进行交底，详细讲解其内容和要求、施工关键和保证措施；责成生产计划部门编制具体的实施计划；责成技术部门拟定实施的技术细则，保证施工组织设计的顺利贯彻执行。

2. 制订有关贯彻施工组织设计的规章制度

经验证明，有了科学、健全的规章制度，施工组织设计才能顺利实施，企业正常生产秩序才能维持。因此，必须建立健全各项规章制度。

3. 推行技术经济承包制

采用技术经济承包方法，把技术经济责任同职工的物质利益结合起来，便于相互监督和激励，这是贯彻施工组织设计的重要手段之一。如节约材料奖、技术进步奖和优良工程综合奖等，都是推行技术经济承包制的有效形式。

4. 统筹安排

综合平衡工程开工后，要做好人力、物力和财力的统筹安排，保持合理的施工规模。既能保证施工顺利进行，又能带来好的经济效果。

5. 施工组织设计的检查

通常采用比较法，将各项指标完成情况同规定指标相对比。检查内容包括：工程进度、工程质量、材料消耗、劳动消耗、机械使用和成本费用、生产施工现场平面布置等情况。要把主要指标的数量检查与其相应的施工内容、方法等检查结合起来，发现其差异；然后采用分析法和综合法，研究差异或问题产生原因，找出影响施工组织设计贯彻的障碍，拟定切实可行的改进措施。

【综合训练】

1. 焊接生产项目管理组织结构形式有哪些？
2. 焊接生产项目施工组织计划的内容包括哪些？
3. 焊接生产项目施工组织计划的作用如何？
4. 对焊接生产项目施工组织设计的要求如何？
5. 简述焊接生产项目施工组织设计的步骤。
6. 项目经理在处理矛盾和冲突时，应该具备哪些能力？

第四单元　焊接生产的质量管理

【学习目标】　学会分析影响焊接质量的因素，能够提出基本的对策；了解焊接生产的质量体系，对影响产品质量的各种因素和活动进行有效的控制；熟悉焊接生产中不同阶段的管理特点和质量控制。

随着现代焊接技术的迅猛发展、焊接生产水平的不断提高和国际焊接制品贸易的日益扩大，为了保证焊接产品的质量，有效地利用资源，保护用户的利益，焊接产品的质量管理和质量保证体系逐步走上了规范化、标准化的道路。1987 年 3 月，国际标准化组织（ISO）正式发布了 ISO 9000 ~ 9004 关于质量管理和质量保证的标准系列。在这之后，我国于 1988 年 12 月发布了等效采用该国际标准系列的 GB/T 10300 关于质量管理和质量保证的标准系列，并自 1989 年 8 月 1 日起在全国实施。

焊接质量管理是一种不允许有不合格产品的质量管理，即不准有一件产品带有规范所不允许的缺陷。为了实现这一目标，必须建立一套与之相适应的、符合国家标准系列的、完整的焊接质量管理体系，并在焊接生产实践中严格执行，这样才能保证焊接产品的质量满足各类用户的需要。

为了确定焊接产品是否具有规定的质量，就必须通过焊接检验测定其质量特性。焊接检验是指将通过调查、检查、测量、试验和检测等途径获得的焊接产品的一种或多种特性的数据与施工图样及有关的标准、规范、合同或第三方的规定相比较，以确定其符合性的活动。在实际生产实践中，焊接检验的作用就是监控焊接产品质量的形成过程，确认正在生产的焊接产品是否满足符合性质量的要求。对于在役的焊接产品，通过焊接检验，可以确定其使用状态是否满足工作条件。因此，离开焊接检验，焊接生产就无法实施有效的质量管理。焊接检验是实施焊接质量管理的基础和手段，而检验的最小环节是工序的检测。

模块一　焊接工序质量的影响因素及对策

一件焊接产品的生产过程，可以分解成多个加工工序，各个工序都有一定的质量要求，也都存在影响其质量的因素。因此，控制、消除不利因素，充分利用有利因素，才能保证焊接产品的质量。

工序质量就是指在生产过程中加工工序对产品质量的保证程度。换句话说，产品质量是以工序质量为基础的，必须具有优良的工序加工质量才能生产出优良的产品。产品的质量不仅仅是在完成全部加工装配工作之后，通过由专职检验人员测定若干技术参数，并获得用户认可就算达到了要求，而是在加工工序一开始就存在并贯穿于生产的全过程中。最终产品合格与否，决定于全部工序误差的累积结果。因此，工序是生产过程的基本环节，也是检验的基本环节。

焊接结构的生产包括许多工序，如金属材料的去污除锈、备料时的校直、划线、下料、坡口边缘加工、成形，焊接结构的装配、焊接、热处理等。各个工序都有一定的质量要求，并存在影响其质量的因素。由于工序的质量最终将决定产品的质量，因此，必须分析影响焊接工序质量的各种因素，采取切实有效的控制措施，才能保证焊接产品的质量。

影响焊接工序质量的因素，概括起来有施焊操作人员、焊接机器设备、焊接原材料、焊接工艺方法和焊接生产环境五个方面，简称“人、机、料、法、环”五因素。各个因素对不同焊接工序的质量，影响的程度有很大差别，在焊接结构的生产过程中，应具体情况具体分析。

知识点 1 施焊操作人员因素

各种不同的焊接方法对操作人员的依赖程度不同。对于焊条电弧焊，焊工的操作技能和谨慎的工作态度对保证焊接质量至关重要。对于自动埋弧焊，焊接参数的调整和施焊也离不开人的操作。对于各种半自动焊，电弧沿焊接接头的移动也是靠焊工掌握。若焊工施焊时质量意识差，操作粗心大意，不遵守焊接工艺规程，或操作技能低下、技术不熟练等都会影响直接焊接的质量。因此，在焊接质量保证体系中对焊接人员的管理应当遵循以下原则：

1）加强对焊工“质量第一、用户第一、下道工序是用户”的质量意识教育，提高他们的责任心和一丝不苟的工作作风，并建立质量责任制。

2）定期对焊工进行岗位培训，从理论上掌握工艺规程，从实践上提高操作技能水平。

3）生产中要求焊工严格执行焊接工艺规程，加强焊接工序的自检与专职检验人员的检查。

4）认真执行焊工考试制度，坚持焊工持证上岗，建立焊工技术档案。

对于重要或重大的焊接结构生产，还需对焊工进行更细化的考量。例如，焊工培训时间的长短、生产经验、目前的技术状况、年龄、工龄、体力、视力、注意力等，应当全部纳入考核的范围。

知识点 2 焊接机器设备因素

各种焊接设备的性能及其稳定性与可靠性直接影响焊接质量。设备结构越复杂，机械化、自动化程度越高，焊接质量对它的依赖性也就越高。因此，要求这类设备具有更好的性能及稳定性。对焊接设备在使用前必须进行检查和试用，对各种在役焊接设备要实行定期检验制度。在焊接质量保证体系中，从保证焊接工序质量出发，对焊接机器设备应做到以下几点：

1）定期对焊接设备维护、保养和检修，重要焊接结构生产前要进行试用。

2）定期校验焊接设备上的电流表、电压表、气体流量计等各种仪表，保证生产时计量准确。

3）建立焊接设备状况的技术档案，为分析、解决出现的问题提供思路。

4）建立焊接设备使用人员责任制，保证设备维护的及时性和连续性。

另外，焊接设备的使用条件，如对水、电、环境等的要求，焊接设备的可调节性、运行所需空间、误差调整等也需要充分注意，这样才能保证焊接设备正常使用。

知识点3 焊接原材料因素

焊接生产所使用的原材料包括母材、焊接材料（焊条、焊丝、焊剂、保护气体）等，这些材料的自身质量是保证焊接产品质量的基础和前提。为了保证焊接质量，原材料的质量检验很重要。在生产的起始阶段，即投料之前就要把好材料关，才能稳定生产，保证焊接产品的质量。在焊接质量管理体系中，对焊接原材料的质量控制主要有以下措施：

1）加强焊接原材料的进厂验收和检验，必要时要对其理化指标和力学性能进行复验。

2）建立严格的焊接原材料管理制度，防止储备时焊接原材料的污损。

3）实行在生产中焊接原材料标记运行制度，以实现对焊接原材料质量的追踪控制。

4）选择信誉比较高、产品质量比较好的焊接原材料供应厂和协作厂进行订货和加工，从根本上防止焊接质量事故的发生。

总之，焊接原材料的把关应当以焊接规范和国家标准为依据，及时追踪控制其质量，而不能只管进厂验收，忽视生产过程中的标记和检验。

知识点4 焊接工艺方法因素

焊接质量对工艺方法的依赖性很强，在影响焊接工序质量的诸因素中占有非常突出的地位。工艺方法对焊接质量的影响主要来自两个方面，一方面是工艺制订的合理性；另一方面是执行工艺的严格性。首先要对某一产品或某种材料的焊接工艺进行工艺评定，然后根据工艺评定报告和图样技术要求制订焊接工艺规程，编制焊接工艺说明书或焊接工艺卡。这些以书面形式表达的各种焊接参数是指导施焊时的依据，它是根据模拟相似的生产条件所做的试验和长期积累的经验以及产品的具体技术要求而编制出来的，是保证焊接质量的重要基础，它有规定性、严肃性、慎重性和连续性的特点。通常由经验比较丰富的焊接技术人员编制，以保证它的正确性与合理性。在此基础上确保贯彻执行工艺方法的严格性，在没有充足根据的情况下不得随意变更焊接参数，即使确需改变，也得履行一定的程序和手续。不合理的焊接工艺不能保证焊出合格的焊缝，但有了经评定验证的正确合理的工艺规程，若不严格贯彻执行，同样也不能焊出合格的焊缝。两者相辅相成，相互依赖，不能忽视或偏废任何一个方面。在焊接质量管理体系中，对影响焊接工艺方法的因素进行有效控制的做法是：

1）必须按照有关规定或国家标准对焊接工艺进行评定。

2）选择有经验的焊接技术人员编制所需的工艺文件，工艺文件要保证完整性和连续性。

3）按照焊接工艺规程的规定，加强施焊过程中的现场管理与检查。

4）在生产前，要按照焊接工艺规程制作焊接产品试板与焊接工艺检验试板，以验证工艺方法的正确性与合理性。

还有就是焊接工艺规程的制订无巨细，对重要的焊接结构要有质量事故的补救预案，把损失降到最低。各种焊接工艺方法的重要因素、补加因素与焊接缺陷的关系见表4-1，对各种焊接工艺方法的次要因素与焊接缺陷的关系见表4-2。

表 4-1　焊接工艺方法的重要因素、补加因素与焊接缺陷的关系

工艺条件	夹　渣	未熔合	未焊透	咬　边	变　形	气　孔	裂　纹	焊接人员
焊接方法	○	○	○	○	○	○	○	◎
焊接材料	△	△	△	○		◎	◎	◎
施焊位置	◎	◎	◎	○	○	△	○	◎
焊接接头	◎	◎	◎	◎	◎	◎	◎	○
焊接结构				○	◎		○	◎
定位焊	○	○	○		◎	○	○	○
焊工培训	○	○	○	◎	○	○	○	◎

注：◎——表示有很大关系；○——表示有一定关系；△——表示关系一般；空白表示没有关系。

表 4-2　焊缝工艺方法的次要因素与焊接缺陷的关系

施焊工艺	夹　渣	未熔合	未焊透	咬　边	变　形	气　孔	冷　裂	热　裂
焊缝坡口形式	◎	◎	◎	○	○		○	○
坡口清理情况						◎	◎	
中间焊道形状	◎	◎						
焊缝除渣情况	◎							
焊前预热情况	△	△	△			○	◎	
焊接电流大小			○	◎		◎	○	○
焊接电弧长度				○		◎	△	
焊条运条角度	○	○	○	◎				
焊条运条方式						△		
焊缝熔敷方式	△	△	△	△				
施焊位置	○	○	○	○				
自然环境风力						○	○	

注：◎——表示有很大关系；○——表示有一定关系；△——表示关系一般；空白表示没有关系。

知识点 5　环境因素

在特定环境下，焊接质量对环境的依赖性也是较大的。焊接操作常常在室外露天进行，必然受到外界自然条件（如温度、湿度、风力及雨雪天气）的影响，在其他因素一定的情况下，也有可能单纯因环境因素造成焊接质量问题。所以应引起一定的注意。在焊接质量管理体系中，环境因素的控制措施比较简单，当环境条件不符合规定要求时，如风力较大，风速大于四级，或雨雪天气，相对湿度大于 90%，可暂时停止焊接工作，或采取防风、防雨雪措施后再进行焊接，在低温下焊接时，低碳钢不得低于 -20℃，普通合金钢不得低于 -10℃，如超过这个温度界限，可对工件进行适当的预热。

通过以上对影响焊接工序质量的五个方面的因素及其控制措施、原则的分析，可以看出，五个方面的因素互相联系，互相交叉，考量时要有系统性和连续性。各因素所产生缺陷的具体控制途径、控制方法和控制要求可参看后面的内容。

【综合训练】

1. 什么是焊接生产的质量管理？
2. 影响焊接工序质量的因素有哪些？

3. 如何结合焊件分析焊接工艺方法对焊接质量的影响？
4. 分析影响焊接质量五个因素之间的关系。
5. 在实习时了解企业对焊接质量因素的分析过程。

模块二 焊接生产质量保证体系

质量保证的核心内涵是使人们确信某一产品（或服务）能满足规定的质量要求，并且使需方对供方能否提供符合要求的产品（或服务）和是否提供了符合要求的产品（或服务）掌握充分的证据，建立足够的信心，同时，也使本企业对能否提供满足质量要求的产品（或服务）有相当的把握而放心地组织生产。

质量保证又可分为内部质量保证和外部质量保证两类。内部质量保证是企业自己为实现产品质量能否和是否满足规定的质量要求所进行的活动。这是企业内部的一种管理手段，目的是使企业对自己生产的产品的质量做到心中有数。外部质量保证是为使需方确信供方的产品质量能否和是否满足规定的质量要求所进行的一系列活动。如向需方提供自己的质量体系满足合同要求的各种证据，包括质量手册、质量记录和质量计划等。完整地计划、组织、实施质量保证就形成了质量保证体系。

质量保证体系是质量管理的核心内容。为了建立一个经济、可行、适用和有效的质量保证体系，必须研究所处环境、企业目标、产品类型、生产特点和社会效益，同时要了解建立质量保证体系的一般程序和确定质量保证体系的一般原则。

为了保证产品的焊接质量，国家技术监督局发布了 GB/T 12467.1～4—2009 焊接质量要求的国家标准。这是一套结构严谨、定义明确、规定具体而又实用的专业标准，其中规定了钢制焊接产品质量保证的一般原则；对企业的要求；钢熔化焊接头的质量要求与缺陷分级。认真学习和研究这套标准，将其与 GB/T 10300（ISO 9000～9004）标准系列和企业的实际结合起来，建立起比较完善的焊接质量管理和质量保证体系，对于提高企业的焊接质量管理水平和质量保证能力，确保焊接产品质量符合规定的要求具有重要的现实意义，并且也符合企业的长远发展和利益。

知识点1 焊接质量保证的一般原则

钢制焊接产品质量保证的一般原则，适用于有质量要求的钢制焊接产品的设计、制造和修复。为了保证产品的焊接质量，生产企业除应满足国家标准中所列出的企业技术装备、人员及技术管理方面的要求以外，还应保证产品设计合理并安排合理的制造流程。这就是说，生产企业还必须对焊接接头的质量要求，通过可靠的试验和检验方法予以验证，并且在设计、制造、试验和检验全过程中严格执行该标准，才能保证焊接质量符合规定要求。

1. 设计的基本原则

设计人员应具备基本的焊接技术业务素质，能够遵循焊接技术的基本原则，向实施焊接工艺的人员提供基本文件。例如要求设计者应熟悉本业务范围所涉及的各类原材料标准、焊接材料标准及各类通用性标准，如焊缝符号标准、坡口形式及尺寸标准等；应了解与产品质量有关的检验和试验标准，如焊接接头力学性能试验标准及无损检测标准等；应对焊接方法及坡口形式的选用，以及是否需要分部或分段装配焊接等生产制造工艺有所了解与掌握。

具体要求设计者应向实施工艺人员提交下列文件：

1）产品设计的全套焊接结构图样及有关的加工装配图样。

2）本焊接产品设计说明书。

3）焊接接头的各项技术条件，如接头的等级要求、力学性能指标（包括特定条件下的低温冲击、疲劳及断裂韧性指标等）、耐腐蚀或耐磨损性能及结构的尺寸、公差要求等。

4）本焊接产品的各项检验、试验应依据的标准及规范或规定。

2. 焊接产品制造的基本原则

焊接产品的一般制造流程下面以压力容器制造为例，具体如图 4-1 所示。

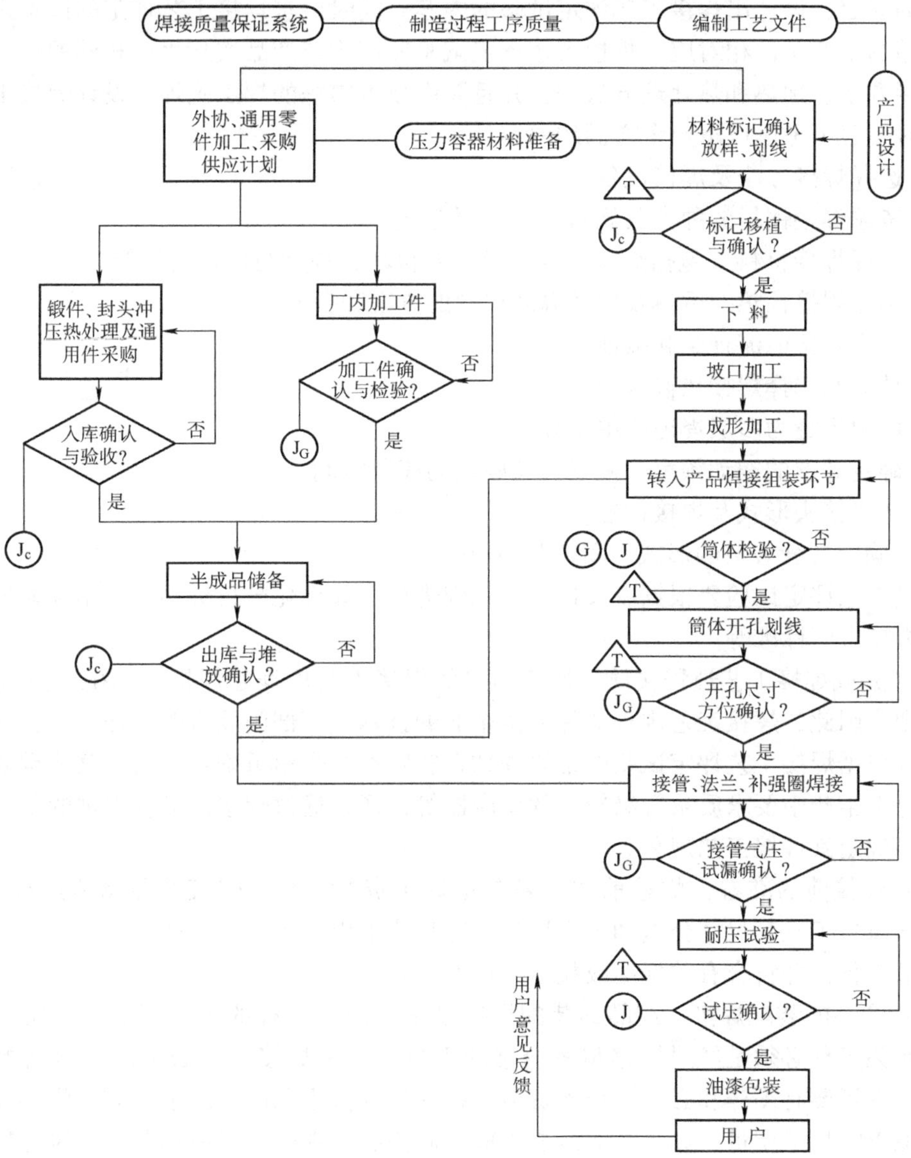

图 4-1　焊接产品的一般制造流程

由图4-1可以认为焊接产品的整个制造过程包括八个大的阶段，而检验则贯穿在制造的全过程之中。而且把装配焊接前的一系列准备工作，包括焊接性试验、焊接工艺评定试验、确定焊接工艺规程、焊工资格审核、放样、下料、坡口加工、冷热成形、焊前预处理以及焊接材料的烘干和焊接夹具校验等均列为焊接质量保证的重要内容。由此可以明确，焊接过程检验和装配焊接前充分的准备工作是保证焊接产品质量的两大重要环节。

（1）焊接性试验　对于焊接工艺成熟的常用钢材（如普通低碳钢），一般可以不做焊接性试验。对于其他一些钢材，如新钢种或设计上有特殊要求的钢材，在进行焊接工艺评定之前应根据有关的标准和程序进行焊接性试验，以了解和掌握这些钢材的焊接性能和特点。

（2）焊接工艺评定试验　应按照焊接产品相应的技术规程或技术条件的要求及工艺评定标准的规定，设计出焊接工艺评定试验的内容。同时要求焊接工艺评定的试验条件必须与焊接产品的生产条件相对应。焊接工艺评定试验要使用与产品实际生产相同的钢材、焊接材料、焊接方法、预热和热处理方法等，并且要由技术熟练的焊工施焊。设计焊接工艺评定试验方案时一般可考虑以下十个方面的内容：

1）选择焊接方法及焊接设备。

2）考虑焊接钢材的种类及规格（如钢材厚度）。

3）选择焊接材料（包括焊条、焊丝等填充材料，焊剂与保护气体等）。

4）确定焊接预热、后热及层间温度控制的方案和手段。

5）选择焊接电流种类和极性。

6）计算和选择焊接热输入。

7）确定焊缝为多层焊还是单层焊。

8）确定焊丝的摆动频率、幅度及在两边的停留时间。

9）选择接头形式及焊接位置。

10）确定焊缝坡口的形式、间隙及钝边等。

焊接工艺评定试验要根据有关标准及规则进行，如理化分析标准、力学性能试验、无损检测及焊接方法标准等。

（3）完成焊接工艺规程文件　最终确定的焊接工艺规程是焊接产品生产过程中必须遵循的法则。因此，焊接工艺规程文件应由企业的技术主管部门及有关责任人员，如焊接责任工程师等根据焊接工艺评定试验的结果并结合实践经验来慎重确定。对于某些重要的焊接产品，如化工生产中要求质量等级较高的反应器等，还要通过焊接产品模拟件的复核验证之后才能最终确定其焊接工艺规程。

（4）焊接前的准备　焊接前的准备包括焊工资格审核，焊接产品制造过程中的放样、下料、坡口加工及其尺寸公差和表面质量、冷热成形以及焊接材料的烘干等，都应按有关的工艺要求进行，并符合有关标准或技术条件的规定。

（5）产品的装配焊接　产品的装配焊接是整个制造过程的重要环节。参加装配焊接的焊工及有关工种必须是经过资格审查合格的人员。装配焊接过程必须严格遵循焊接工艺规程。生产现场要有图样和必要的技术资料。在气候条件不利的情况下，需采取必要的特殊措施，以免影响焊接质量。如天气太冷要采取保温措施，在露天场所作业时，风力超过四级以上要采取防风措施等。

（6）焊接后处理　当焊接产品的技术条件要求进行焊后热处理（如消除应力处理）时，应按规定的焊接产品热处理工艺进行处理，并做好记录。

（7）焊接后修复　在焊接过程中，一般很难完全避免不产生焊接缺陷。因此，对可以处理的缺陷，就需要焊接修复。焊接修复是一件比较复杂的工作，要根据有关标准、法规或技术条件的要求，认真制订修复程序及修复工艺，并严格遵照执行。否则，不仅可能达不到修复焊缝的目的，还可能产生新的问题。

3. 焊接产品的检验与验收

焊接检验应按有关标准和规则进行，并贯穿在焊接产品整个制造过程中。焊接产品检验与验收的基本内容如下：

1）原材料合格证书与材料的核对。

2）原材料的复验。

3）焊接工艺文件的确认。

4）焊工资格审查。

5）焊接前的检查（如坡口、焊接材料、管理、设备、环境、规范等）。

6）焊接过程的检测。

7）焊接施工记录检查。

8）焊前、焊后热处理记录检查。

9）焊缝外观检验。

10）焊缝尺寸检验。

11）焊接结构的耐压、密封等试验。

12）焊件钢印标记。

13）焊缝无损检测。

14）企业质量证书的检查。

15）企业生产结果报告的检查。

16）出厂许可说明书检查。

实际生产中，可以根据情况制订检验流程和检验项目。如果检验结果不合格，应按有关规定复验。焊接产品复验前可进行修复，若复验再不合格，则该焊接产品即为不合格产品。

焊接产品的验收规则应按产品的技术条件及合同要求来制订，并且应严格按验收规则执行；否则如果在焊接产品质量上出现问题，可能会造成合同纠纷。

知识点2　企业对焊接质量的保证

以钢材的焊接为主要制造手段的企业，为保证焊接产品的质量，在技术装备、人员素质和技术管理等方面必须达到以下要求。同时，以补充件的形式给出企业生产能力状况说明书和企业所获得的证书。

1. 焊接生产对企业的基本要求

焊接生产对企业的基本要求主要体现在三个方面：

（1）企业的焊接技术装备　以焊接为主要制造方法的企业，必须拥有相应的装置和设备。这些装置和设备包括：

1）非露天的焊接装配场地及工作场地的基本装备、焊接材料的烘干设备及焊接材料的清理设备。

2）供装配焊接及运输使用的吊装设备。

3）焊接备料的加工机床及工具。

4）焊接、切割设备及装置。

5）供焊接及切割使用的工装夹具。

6）焊接辅助设备及工艺装备。

7）预热及焊后热处理设备或装置。

8）检查材料及焊接接头的检验设备及检验仪器。

9）必要的焊接试验装备及设施。

（2）焊接企业的人员素质　企业必须具有一定的技术力量，包括具有相应学历的各类专业技术人员和具有一定技术水平的各种技术工人。其中焊工和无损检测人员必须经过培训或考试并取得相应的资格证书。

焊接技术人员除应具有相应的学历和一定的生产经验外，还必须熟悉与企业产品相关的焊接标准和法规。焊接技术人员要分别由焊接高级工程师、工程师、助理工程师和技术员及焊接技师来担任。焊接技术人员应当能够胜任以下任务：

1）负责产品设计的焊接工艺性审查，制订焊接工艺规程，指导生产实践。

2）熟悉企业生产所涉及的各类钢材标准和常用钢材的焊接工艺要求。

3）选择合乎要求的焊接设备及夹具。

4）选择适用的焊接材料、焊接方法，并使之与母材相互匹配。

5）监督和提出焊接材料的储存条件和方法。

6）提出焊前准备和焊后处理要求。

7）负责企业内的焊工培训及考核。

8）按设计要求规定有关的焊接检验范围和检验方法。

9）对焊接产品上的缺陷进行分析判断，确定其性质和产生原因，并提出技术处理意见。

10）监督焊工的操作质量，对一切违反焊接工艺规程要求的操作有权提出一切必要的处理措施。

焊工的技术水平必须达到与企业产品相适应的考核项目的要求并持有合格证书，且只能在证书认可的资格范围内按工艺规程进行焊接生产的操作。

企业应配有与产品制造相适应的检验人员，包括无损检测及焊接质量检验；力学性能试验及化学分析人员等。而且，无损检测人员必须持有与产品类别相适应的检测方法的等级合格证，如产品为压力容器，则必须持有经国家劳动人事部门考核认可的等级证书。企业还应拥有与制造的焊接产品的类别相适应的其他专业技术人员，如热处理专业技术人员、钣金工专业技术人员等。

（3）焊接技术的管理　为了从技术管理入手搞好焊接产品的质量，企业必须有完整的设计资料和正确的生产用图样及必备的制造工艺文件。不管是从外单位引进的，还是自行设计的图样资料，都必须有总图、零部件图和制造技术文件。所有图样资料上都应有设计和审核人员的签字。总图应经总工程师或厂长经理签字批准。引进的设计资料上也必须有复核人员和总工程师或厂长经理的签字。

企业必须设有工艺管理机构和完善的工艺管理制度。管理制度中应明确焊接技术人员、焊接检验人员及焊工的职责范围和责任。焊接工艺文件上应有技术负责人的签字。焊接技术人员应对焊接工艺质量事故承担技术责任。焊工应对因违反工艺规程而造成的质量事故承担责任。企业应建立独立的焊接质量检验机构，焊接检验人员应严格按产品的制造技术条件进行各类检验或试验，并就所检验的焊缝提出可靠的质量检验报告。焊接检验人员应对因漏检或误检而造成的质量事故承担责任。

2. 焊接企业说明书

焊接企业说明书是企业概况与焊接产品生产能力的总说明。它可以作为承揽制造任务或投标的重要文件，也可以作为企业认证的基础文件，经核实后还可作为有关机关核定制造焊接产品范围的重要依据。企业说明书应如实填写。企业说明书的基本内容及格式以国家标准的规定或行业标准的规定执行，一般的形式见表4-3。

表4-3　企业说明书内容

企　业　说　明　书	
企业名称：	
通信地址：	
邮政编码：	电　　话：
电报挂号：	企业性质：
主管部门：	企业法人：
焊接产品类别：	图样来源：

1　企业的设施

1.1　车间（长/宽/高）：包括焊接车间、装配场地、培训车间

1.2　仓库：包括焊接填充材料仓库

1.3　起重机械（承载能力）：包括桥式起重机、门式起重机、立柱动臂起重机及卷扬机

1.4　加工机床及工具：包括锯床、剪床、热切割机、卷板机、压弯机、坡口加工设备、压力机最大模具（直径及厚度）等

1.5　焊机/切割机类设备：包括焊接整流器、焊接变压器、弧焊发电机、埋弧焊机、气体保护焊机、电阻焊机、气焊、切割等

1.6　焊接填充材料的烘干设备：包括加热炉、能显示温度读数的烘干箱等

1.7　焊接工艺装备：包括滚轮架、变位机、专用及通用的紧固装置等

1.8　热处理装置：包括预热装置、消除应力热处理加热炉，测定构件温度的仪表等

1.9　检验设备及检验仪器（破坏性检验及无损检测）：包括各种力学性能试验机、超声波探伤仪、射线探伤仪、磁粉及渗透探伤机等

1.10　其他说明：包括焊接试验室、焊工考评委员会等

2　焊接方法

3　采用的材料

3.1　母材/壁厚范围：包括管及异型材料。

3.2　焊接填充材料

3.3　辅助材料

4　技术人员

4.1　技术人员总数：包括高级工程师、工程师、技术员、技师、无损检测人员及其他人员等

4.2　焊工：包括数量、考试类别、工种等

4.3　本企业焊工培训证书

企业公章　　　　年　　月　　日

3. 企业所获得的证书

证书是国家技术监督局或有关主管部门及其授权的职能机构，根据企业申请及企业说明书对该企业进行考察、复核和全面验收后授予的资质证明文件。它限定了企业的制造范围，是向用户说明本企业制造能力和范围的重要证据，并具有法律效力。证书一般都有有效期，在有效期内若无重大变化或质量事故，经审批机构认可，此证书可以延长使用期限。若供货的焊接产品出现严重质量事故，则要对企业进行中间复检，必要时签发证书的机构可以撤销其证书。如果企业变更了填发证书的基本条件，必须及时通知审批机构，否则变更无效。

知识点3 对钢熔化焊接接头的基本要求和缺陷分级

对钢熔化焊接接头的要求及缺陷的分级适用于熔化焊的对接、角接、搭接及T形接头。其主要内容由对焊接接头性能的要求、缺陷分级、缺陷评级依据、缺陷检验及图样标示五部分组成，其中包括焊接接头的外观缺陷。

1. 对焊接接头的性能要求

对焊接接头性能的要求共有十项，即常温拉伸性能、抗冲击性能、抗弯曲性能、抗高温瞬时拉伸、抗持久拉伸、抗蠕变性能、抗低温冲击性能、抗疲劳性能、断裂韧度、耐蚀和耐磨性能等。对于具体的焊接产品，设计文件或技术要求中必须明确规定出焊接产品对焊接接头性能要求的具体项目和指标，并同时符合相应产品的设计规程、规则或法规。不能超越焊接产品的服役条件随意增加或删减对焊接接头性能要求的类别和指标。这些项目和指标都是该产品符合性能质量的体现。

2. 焊接接头外观及内在缺陷分级

钢熔化焊接接头外观及内在缺陷的分级共十六项，可参看国家标准，主要包括焊缝外形尺寸偏差、裂纹、夹渣、气孔、内部缺陷等，供产品制造及焊接工艺评定质量验收时使用。除特别注明角焊缝以外，各种缺陷的分级通用于对接和角接接头焊缝。若供需之间的合同规定不采用国家标准，则必须在设计及制造文件中加以说明，而不能仅在合同中说明。

3. 焊接缺陷评级的依据

凡已经有焊接设计规程或法定验收规则的产品，按照规定办理。没有这些规定的焊接产品在评级时应考虑载荷性质、服役环境、产品失效后的影响、选用材质及制造条件等因素的影响，并换算成相应的级别。对于技术要求较高而又无法实施无损检测的焊接产品，则必须对焊工进行考核，对焊接工艺进行模拟性实施，并对其全过程实施责任记录制度及监督制度，以确保焊接产品的符合性质量。

4. 焊接缺陷检验

焊接产品的外观及断口宏观检验使用放大镜的倍数应以放大5倍为限，不能任意加大或缩小放大倍数。采用无损检测方法时，应按国家标准规定进行。在确定缺陷的性质和尺寸时，也可以使用多种检验方法进行综合分析。

5. 焊接缺陷分级的代号标示

当要求按国家标准的规定对缺陷分级时，可以在图样上标注该国家标准号及缺陷分级代号，以简化技术文件的内容。在要求焊缝平缓过渡时的特殊条件下，如搭接、不等厚板对接及角接组合焊缝等，缺陷分级可不受国家标准的限制。

总之，焊接产品的生产是一个复杂的、多环节过程，在建立了焊接生产质量保证体系后，在实际生产中还需要精心组织、认真执行。具体到一个焊接结构，我们通常把生产过程分为焊前、焊中、焊后三个阶段。现代焊接工程管理思想认为："焊前准备得好，等于已经焊接了一半。"这表明了焊前质量控制的重要性。同样，在施焊中焊缝及其接头的质量控制，焊后的成品质量检验也是产品是否合格的关键环节。因此，焊接质量的检验工作应该从产品开始投产时便着手根据工序的特点进行。一般为了确保焊接产品质量，根据焊接不同阶段的特点，通常进行三阶段检验，即焊前检验、焊接过程中的检验和焊后成品的检验。

【综合训练】

1. 什么是焊接质量保证体系？
2. 焊接质量保证的一般原则是什么？
3. 如何确保焊件制造过程的质量？
4. 如何对焊件进行验收？
5. 企业对焊接质量的保证有哪些？
6. 试写一份焊接企业说明书。
7. 一般对焊接接头性能有什么要求？
8. 焊接缺陷是如何分级的？

模块三　焊前的质量控制

质量的定义是产品或服务满足规定或潜在需要的特征和特性的总和。这个定义是由两个层次的含义构成：第一层次所讲的"需要"，实质上是指产品（或服务）必须满足用户需要，即产品的适用性。"需要"可以包括可用性、安全性、可靠性、可维修性、可获得性、经济性和环境适宜性等几个方面；第二层次是指在第一层次成立的前提下，质量是产品（或服务）的特征和特性的总和，也即产品的符合性。由于"需要"一般可转化为有指标的特征和特性，因此，产品或服务全部符合相应的特征和特性指标就完全体现出了质量。现代焊接工程管理思想认为："焊前准备得好，等于已经焊接了一半。"这表明了焊前质量控制的重要性。焊前的质量检验是焊接质量控制的开始，它主要包括焊接原材料检验、焊接结构设计鉴定、设备准备及检查、焊工考核等。良好的开端才能保证有精彩的结尾。

知识点1　焊接原材料检验

1. 金属原材料的质量检验

焊接结构使用的金属材料种类很多，即使同种类的金属材料也有不同的型号。使用时应根据金属材料的型号，出厂质量检验证明书（合格证）加以鉴定。同时，还须作外部检查和抽样复核，以检查发现在运输过程中产生的外部缺陷和防止型号错乱。对于有严重外部缺陷的应挑出不用，对于没有出厂合格证或新使用的材料必须进行化学成分分析、力学性能试验及焊接性试验后才能投产使用。

2. 焊丝质量的检验

焊接碳钢和合金钢所用的焊丝其化学成分、力学性能、焊接性能等应符合国家标准。在使用前，每捆焊丝必要时应进行化学成分复核、外部检查及直径测量。焊丝表面不应有氧化皮、锈蚀、油污等。若采用化学酸洗法清除焊丝上的氧化皮、锈蚀时，应注意控制酸洗的时间，若酸洗时间过长，而又立即使用时，会影响焊接质量，甚至出现裂纹。

3. 焊条质量的检验

焊条质量检验应首先检查其外表质量，然后核实其化学成分、力学性能、焊接性能等是否符合国家标准或出厂的要求。对焊条的化学成分及力学性能进行检查时，首先用这种焊条焊成焊缝，然后对其焊缝进行化学成分和力学性能测定，合格的焊条其焊缝金属的化学成分及力学性能应符合其说明书所规定的要求。

所谓焊接性能良好的焊条，是指在说明书中所推荐的规范下焊接时，焊条容易起弧、电弧稳定、飞溅少、药皮熔化均匀、熔渣不影响连续焊接、熔渣流动性好、覆盖均匀、脱渣容易；并且在一般情况下，焊缝中不应有裂纹、气孔、夹渣等工艺缺陷。

焊条的药皮应是紧密的，没有气孔、裂纹、肿胀和未调匀的药团，同时要牢固地紧贴在焊芯上并且有一定的强度，直径小于4mm的焊条，从0.5m处平放自由落在钢台上，药皮不损坏。药皮在焊芯上应同心。药皮偏心的焊条，除发生偏弧外，还破坏其焊接性能。

使用焊条时，还需注意运输过程和保管时是否受到损伤和受潮变质。变质和损伤的焊条不能使用。焊条施焊前需经烘干，以去除水分。

4. 焊剂的检验

检验焊剂时应根据国家标准的规定进行。焊剂检验主要是检查其颗粒度、成分、焊接性能及湿度。焊剂应与焊丝配合使用方能保证焊缝金属的化学成分及力学性能满足要求，焊接不同种类的钢材，则要求不同类型的焊剂配合。具有良好性能的焊剂，其电弧燃烧稳定，焊缝金属成形良好，脱渣容易，焊缝中没有气孔、裂纹等缺陷。

焊剂颗粒度随焊剂的类型不同而不同，如低硅中氟型和中硅中氟型其颗粒的大小为0.4～3mm，高硅中氟型或低硅高氟型的为0.25～2mm。焊剂的单位体积重量（假比重）即100cm^3的干燥焊剂其重量与体积之比，如玻璃状焊剂应在1.4～1.6g/cm^3，浮石状焊剂为0.7～0.9g/cm^3。焊剂的湿度要求取100g焊剂在经300～400℃烘烤2h后，所含水分不得超过1%。焊剂在使用前，必须按要求烘干，没有注明要求的均须经250℃烘1～2h。

知识点2 焊接结构设计鉴定

为使焊接检验能顺利进行，必须对焊接结构设计进行鉴定。需要进行检验的焊接结构应具备可检验的条件，也就是应具有可探伤性。一个焊接产品能进行探伤，应具有如下条件：

1）有适当的探伤空间位置。

2）有便于进行探伤的探测面。

3）有适宜探伤的探测部位的底面。

由于探伤方法很多而且各有不同，因此，各种方法要求的探伤空间、探测表面和探测部位的底面也有所不同，具体情况可参见表4-4。

表4-4　产品进行探伤时各种探伤方法所要求的条件

探伤方法	探伤空间位置的要求	探测表面的要求	探测部位的底面要求
射线探伤	要较大的空间位置，以满足射线机头的位置要求和调整焦距	表面不需机械加工，只需清除影响显示缺陷的东西，并有放置铅字码、铅箭头和透度计的位置	能放置暗盒
超声波探伤	要求较小的空间位置，只放置探头和探头移动的空间	尽可能做表面加工，以利于声波耦合，并有探头移动的表面范围	反射法时，背面要求良好的反射面
磁力探伤	要在磁化探伤部位撒放磁粉、观察缺陷的空间位置	清除影响磁粉聚积的氧化皮等污物，并有探头工作的位置	
渗透探伤	要有涂布探伤剂和观察缺陷的空间	要求清除表面污物	若煤油探伤，背面要求有涂煤油的空间，并要清除妨碍煤油渗透的污物

当焊接产品制成后，如不能满足可探伤条件，则应在产品装焊过程中逐步探伤，但最后装焊的焊缝，应是具有可探伤条件的焊缝。在创造可探伤条件时，应考虑经济性、可靠性和得到最高的探伤灵敏度。

知识点3　其他工作的检查

1. 焊工考核

焊接接头的质量很大程度上取决于焊工的技艺。因此，焊工在担任重要的或有特殊要求产品的焊接工作时，焊前应当进行必要的考核，考核分为理论知识和实际操作两部分。理论部分主要考核焊工技术应用范围以内的知识，并且加入有关焊接材料、工艺过程、焊接设备、安全技术等知识。实际操作方面主要是规定他们焊接各种焊接位置（仰、平、横、立）的试件，来考核确定焊缝的熔深、接头的内部质量及力学性能等是否合乎焊缝的设计要求。

2. 焊接能源的检查

焊接能源质量的好坏直接影响焊缝的质量。在电弧焊和电阻焊中，焊接时的热能是由电能产生的，而气焊的热能是依靠氧气和可燃气体燃烧而产生的，因此对能源的检验要根据不同焊接方法和所使用的能源特点来进行。

对电源的检验主要是检验焊接电路上电源的波动程度；对气体燃料的检验重点是检查气体的纯度及其压力的大小。气体的纯度对焊缝的质量有很大的影响，如乙炔含有硫化氢、氨、磷化氢、水蒸气和空气等杂质，这些杂质会降低火焰温度、影响焊接生产率和焊接接头质量。特别是硫化氢、磷化氢对焊缝金属影响最坏，因此在乙炔中它们的含量不许超过

0.04%，它们的存在可以用特别的试纸来测定，如硫化氢会使浸过氯化亚汞溶液的试纸变成黑色，磷化氢能使浸过含5%硝酸银溶液的试纸变成深褐色或黑色。

3. 焊接工具的检查

焊条电弧焊的工具包括面罩、焊钳、电缆等。辅助工具有敲渣锤、钢丝刷、凿子等。这些工具对焊接质量和焊接生产率也有一定的影响。

（1）面罩（焊帽）　它是用来保护焊工的眼睛和面部的。焊工可以通过镶在它上面的护目玻璃观察电弧燃烧情况及熔池情况。有经验的焊工通过控制熔池和电弧的情况来减少和消除夹渣、未焊透及气孔。因此面罩上的护目玻璃的选用是相当关键的。其选用可参考表4-5。

表4-5　护目玻璃的选用

工　种	镜片遮光号			
	焊接电流/A			
	≤30	30~75	75~200	200~400
电弧焊	5~6	7~8	8~10	11~12
碳弧气刨			10~11	12~14
焊接辅助工	3~4			

（2）焊钳　焊钳的作用是用来夹持焊条和传导电流的。质量优良的焊钳需要满足如下要求：

1）在夹持面中，能夹紧和便于更换几种所需角度的各种直径的焊条。

2）电缆与夹头连接导电良好；发热小，把柄绝缘好。

3）重量轻，具有一定的强度。

目前常用的焊钳有300A和500A两种。

（3）电缆的检查　电缆是连接焊机与工件以及焊机与焊钳的导线。焊接用的电缆特别是焊机与焊钳连接的部分，要求柔软、轻便、使用时不发热、绝缘好。因此，一般采用多股细铜丝组成，外表包裹着橡胶绝缘层，使用长度最好在2~3m。过长的电缆线会增大电压降，影响焊接的稳定性，过大的电压降，甚至会使焊接时不能引弧。通常要求额定电流下电缆线上的电压降不大于4V。焊接电缆选用可参考表4-6。

表4-6　焊接电缆的选用

导线截面/mm^2	16	25	35	59	70	95	120	160
最大额定电流/A	106	140	175	225	280	335	400	460

【综合训练】

1. 焊前质量控制包括哪些内容？
2. 如何检验焊接原材料？
3. 如何进行焊接结构的合理性分析？
4. 焊接辅助工作应注意哪些问题？
5. 如何选择焊工护目镜？
6. 如何确定焊接电缆？

模块四　施焊过程中质量的控制

焊接生产过程中的质量控制是焊接中最重要的环节，一般是先按照设计要求选定焊接参数，然后边生产、边检验。每一工序都需要按照焊接工艺规范或国家标准检验，主要包括焊接规范的检验、焊缝尺寸检验、焊接工装夹具的检验与调整、焊接结构装配的检查等。

知识点 1　焊接规范的检验

焊接规范是指焊接过程中的焊接参数，如焊接电流、焊接电压、焊接速度、焊条（焊丝）直径、焊接的道数、层数、焊接顺序、电源的种类和极性等。焊接规范及执行规范的正确与否对焊缝和接头质量起着决定作用。正确的规范是在焊前进行试验、总结而取得的。有了正确的规范，还要在焊接过程中严格执行，才能保证接头质量的优良和稳定。对焊接规范的检查，不同的焊接方法有不同的内容和要求。

1. 焊条电弧焊规范的检验

焊条电弧焊必须一方面检验焊条的直径和焊接电流是否符合要求，另一方面责成焊工严格执行焊接工艺规定的焊接顺序、焊接道数、电弧长度等。

2. 自动和半自动埋弧焊规范的检验

自动和半自动埋弧焊除了检查焊接电流、电弧电压、焊丝直径、送丝速度、焊接速度外，还要认真检查焊剂的牌号，颗粒度，焊丝伸出长度等。

3. 电阻焊规范的检验

对于电阻焊，主要检查夹头的输出功率、通电时间、顶锻量、工件伸出长度和工件焊接表面的接触情况，夹头的夹紧力和工件与夹头的导电情况等。实施电阻焊时还要注意焊接电流、加热时间和顶锻力之间的相互配合。压力正常但加热不足，或加热正确而压力不足都会形成未焊透。电流过大或通电时间过长，会使接头过热，降低其力学性能。对于点焊，要检查焊接电流、通电时间、预压力以及加热后的压力、电极表面及工件被焊处表面的情况等是否符合工艺规范要求。对焊接电流、通电时间、加热的压力三者之间是否配合恰当要认真检查，否则会产生缺陷。如加热后的压力过大，会使工件表面显著凹陷和部分金属被挤出；压力不足，会造成未焊透；电流过大或通电时间过长，会引起金属飞溅和焊点缩孔。

4. 气焊规范的检验

气焊主要检查焊丝的牌号、直径、焊嘴的号码，并检查可燃气体的纯度和火焰的性质。如果选用过大的焊嘴，会使焊件烧坏，过小则会形成未焊透。使用过分还原性火焰会使金属渗碳，而氧化焰会使金属激烈氧化，这些都会使焊缝金属力学性能降低。

知识点 2　焊缝尺寸的检查

焊缝尺寸的检查应根据工艺卡或国家标准所规定的精度要求进行。一般采用特制的量规和样板来测量。最普通的测量焊缝的量具是样板，样板是分别按不同板厚的标准焊缝尺寸制造出来的，样板的序号与钢板的厚度相对应。例如，测量 12mm 厚板材的对接焊缝，则选用

12mm 的一片进行测量。此外，还可用万能量规测量，它可用来测量 T 形接头焊缝焊脚的凸出量及凹下量，对接接头焊缝的余高，对接接头坡口间隙等。

知识点 3　夹具工作状态的检查

夹具是结构装配过程中用来固定、夹紧工件的工艺装备。它通常要承受较大的载荷，同时还会受到由于热的作用而引起附加应力的作用，因此夹具应有足够的刚度、强度和精确度，在使用中应对其进行定期的检修和校核。检查它是否妨碍对工件进行焊接，焊接后工件由于热的作用而发生的变形，是否会妨碍夹具卸下取出。当夹具不可避免地要放在施焊处附近时，是否有防护措施，防止因焊接时的飞溅而破坏了夹具的活动部分，造成卸下取出夹具困难。还应检查夹具所放的位置是否正确，会不会因位置放置不当引起工件尺寸的偏差和因夹具自身重量而造成工件的歪斜变形。此外还要检查夹紧是否可靠，不应因零件热胀冷缩或外来的振动而使夹具松动失去夹紧能力。

知识点 4　结构装配质量的检验

在焊接之前进行装配质量检验是保证结构焊接后符合图样要求的重要措施。对焊接装配结构主要应做如下几项检查：

1）按图样检查各部分尺寸、基准线及相对位置是否正确，是否留有焊接收缩余量、机械加工余量等。

2）检查焊接接头的坡口形式及尺寸是否正确。

3）检查定位焊的焊缝布置是否恰当，能否起到固定作用，是否会给焊后带来过大的内应力。同时检验定位焊焊缝的缺陷，若有缺陷要及时处理。

4）检查焊接处是否清洁，有无缺陷（如裂纹、凹陷、夹层等）。

【综合训练】

1. 如何对焊接规范进行检验？
2. 如何检查焊缝尺寸？
3. 怎样保证焊件的装配质量？
4. 怎样保证焊接工装夹具良好的工作状态？
5. 根据实训情况比较不同接头的焊接质量。

模块五　焊后成品的检验

焊接产品虽然在焊前和焊接过程中进行了检验，但由于制造过程外界或人为因素的变化、波动等都有可能引起缺陷的产生。因此，为了保证产品的质量，对成品也必须进行质量检验。成品检验的方法很多，应根据产品的使用要求和图样的技术条件进行选用。焊接结构成品主要检验外观和无损探伤。同时，焊接产品在使用中的检验也是成品检验的一部分。当然，由于使用中的焊接产品其检验的条件发生了改变，所以检验的过程和方法也有所变化。

知识点1　外观检查和测量

焊接接头的外观检查是一种手续简便而又应用广泛的检验方法，是成品检验的一个重要内容。这种方法有时也使用在焊接过程中，如厚壁焊件做多层焊时，每焊完一层焊道时便采用这种方法进行检查，防止前道焊层的缺陷被带到下一层焊道中。

外观检查主要是发现焊缝表面的缺陷和尺寸上的偏差。这种检查一般是通过肉眼观察，并借助标准样板、量规和放大镜等工具来进行检验的。所以也称为肉眼观察法或目视法。

检查之前，必须将焊缝附近10～20mm母材金属上所有飞溅及其他污物清除干净。在清除焊渣时，要注意焊渣覆盖的情况。一般根据焊渣覆盖的特征和飞溅的分布情况，可以粗略地估计在该处会出现什么缺陷。例如，紧贴焊缝面的焊渣表面有裂纹痕迹时，往往在焊缝中也会有裂纹；若发现有飞溅成线状集结在一起，则可能因电流产生的磁场磁化工件后，使金属微粒堆积在裂纹上。因此，应在该处仔细地检查是否有裂纹。

对合金钢的焊接产品做外部检查时，必须进行两次，即紧接着焊接之后一次和经过15～30天以后一次。这是因为有些合金钢内产生的裂纹形成得很慢，以致裂纹在第二次检查时才会发现。

对未填满的弧坑应特别仔细检查，因该处可能会有星形散射状裂纹。

若焊缝表面出现缺陷，焊缝内部便有存在缺陷的可能。如焊缝表面出现咬边或满溢，则内部可能存在未焊透或未熔合；焊缝表面多孔，则焊缝内部可能会有气孔或非金属夹杂物存在。

焊缝尺寸的检查，可采用前面介绍的量规和样板进行。

知识点2　致密性检查

储存液体或气体的焊接容器，其焊缝的不致密缺陷，如贯穿性的裂纹、气孔、夹渣、未焊透以及疏松组织等，可用致密性试验来检测。致密性检验方法有煤油试验、载水试验、水冲试验、沉水试验、吹气试验、氨气试验和氦气试验等。

1. 煤油试验

煤油试验是致密性检查最常用的方法，常用于检查敞口的容器，如储存石油、汽油的固定储罐和其他同类型的产品。

用这种方法进行检验时，在比较容易修补和发现缺陷的一面，将焊缝涂上白垩粉水溶液，干燥后，将煤油仔细地涂在焊缝的另一面。由于煤油黏度和表面张力很小，渗透性很强，具有透过极小的贯穿性缺陷的能力。当焊缝上有贯穿性缺陷时，煤油就能渗透过去，并且在白垩粉涂过的表面上显示出明显的浊斑点或条带状油迹。经过一段时间，它们会渐渐散开成为模糊的斑迹。为了精确地确定缺陷的大小和部位，检查工作要在涂覆煤油后立即开始，发现油斑及时将缺陷标出。

检查的持续时间和工件板厚、缺陷的大小及涂覆煤油量有关。板越厚时间越长，缺陷较小时间也要长些，一般为15～20min，试验时间通常在技术条件中标出。如果在规定的时间内，焊缝表面上并未出现油斑，所检查的焊缝视为合格。

这种方法对于对接接头最为适合，而对于搭接接头的检验有一定困难，同时对有缺陷焊缝的修补工作也会有一定的危险，因搭接处的煤油不易清理干净，修补时容易引起火灾。

2. 载水试验

载水试验常用来检验较浅的不承受压力的容器或敞口容器，如船体、水箱等。进行这个试验时，将容器的全部或一部分充满水，观察焊缝表面是否有水渗出。如果没有水渗出，该容器的焊缝视为合格。这一方法需要较长的检验时间。

3. 水冲试验

进行水冲试验时，在焊缝的一面用高压水流喷射，而在焊缝的另一面观察是否漏水。水流喷射方向与试验焊缝的表面夹角不应小于70°，水管的喷嘴直径要在15mm以上，水压应使垂直面上的反射水环直径大于400mm。检验竖直焊缝时应从下至上，避免已发现缺陷的漏水影响未检焊缝的检验。这种方法常用于检查大型敞口容器，如船体甲板的密封性。

4. 沉水试验

沉水试验是先将容器类焊件浸入水中，然后在容器中充灌压缩空气。为了易于发现焊缝的缺陷，被检的焊缝应当在水面下20~40mm的深处，当焊缝存在缺陷时，有缺陷的地方会有气泡出现。这种方法只适用于小型焊缝容器。如用来检查飞机、汽车的汽油箱的致密性。

5. 吹气试验

吹气试验是用压缩空气对着焊缝的一面猛吹，焊缝另一面涂上肥皂水，当焊缝有缺陷存在时，便在缺陷处产生肥皂泡。所使用的压缩空气，其压力不得小于0.4MPa，并且气流要正对焊缝表面，喷嘴到焊缝表面的距离不得超过30mm。

6. 氨气试验

氨气试验是将容器的焊缝表面用5%硝酸汞水溶液浸过的纸带盖严实，在容器内加入体积分数为1%的氨气的混合气体，加压至容器的设计承受压力值时，如果焊缝有不致密的地方，氨气就透过焊缝，并作用到浸过硝酸汞的纸上，使该处形成黑色的图斑。根据这些图斑，就可以确定焊缝的缺陷部位。封闭容器和敞口容器都可以采用这一试验。试验所得的硝酸汞纸带可作为判断焊缝质量的文件证据。用浸过同样溶液的普通医用绷带也可代替纸带，绷带的优点是洗净后可以再用。这种方法比较准确、迅速和经济，同时可在低温下检验焊缝的致密性。

7. 氦气试验

氦气检验是通过被检容器充满氦气或用氦气包围容器后，检验容器漏氦或渗氦来探明焊缝致密性的试验方法。它是灵敏度比较高的一种致密性试验方法。氦气作为试剂是因为氦气质量轻，能穿过微小的孔隙。此外，氦气是惰性气体，不会与其他物质发生化学反应而变化。

目前，氦气检漏仪可以检测到在气体中存在的千万分之一的氦气，相当于在标准状态下漏氦气率为1cm^3/h。

知识点3 受压容器焊接接头的强度检验

由于受压容器产品的特殊性和整体性，所以对这类产品进行的接头强度检验只能通过检验其完整产品的强度来确定焊接接头是否符合产品的设计强度要求。这种检验方法常用于储藏液体或气体的受压容器的检查，一般除进行密封性试验外，还要进行强度试验。

产品整体的强度试验分为两类：一类是破坏性强度试验；另一类是超载试验。

进行破坏性强度试验时，试验施加载荷的性质（压力、弯曲、扭转等）和工作载荷的性质相同，载荷要加至产品被破坏为止。用破坏载荷和正常工作载荷的比值来说明产品的强度情况。比值达到或超过规定的数值时则为合格，低于则为不合格。这个数值是由设计部门规定的。高压锅炉锅筒的爆破试验即属于这种试验。

这类试验在大量生产而质量尚未稳定的情况下，抽百分之一或千分之一进行，或在试制新产品时，或在改变产品的加工工艺规范时才选用。

超载试验是对产品所施加的载荷超过工作载荷一定程度，如超过25%～50%来观察焊缝是否出现裂纹，以及产品变形的部分是否符合要求，来判断其强度是否合格。受压的焊接容器规定100%均要接受这种检验。试验时，施加的载荷性质是和工作载荷性质相同的。在载荷的作用下，保持一定的停留时间进行观察，若不出现裂纹或其他渗漏缺陷，且变形程度在规定范围内，则产品评为合格。

这类试验广泛用于受压容器和电阻焊加工的容器以及受压管道的检验。对受压容器整体强度试验的加载方式有水压和气压两种。

（1）水压试验　水压试验可用作焊接容器的致密性和强度试验。但气温低于5℃时不应进行水压试验。当环境温度低于5℃进行试验时，要采用人工加温，维持水温在5℃以上方可进行。试验时，容器充满水，彻底排尽空气，然后用水压机逐步增大容器内的静水压力，压力的大小按产品的工作性质而定，一般为工作压力的1.25～1.5倍。在高压下持续一定的时间以后，再将压力降至工作压力，并沿焊缝边缘15～20mm的地方用0.4～0.5kg重的圆头小锤轻轻敲击，同时对焊缝仔细检查。当发现焊缝有水珠、细水流或潮湿时就表示该焊缝处不致密，应当把它标示出来，这样的产品应评为不合格，做返修处理。如果产品在试验压力下，关闭了所有进、出水的阀门，其压力值保持一定时间不变，并未发现任何缺陷，则产品评为合格。

对管道进行检查时，可用闸阀将它们分成若干段，并且依次对各段进行检查。水压试验的系统中，至少有两只压力计，其中一只作为监视压力计。压力计必须经计量部门校核过，并有铅封才能使用。

在特殊情况下，为了检查强度，可用比工作压力大几倍或相当于材料屈服极限的压力值进行试验。试验时，应注意观察应变仪，防止超过屈服强度。进行这种试验之后的产品，必须经退火处理，消除由于试验而带来的残余应力。

（2）气压试验　气压试验和水压试验一样是检验在一定压力下工作的容器和管道的焊缝致密性的。气压试验比水压试验更为灵敏和迅速。同时试验后的产品不用排水处理，对于排水困难的产品尤为适用，但是试验的危险性比水压试验大。所以进行试验时，必须遵守相应的安全技术措施，以防试验过程中发生事故。安全技术措施规定如下：

1）要在隔离场所或用厚度不小于3mm的钢板将被试验产品三面或四面包围起来，才能进行试验。

2）处在压力下的产品不得敲击、振动和修补缺陷。

3）在输送压缩空气到产品的管道上时，要设置一个储气罐，以保证进气的稳定。在储气罐的气体出入口处，各装一个开关阀，并在输出端（即产品的输入口端）管道上装上安全阀、工作压力计和监视压力计。

4）产品内的压力值达到所需的试验数值时，输入压缩空气的管道必须关闭，停止加压。

5）在低温下进行试验时，要做出防止产品冰冻的措施。

进行试验时，先将所试验的产品加压到所需的压力。该压力值是由该产品的技术条件规定的。然后关闭进气阀，停止加压，把肥皂水涂到焊缝上，检查焊缝是否漏气，或检查工作压力表数值是否有下降。如没有漏气或压力值下降，则该产品可评为合格。若产品的焊缝出现漏气或容器压力下降时，应找出部位，进行标示，卸载后进行返修补焊处理。返修后再经检验才可评定为合格。

知识点4 物理方法的检验

物理检验方法是利用一些物理现象进行测定或检验被检材料或焊件的有关技术参数，如温度、压力、黏度、电阻等，来判断其内部存在的问题，如内应力分布情况，内部缺陷情况等。有关材料技术参数测定的物理检验方法属于材料测试技术。材料或焊件内部缺陷存在与否的检验，一般都是采用无损探伤的方法。目前的无损探伤方法有超声波探伤、射线探伤、磁力探伤、渗透探伤等。这几种探伤方法的具体内容将在以下的章节中介绍。

知识点5 焊接产品服役质量检验

1. 焊接产品交付后的检验

（1）焊接产品检验程序和检验项目

1）检验资料的齐全性。

2）核对质量证明文件。

3）检查实物和质量证明的一致性。

4）按有关安装规程和技术文件规定进行检验。

5）对产品重要部位、易产生质量问题的部位、运输中易破损和变形的部位应给以特别注意，重点检验。

（2）焊接产品检验方法和验收标准　应与产品制造过程中所采用的检验方法、检验项目、验收标准相同。

（3）焊接质量问题的现场处理

1）发现漏检，应做补充检查并补齐质量证明文件。

2）因检验方法、检验项目或验收标准等不同而引起的质量问题，应尽量采用同样的检验方法和评定标准，重新确定焊接产品合格与否。

3）可修可不修的焊接缺陷一般不退修，焊接缺陷明显超标，应进行退修。其中大型结构应尽量在现场修复；较小结构而修复工艺复杂者则应及时返厂修复。

2. 产品服役质量的检验

（1）产品运行期间的质量监控　采用声发射技术经常监控运行情况。

（2）产品检修质量的复查　对苛刻条件（腐蚀介质、交变载荷、热应力）下工作的焊接产品，有计划地定期复查。

（3）服役产品质量问题现场处理　对重要产品的退修要检查工艺评定，验证焊接工艺，制订返修工艺措施，编制质量控制指导书和记录卡。

3. 焊接结构破坏事故的现场调查与分析

（1）现场调查

1）保护破坏现场，收集所有运行记录。

2）查明操作工作是否正确。

3）查明断裂位置。

4）检查断口部位的焊接接头表面质量和断口质量。

5）测量破坏结构的实际厚度，核对它的厚度是否符合图样要求，并为设计校核提供依据。

（2）取样分析

1）金相检验。

2）复查化学成分。

3）复查力学性能。

（3）设计校核

（4）复查制造工艺

【综合训练】

1. 焊后成品检验包括哪些内容？
2. 如何检测焊件外观质量？
3. 为什么要对焊件进行气密性检验？
4. 气密性检验的方法有哪些？
5. 受压容器如何检验？
6. 焊缝内部质量有哪些检验方法？
7. 焊件服役期质量如何监控？

第五单元　焊接项目的竣工验收管理

【学习目标】 掌握焊接项目的质量要求；能够根据质量要求分析制订的方案；熟悉焊接项目竣工验收管理的基本过程，使得焊接项目产品或劳务能够满足社会的需要。

模块一　焊接项目质量的概念

焊接项目生产的质量管理是指从事焊接生产或工程施工的企业通过建立质量保证体系发挥质量管理职能，进而有效地控制焊接产品质量的全过程。这里的质量即焊接产品满足用户“使用要求”的性能及品质，并且满足相应的标准、规范、合同或第三方的有关规定。

知识点1　焊接项目产品的质量

焊接项目产品质量是指工业焊接产品或劳务能够满足社会和人们需要的某种属性或特性。凡是由焊接产品使用目的所提出的各项要求都属于这种特性。它包括尺寸结构、重量、精度、功率、强度、材质、性能，即力学、物理以及化学成分等内在质量特性，还包括外观、式样、形状、色彩等外部质量特性。不同的工业焊接产品，根据各自适用的要求，具有不同的质量特性。常用焊接产品质量指标，即用以反映焊接产品质量水平的质量特性值来表示。焊接产品质量指标种类繁多，但概括起来有以下五种类型：

（1）性能指标　焊接产品的性能是指焊接产品为满足使用目的所具备的技术特性，即焊接产品在不同目的、不同条件下使用时，其技术特性的适合程度。如汽车的载重量、速度；灯泡的光色、功率、发光效率。

（2）寿命与可靠性指标　焊接产品寿命是指焊接产品能够按规定的功能正常工作的时限，常用的指标有工作时间、工作次数等。焊接产品可靠性是指焊接产品在规定的时间和条件下能完成规定功能的能力，常用指标有可靠度、故障率等。焊接产品的寿命指标和可靠性指标都是综合指标，它们反映了焊接产品的耐用度和稳定性。

（3）安全性指标　安全性是反映焊接产品在使用过程中对使用者及周围环境安全、卫生保证的程度，如辐射、毒性、噪声、排污等方面的指标。

（4）经济性指标　经济性是反映焊接产品生产及使用过程中所花费的经济代价的大小，如焊接产品的设计加工、用料等生产费用和焊接产品在使用过程中的动力、燃料消耗的维持费用。常用的指标有生产成本、使用成本、寿命周期总成本等。

（5）结构合理性指标　它包括焊接产品的可修性、零件的互换性等方面的指标，应当操作方便、省力等。

以上五类指标各反映着焊接产品在满足用户需要时所应具备的基本要求，它们可以用“适用性”来概括。

知识点2　焊接产品的质量标准

焊接产品的质量特性，有的是可以直接定量的，如钢材的强度、硬度等，但有的则难以直接定量，如外观、舒适、操作方便等性能。对这些质量特性就要通过对焊接产品进行综合的或个别的试验，确定某些技术参数来间接地反映焊接产品的质量特性。不论是直接定量的还是间接定量的质量特性都应准确地反映社会和用户对焊接产品质量特性的客观要求。把反映焊接产品质量主要特性的技术经济参数明确规定下来，形成文件，这就是焊接产品技术标准或称质量标准。

我国的焊接产品质量标准，依照发布单位和通用范围的不同，共分为三级：国家标准、部颁标准和合同标准。企业所生产的焊接产品，凡符合质量标准者为合格品，否则，为不合格品。在合格品中，属于不可修复的不合格品，即废品；属于可以修复的不合格品，称返修品。另外，有些不合格品虽低于质量标准，如焊接产品的外观和内在质量有一项指标未达到技术标准，但仍具有一定使用价值，可不作为废品，而作为等外品、次品等。

我们说提高焊接产品质量，并不是说焊接产品质量标准越高越好，我们提倡生产适销对路、物美价廉的焊接产品。若质量标准定低了，就不能满足用户的需要，焊接产品的适用性不好；若质量标准定高了，超过了用户需要，价格也高，则焊接产品的适用性也不好。因此，必须制订一个适宜的质量标准，尽量做到既技术先进而又经济合理。

知识点3　提高焊接产品质量的意义

1）质量是企业的生命线，是实现企业兴旺发达的杠杆。一个企业有没有生命力，在经营上有没有活力，首先是看它能否生产和及时向市场提供所需要的质量优良的焊接产品。

2）质量是提高社会效益和企业经济效益的重要条件。保证稳定地提高焊接产品质量，向社会、用户提供物美价廉的优质焊接产品，就会给社会和企业带来巨大的经济效益。首先，焊接产品质量的提高使焊接产品效率更高、寿命更长，相当于焊接产品成倍增长，这就大大增加了社会财富。其次，焊接产品质量提高，使焊接产品在生产和使用中消耗更低，带来了巨大的节约。

3）提高焊接产品质量，是提高企业竞争能力的重要支柱。市场竞争首先是质量的竞争，质量是焊接产品进入市场的通行证。企业只能以质量开拓市场，以质量巩固市场。

【综合训练】

1. 什么是焊接项目的质量？
2. 焊接项目质量包括哪些指标？
3. 我国焊接质量标准分为几级？各有什么特点？

4. 如何理解焊件“适于使用要求”？
5. 提高焊接产品质量有什么意义？

模块二　焊接生产的质量分析与检测方案的制订

根据焊接产品的材料、结构和工艺的特点以及制造的质量要求，从控制和保证质量的角度去分析焊接产品在制造过程中每一道工序可能出现的质量问题，并据此提出相应的质量控制和检测的内容与方法的过程称为焊接生产的质量分析。

知识点1　焊接质量分析的要点

焊接质量分析工作虽然繁杂但十分必要，因为焊接产品或工程要不要进行检测、检测什么内容和用什么方法进行检测等重要问题都在这一过程中确定。焊接质量分析是焊接检测方案设计必须进行的关键步骤。质量分析的结果可作为拟订检测方案或编制检测工艺文件的依据。

一般情况下凡是焊接产品标准或技术条件中明确规定的检测项目包括检测内容和方法必须遵照执行，没做规定的只能通过质量分析后确定。

焊接生产过程中影响焊接产品质量的因素很多，分析时要善于抓重点。焊接质量分析的要点是：

1）充分利用同类或类似焊接产品焊接检测的现成资料，那些常规的但又是必检项目可直接引用，以减少分析工作量，把精力集中在分析焊接产品或工程的一些特殊质量问题上。

2）在焊接产品图样中已标明必须达到的技术要求应是分析的对象，有些应列为检测内容。

3）焊接工艺规程中下道工序对上道工序提出的工艺要求应进行分析，必要时也列为检查内容。

4）焊接产品结构上的重要部位必须保证其制造质量，应列为检测对象，例如受力最大的焊接接头、低温或交变载荷下工作结构的应力集中处等。

5）由焊接方法工艺本身而产生的不易避免的工艺缺陷品的质量影响程度来确定是否列为检测内容。

知识点2　焊接质量分析的基本内容

1. 焊接原材料方面的质量分析

进厂的原材料必须满足焊接产品使用性能的要求。对于焊接用的结构钢来说，材料的力学性能和化学成分是决定其使用性能的主要因素。这两方面的技术指标如强度、塑性、韧性、化学元素含量等必须符合有关标准规定或满足设计的要求，这些指标就是焊接原材料进行检测的内容。有些焊接结构对原材料有特殊要求，如核容器用的钢板，对其内部均匀性要求很高，不允许有裂纹、白点、层状夹杂等缺陷，应当按照特殊要求进行这方面的质量检测。

2. 焊接产品结构方面的质量分析

在实现焊接产品功能的要素中，除材质外还有几何形状和尺寸。因此，在焊接产品图样上凡标注有尺寸公差、几何公差和表面粗糙度要求的，都属于必须检测的内容；焊接产品运行时，在结构上受力最大的部位或应力集中处须保证其内外质量，如果焊缝恰在这些部位，则必须做质量检测。

焊接结构一般分为工作焊缝和联系焊缝，通常对工作焊缝必须做质量检测。如果只要求抽检，应选择承载最大的工作焊缝和最不便于施焊的焊缝，或最容易产生焊接工艺缺陷的部位进行质量检测。如钢制圆柱形容器，两个封头和一个筒体由一条纵焊缝和两条环焊缝连接而成。纵缝和环缝均为工作焊缝，对重要容器必须做 100% 探伤；如果只要求做 20% 探伤，则选择在纵焊缝和纵、环焊缝汇交的焊缝处进行探伤，因为垂直纵焊缝的工作应力比环缝大一倍，而在焊缝汇交处最容易产生焊接工艺缺陷。

3. 焊接备料工艺过程的质量分析

备料是为装配、焊接提供合乎工艺要求的零件，包括矫正、划线、下料、成形及边缘加工等工序。一般要求上道工序必须为下道工序提供合格的工件。零件加工的工艺要求主要集中在零件的几何形状和尺寸的精度上，这些都是必须进行检测的内容。另外，要考虑到不同备料工艺可能对零件质量有特殊影响，如剪切或冷冲下料使零件边缘产生加工硬化；热切割下料使切割边缘上产生材质变化的热影响区；冲压成形会引起板壁减薄等，这些要以对焊接产品使用性能影响的严重程度来决定是否进行检测和处理。

4. 焊接装配工艺的质量分析

通常是根据焊接工艺要求进行分析。装配时，在保证获得图样要求的几何形状和尺寸的前提下，必须充分考虑焊接工艺特点。其中最主要的是装配间隙，若控制不当最容易产生焊接工艺缺陷，如烧穿、未焊透、凹陷、焊后变形等，如果产生过盈，则须强力装配，有些结构是不允许的，有些焊接工艺要求在装配中能留出焊接收缩余量或作出反变形量来；对接接头的错边会产生附加应力和应力集中，这些情况必须充分合理地进行分析。总之，装配间隙和焊接工艺要求的形状尺寸是装配工艺中的主要检测内容。此外，不能忽视定位焊的质量检测，定位焊缝更易产生焊接缺陷，如裂纹、未焊透或未熔合等，这些缺陷未能检出而被正式焊缝掩盖，将会造成不必要的安全隐患。

5. 焊接工艺的质量分析

焊接工艺是关键工序，有两方面质量问题：一是焊接接头处的内、外部质量；一是焊后结构的几何形状和尺寸误差。但从预防或控制缺陷产生的角度去分析，应从焊接设备、工艺和操作人员三方面确定检测内容。对于焊接设备，主要检查其配套性和运行是否正常与稳定，对焊接工艺主要检查：用材是否正确，待焊区是否清理干净，焊条或焊剂用前是否经烘干；工艺参数（如焊接电流、电弧电压、焊接速度等）是否在工艺规程规定的范围内；施焊的过程和工序；预热、后热、层间温度等。对于操作人员，主要检查其操作资格。

6. 焊后热处理工艺的质量分析

金属材料热处理的效果主要决定于加热或冷却速度、加热温度和保温时间，这是检测的基本内容。必要时还应做效果检测，如金相分析、硬度试验、消除应力退火处理后的残余应力测定等。

7. 焊接成品或半成品的质量分析

分析的对象是焊接后的成品或半成品。有验收标准的就按标准规定的内容进行检测；没有规定的，就按焊接工艺方法的特点，从可能获得什么样的加工精度和可能产生不符合质量要求的工艺缺陷方面进行分析。应当侧重从使用性能要求方面确定检测内容。

知识点3 焊接质量检测方案的制订

对焊接产品生产过程做质量分析时，在各制造环节上该检测什么内容和可采用的检测方法，大体上已确定。制订焊接质量检测方案，实际上就是把初步确定的检测内容和方法做合理的综合归纳和编排，形成一套比较完整的检测纲要或计划。

简单的方案，必须列出焊接产品生产过程中的关键工序，重要零部件或成品验收的检测项目，项目中的主要检测内容以及相应的检测方法。

较为详细的方案，可以按焊接产品生产工艺流程列出各检测项目的名称、内容和方法，每个项目的检测方式和评定质量或验收标准，可以只列出标准的名称或代号。

现以图5-1所示的1000m^3乙烯球罐现场建造为例，拟订出它的检测方案。该球罐材料用屈服强度为490MPa低合金高强钢板，球体由54块球壳板组成，属三类容器，是质量要求很严格的焊接产品。壳板、支柱和附件，带接管的上、下极板及带支腿的赤道带板等零部件已在制造厂中焊完，并经热处理。在安装现场上全部采用手弧焊焊接，材质要求焊前预热和焊后消氢处理，但焊后不进行整体热处理。在施工现场采用拼块散装法，即在球罐的基础上把球壳板（二块拼焊成一组）用工装夹具逐组装配成球体，而后一并焊接的方法。其现场施工的焊接检测方案归纳成表5-1。

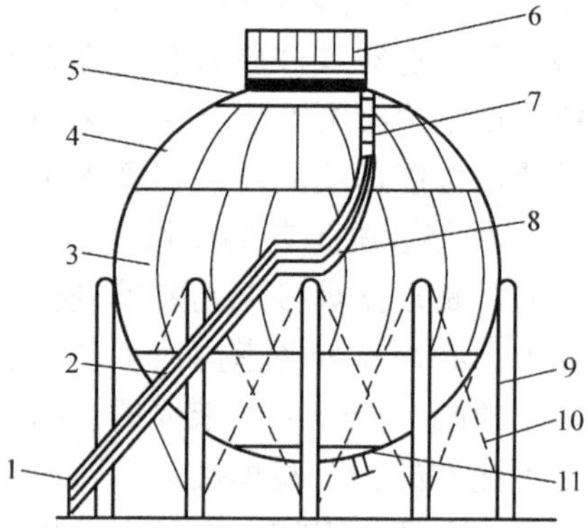

图5-1 乙烯球罐结构示意图

1—下部扶梯 2—下部带板 3—赤道带板 4—上部带板 5—上极板 6—顶部平台 7—上部扶梯 8—中间平台 9—支柱 10—拉杆 11—下极板

焊接检测程序的确定最好与编制整个焊接产品焊接生产工艺流程结合进行，因为检测本身就是制造工艺中的一道工序，可以用文字或代号在流程中标出，这样就得出一个包括质量检测在内的焊接产品生产工艺流程图。

表5-1 球罐现场施工的焊接检测方案

检验项目	内容与方法
材料与预制件的检查	按制造厂提供的合格证，现场抽查化学成分和力学性能，壳板外观检查，做100%超声波探伤。按20%测厚
焊条检验	按批量各抽查两组做焊缝金属化学成分和力学性能检查
组装与焊接过程检验	组装精度检查，定位焊缝渗透探伤，焊条使用检查，预热、后热温度检查，焊接线能量检查，背面清根渗透探伤

【综合训练】

1. 如何分析焊接质量?
2. 焊接质量分析的基本内容有哪些?
3. 怎样制订焊接质量检测方案?
4. 焊接缺陷对焊接质量有什么影响?
5. 试收集几种企业的焊接质量检测方案进行比较，提出必要的修正意见。

模块三　焊接检测工艺文件的编制

编制焊接检测工艺文件是制订焊接检测工艺的主要内容之一，它是将经审批的检测方案进一步具体化，把每一个检测项目的具体检测内容、检测要求、检测方法及其使用的设备仪表、操作工艺、检测工艺参数等，编写成各种实用形式的文件，用以组织生产或直接指导检测工作。

知识点1　焊接检测工艺文件形式

焊接质量检测用的工艺文件形式多样。焊接质量检测中常用的有通用检测规程、工序检测工艺卡片、检测记录卡或检测报告等。

(1) 通用检测规程　通用检测规程是焊接检测中针对某一种检测方法而编制的检测规程，供企业各焊接产品用该种方法检测时使用。在检测规程中应当贯彻有关该方法的各种标准，因而在编写这种规程前须全面了解和掌握有关该方法的国标、部标与行业标准，再结合本单位焊接产品及实际制造的条件，编写成既符合标准规定又对检测人员有指导意义的规程。常用的有射线检测工艺规程、超声波检测工艺规程、水压强度试验规程等。

(2) 工序检测工艺卡片　工序检测工艺卡片是整个焊接检测过程中，在某个固定检测工序上使用的指导性文件，是有关标准、法规和质量要求等在该工序上的具体化。卡片上明确规定该工序的检测内容、技术要求、检测手段和检测方式等，卡片上给出具体的验收标准或合格数据，可作为检测人员进行工序检测时的依据。有一些检测方法，如射线探伤或超声波探伤等，因其检测技术复杂，环节多，并使用许多工艺参数，对它们的工艺卡片应根据其技术特点，给出探伤操作和工艺参数等内容。

(3) 检测记录卡或检测报告　检测记录卡或检测报告用于记录某项检测结果的卡片或表，它是反映焊接产品质量的重要凭证，应标明是哪台焊接产品检测的记录，因此要有工作令号或焊接产品编号及名称。此外应有检测项目、检测内容、质量评定或检测结果、使用的设备及有关参数、检测人员和检测日期等栏目。

知识点2　焊接检测文件格式

对于文件格式有已标准化的应当采用标准化的格式。尚没有标准化的格式的，要在焊接检测方案制订中从便于生产与管理和有利于质量控制的角度出发，按照项目的检测要求和焊接产品特点自行设计。

现以国内压力容器制造行业为例，鉴于焊接产品特殊而采用的检测方法又比较复杂，所以推荐出适用于该行业的各种检测工艺文件的格式，表5-2～表5-6是其中几种典型格式。

表5-2 检验卡片格式

			检验卡片	产品型号		零件图号			
				产品名称		零件名称		共 页	第 页
8↕	工序号	工序名称	车 间	检验项目	技术要求	检测手段	检验方案	检验操作要求	
8↕									
	简图：3×30（=90）			40	25	25	25		
描图									
描校									
底图号									
装订号									
					设计（日期）	审核（日期）	标准化（日期）	会签（日期）	
	标记	处数	更改文件号	签字	日期	标记	处数	更改文件号	签字	日期

表5-3 零件下料检验记录

（企业名称）		零件下料检验记录		记录编号		
				共 页 第 页		
生产制令号		简图：				
图 号						
件 号						
零件名称						
材料牌号						
材料规格						
件 数		单位：mm				
量具管理号						
检验结果						（单位：mm）
检查项目	长	宽	角 度	半径$\frac{R}{(r)}$	外径ϕ	内径ϕ
零件编号						

（续）

检查项目		切割边缘	坡口		材料标记或代号	评定
			角度	纯边		
零件编号						
备注					检验员______ 审核______ 日期______ 日期______	

表 5-4　焊接筒节圆度、棱角度、错边量检验记录

（企业名称）		圆度、棱角度、错边量检验记录		记录编号	
				共　页 第　页	
生产制令号		图号		件号	
零件名称		材料牌号		厚度	
简图					

检验结果						（单位：mm）
编号		圆度	错边量		棱角度	
筒节号	焊缝号	≤	纵缝 ≤	环缝 ≤	纵缝 ≤	环缝 ≤
评定			备注：			

职责	检验员	审核	监督检验机构
日期			

表 5-5　射线探伤工艺卡

（企业名称） 射线探伤工艺卡	生产制令号		容器类别	
	产品名称			
	适用焊缝			
	工艺卡号			

工件	材　质		接头类型		坡口形式	
	板　厚		焊接方法		透照厚度	
器材	仪器型号		焦点尺寸		透度计	
	胶片类型		胶片规格		屏蔽铅厚度	
	增感方式		前屏厚度		后屏厚度	
暗室	显影液		显影时间		显影温度	
	停显液		停显时间		停显温度	
	定影液		定影时间		定影温度	
	水洗时间		脱水、干燥		冲洗方法	

透照布置

划线方法	几何配置	技术参数

环缝

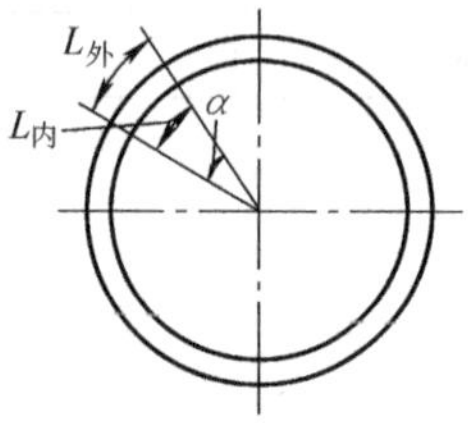

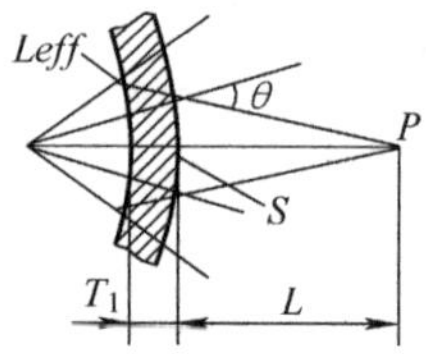

每圈透照次数________等分

每段外长 $L_{外}$________ mm

每段内长 $L_{内}$________ mm

圆周角 α________

环缝条数________

拍片张数________

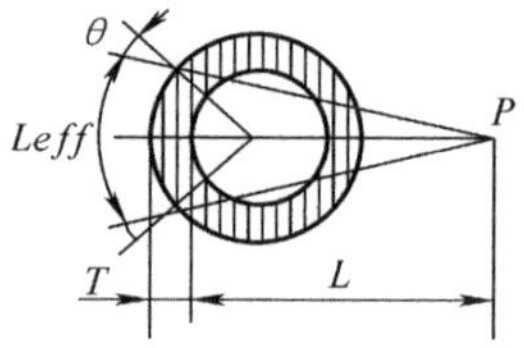

技术参数	单位
L	mm
S	mm
$Leff$	mm
K	
V	kV
A	mA
t	min
L	mm
$Leff$	mm
K	
V	kV
A	mA
t	min

直缝

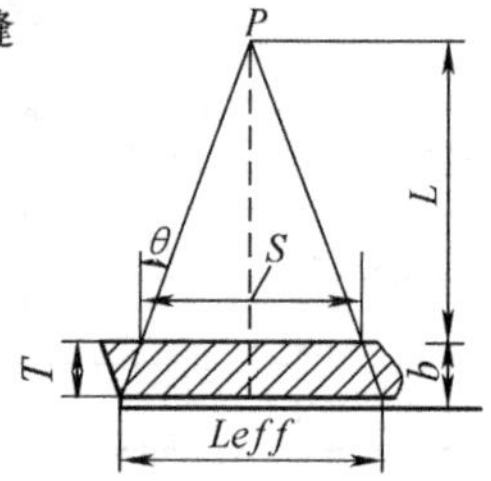

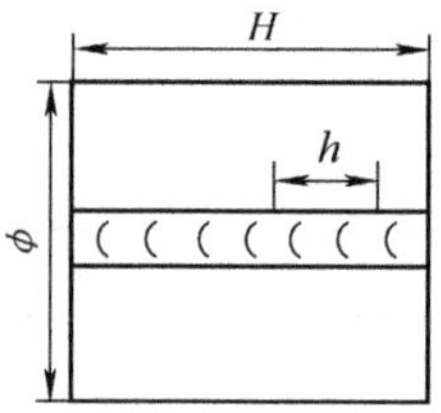

技术参数	单位
L	mm
S	mm
$Leff$	mm
K	
V	kV
A	mA
t	min
h	mm

布片定位图	

技术要求	灵敏度 Z		不清晰度 U_g		验收标准	
	黑度 D		相邻片搭接长度（ΔL）		合格级别	
	焊缝总长　　mm	拍片总长　　mm	拍片张数		拍片比例　　%	

	审核（探伤质控工程师） 日期　　　　年　月　日	编制（Ⅱ级以上探伤人员） 日期　　　　年　月　日

表 5-6　超声波探伤工艺卡

<table>
<tr><td colspan="3" rowspan="4">（企业名称）
超声波探伤工艺卡</td><td>生产制令号</td><td></td><td>容 器 类 别</td><td></td></tr>
<tr><td>产 品 名 称</td><td colspan="3"></td></tr>
<tr><td>适 用 焊 缝</td><td colspan="3"></td></tr>
<tr><td>工 艺 卡 号</td><td colspan="3"></td></tr>
<tr><td rowspan="2">工件</td><td>材　　质</td><td></td><td>板　　厚</td><td></td><td>表面状态</td><td></td></tr>
<tr><td>焊接方法</td><td></td><td>焊缝宽度</td><td></td><td>接头坡口</td><td></td></tr>
<tr><td rowspan="3">器材</td><td>仪器型号</td><td></td><td>垂直线性</td><td></td><td>水平线性</td><td></td></tr>
<tr><td>探测频率</td><td></td><td>晶片尺寸</td><td></td><td>探头 K 值</td><td></td></tr>
<tr><td>对比试块</td><td></td><td>携带式试块</td><td></td><td>耦合剂</td><td></td></tr>
<tr><td rowspan="5">检验要求</td><td>焊缝总长</td><td></td><td>探伤总长</td><td></td><td>探伤总比例</td><td></td></tr>
<tr><td>环缝长度</td><td></td><td>探伤长度</td><td></td><td>探伤比例</td><td></td></tr>
<tr><td>纵缝长度</td><td></td><td>探伤长度</td><td></td><td>探伤比例</td><td></td></tr>
<tr><td>验收标准</td><td></td><td>环缝合格级</td><td></td><td>纵缝合格级</td><td></td></tr>
<tr><td>检测灵敏度</td><td colspan="5">评定线 Φ　　dB，定量线 Φ　　dB，判废线 Φ　　dB</td></tr>
<tr><td rowspan="9">探伤操作</td><td>仪器性能校验</td><td colspan="5"></td></tr>
<tr><td>探头性能校验</td><td colspan="5"></td></tr>
<tr><td>扫描线比例</td><td colspan="5"></td></tr>
<tr><td>基准波高</td><td></td><td>探测面选择</td><td></td><td>探测面宽度</td><td></td></tr>
<tr><td>表面材质补偿</td><td></td><td>粗探伤灵敏度</td><td></td><td>精探伤灵敏度</td><td></td></tr>
<tr><td rowspan="2">距离—波幅实测值</td><td>孔深（距离）/mm</td><td colspan="4"></td></tr>
<tr><td>波幅　　/dB</td><td colspan="4"></td></tr>
<tr><td colspan="6">距离——波幅曲线图</td></tr>
<tr><td colspan="6"></td></tr>
<tr><td rowspan="4"></td><td colspan="6">半波程探测（直射法）
移动距离：
粗探伤灵敏度　　　　精探伤灵敏度
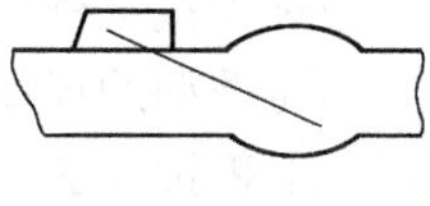</td></tr>
<tr><td colspan="6">全波程探测（一次反射法）
移动距离：
粗探伤灵敏度　　　　精探伤灵敏度
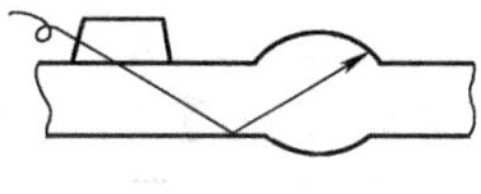</td></tr>
<tr><td colspan="6">薄板焊缝探伤
移动距离：
粗探伤灵敏度　　　　精探伤灵敏度
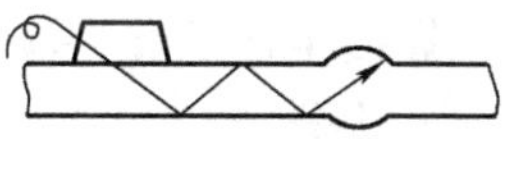</td></tr>
<tr><td colspan="6">横向裂纹探测
扫查范围
扫查灵敏度
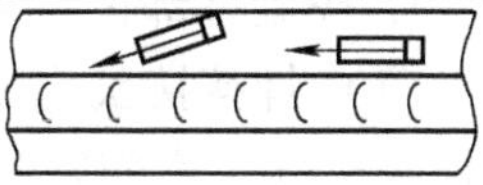</td></tr>
<tr><td rowspan="2">探测部位示意图</td><td colspan="6"></td></tr>
<tr><td colspan="6">按 GB/T 11345—2013 标准，做好缺陷位置、长度、幅度的记录，并评出级别、结论。</td></tr>
<tr><td colspan="3" rowspan="2"></td><td colspan="2">审核（探伤质控工程师）</td><td colspan="2">编制（Ⅱ级以上探伤人员）</td></tr>
<tr><td colspan="2">日期　　　年　月　日</td><td colspan="2">日期　　　年　月　日</td></tr>
</table>

【综合训练】

1. 如何编制焊接检测文件？应当包括哪些要点？
2. 填写本单元的表格，并且讨论表格内容是否完善。
3. 收集几种企业基础文件进行比较，提出必要的修正意见。

模块四　焊接生产项目验评管理

近年来大量焊接项目逐年增加，有承重钢结构、压力容器、反应器等，这些工程项目的焊接无疑是极为重要的工作。因此无论是对制造企业，还是施工企业，均将焊接质量体系作为一个独立考核的重要环节，焊接质量的量化指标已是施工企业质量管理中的一个必要目标。

影响焊接质量的因素很多，如金属材料的焊接性、焊前准备的程度、焊接工艺规范的合理性、焊接设备的状态和焊工技术水平等，都贯穿在整个焊接施工过程中。焊接质量是焊出来的而不是检测出来的，不能将保证焊接质量的全部功能寄托在焊后检测的单一环节，“毕其功于一役”是不可能的。因为到了焊后检测的阶段，焊接接头的实际质量已经形成，焊后检测仅是对不合格的焊接接头的漏检，即便是按焊接接头的数量进行100%无损探伤，也不能保证对每个焊接接头应检查区域进行有效的探伤。因此，只有通过正确、合理的焊接操作方式才能从根本上保证焊接质量。只有通过对焊接工程施工中的一系列工序质量控制、检测和监督，才能对焊接质量的优劣最终做出综合评价。

焊接质量验评工作是一项严肃、认真、求实的工作，是对焊接质量进行把关的关键工作。从事该项工作的人员，始终应把工程质量放在第一位，才能在焊接工程施工管理中发挥作用。一个质量优良的焊接工程的实现，依赖于科学合理的施工组织管理，良好的焊接操作工艺和贯穿施工全过程的质量控制和监督。焊接检测是焊接质量控制的重要环节，而验评工作则是对焊接工程质量进行量化评价的手段。

不同类型的焊接工程，由于其施焊对象所处工况有别，对其确定的质量要求不同，故各类焊接工程设置的检测项目也不相同。

知识点1　焊接生产的验评项目

焊接生产的验评项目，通常有两种分类方法，即按焊接接头验评部位分类和按焊接接头验评方法分类。

1. 按验评部位分类

（1）焊接接头表面质量　通常由焊工本人和专职焊接质检员进行。其项目包括：焊缝成形及尺寸、表露缺陷、错口和弯折等。

（2）焊接接头内在质量和性能　通常委托金属室专职焊接检测人员进行试验。其项目包括：无损探伤、力学性能、金相检测、断口检查、化学分析、光谱分析、硬度测定等。

（3）焊接接头的系统严密性　应在单项工程或整体焊接工程完成后，由安装技术人员、焊接质检人员在施工组织者统一指挥下进行，主要检查焊接接头有无泄漏现象及其程度。

2. 按验评方法分类

按焊接接头验评方法分类，通常分为非破坏性方法和破坏性方法两大类。

（1）非破坏性方法 顾名思义，该类检测完全不破坏焊件，如外观检查、严密性试验探伤、光谱分析、硬度检测、无损检测等方法均属该类检测项目。

（2）破坏性方法 破坏性方法需要破坏焊接接头，即在焊件上截取焊接接头制作试样进行各种检查和试验，如断面检测、力学性能试验、金相检测、化学分析等均属该类检测项目。

知识点2 焊接生产项目验评的方法

1. 各类焊接工程验评方法确定的原则

在质量验收的规程、规范中均做了明确的规定，必须严格执行。但是对于同一项目的验评方法却不是唯一的，选择的原则主要有以下几点：

1）应视焊接接头的形式、焊接方法，最大限度地发现该类焊接接头中的危险性缺陷。

2）应视焊接接头所处的环境、位置，便于检测人员操作。

3）无论人工、材料，应是最经济的，以降低工程成本。

2. 焊接生产项目的验评方法

（1）外观检查 外观检查是直接用肉眼或借助于5～10倍的放大镜和专用的焊接接头外观检测工具，对焊缝表面进行质量检查的方法。外观检查是焊接工程检测的基本项目，适用于被验评所有焊接工程项目。

（2）严密性试验 严密性试验用于各种贮存液体或汽（气）体的容器及管道系统，主要检查设备及焊接接头的泄漏与否和严密程度。当某分项工程焊接工作或整个焊接工程完成，并经大量的焊接检查和检测工作后，需要对该分项或整体焊接工程做出评价，以确定该焊接工程的质量，决定该工程是否转入下道工序、投入使用或移交生产。

知识点3 焊接生产项目验评的基本过程

1. 焊接生产项目验评的基本条件

1）参加该项焊接工程的焊工，应按行业《焊工技术考核规程》规定进行技术考核，并取得合格证书或相应的技术证件。

2）所使用的焊接材料应有质量检测资料。焊接材料一般包括焊条、焊丝、钨棒、氩气、氧气、乙炔（电石气）和焊剂等。质量检测资料指焊接材料的出厂合格证或补充试验的合格报告，一般应有材料的化学成分报告、力学性能和硬度试验报告。

3）具有该项焊接工艺评定资料和焊接工艺指导书。

4）焊接工序的全过程已操作完毕，并符合行业《焊接技术规程》的规定。

5）规定的各项检查、检测工作已经完成，并有完整的焊工自检记录、工地（队）和试验部门的焊接接头表面质量检测记录及各项检测报告。

2. 焊接生产项目验评管理制度

焊接生产项目验评的工作，包括检测、验收和质量等级评定等工作。为使这一整体工作运行正常，应建立焊接质量管理体系。施工单位的焊接质量管理体系，应根据焊接施工组织形式编写焊接检测管理办法或制度，以支持管理体系的正常运转。制度一旦建立，均应严格执行实施。要给检测留有必要的时间，上道工序检测未完成，决不能转入下道工序。这些管理办法或制度至少应有：

1）焊接工程检测和评定大纲。

2）焊接工程检测和评定程序。

3）焊接检测委托制度。

4）焊接检测信息反馈制度。

5）各种检测方法的工序及工艺指导书。

6）焊接检测和评定中的各种记录、报告表及卡。

3. 焊接生产项目验评步骤

由于焊接生产验评项目和参加人员较多，为使验评工作有序进行，应规定必要的质量传递路线。一般按下列路线进行：焊接接头外观检查——焊接接头质量抽查——热处理后硬度测定——无损探伤——单项结构水压试验（必要时）。

在每一阶段完成后，应做不同颜色的检测状态标志，以便一目了然地了解到检测进行程度。

1）焊工在焊接接头施焊完毕后立即清理，做100%的外观检查，并填写“焊工自检记录表”。

2）工地接到焊工自检记录表后，由工地质检员对焊缝进行50%的外观复查，并填写“焊接接头表面质量检测评定表。”

3）质量部门专职质检员收到工地提交的“接头表面质量检测评定表”后，进行25%的焊缝外观抽查。

4）在质检部门抽查中，如有超过5%的焊缝外观不合格，应通知工地重新进行焊缝外观检查。

5）工地质检员收到质检部门合格的外观检查结果通知后，方可对试验室或热处理部门填写无损探伤或热处理委托。

4. 焊接工程验评的时机

焊接工程的检测、验收和质量等级评定工作，贯穿于整个焊接施工过程中，尤其检测工作，从焊前和焊接过程中每一环节，均须做周到细致的检查，焊后还要做各种方式的检测和性能试验，查明焊接质量是否达到规范或技术标准要求。现代的质量管理观点特别强调“质量是制造出来的，而不是检查出来的”。从这个意义上讲，焊前和焊接中的质量检测远比焊接后的大量质量检测来得重要，因为此时检测出的不合格品，已既成事实，即便可以返工返修，也会造成人力、材料的浪费。

知识点4 焊接生产项目质量等级评定方法

1. 焊接接头表面质量等级评定

焊接接头表面质量等级，应先评出单个检查点的质量等级，然后再评定分项目焊接结构接头表面质量等级。

单个检查点的定义如下：

1）管件以一个焊接接头为一个检查点。

2）容器和板状母线以一条焊缝（不论长短）为一个检查点。

3）承重钢结构以一个节点为一个检查点。

4）一般钢结构以1m长焊缝为一个检查点，不足1m的焊缝，按一个检查点计算。

单个检查点的表面质量等级，根据外观实测、实量的结果进行评定，在各项指标全部合格的基础上，当有80%及以上的检查指标为优良，且其中主要检查指标为优良时，该检查点的表面质量即评为优良。

分项目焊接结构的接头表面质量等级，由所有检查点的表面质量等级决定，在全部合格的基础上，当有90%及以上的检查点表面质量为优良时，其质量即评为优良。

2. 各种检测结果质量等级评定

1）无损探伤、力学性能、金相、断口和硬度等项的质量等级，按前述质量标准进行评定，汇总而得。所以，质量应以试验部门提供的报告为依据。

2）无损探伤一次合格率≥95%可评为优良，<95%时质量只能评为合格。强调无损探伤一次合格率的目的是：尽管无损探伤不合格的焊接接头要经返修处理后重新检测合格方可放行，但返修焊接接头的金属材料要经多次焊接热作用，会使性能受到损害。返修焊接接头时，必须制订严格的技术措施，并委派有经验的焊工执行返修，以避免接头反复加热。

3. 严密性试验结果等级评定

1）评定依据是分项工程所含的全部焊接接头参加的严密性试验渗漏情况的记录。

2）严密性试验发现有渗漏时，允许返修重作试验，经一次返修再试验无渗漏者可评为优良。对于承压管道均为超压试验，而超压试验次数的增多易使材料性能受损，故要求焊接施工人员认真对待焊接工作，慎重处理返修部位，争取严密性试验一次成功。

4. 综合质量等级评定

综合质量是基于各项验评项目的评定结果，用统计方法评定分项工程的焊接综合质量等级。

1）在所有验评项目全部合格的基础上，当有80%及以上的验评项目为优良，且其中主要验评项目（如无损探伤、金相、断口等）为优良时，其综合质量评为优良，否则评为合格。

2）当同一分项目焊接结构中含有不同类型的焊接接头，其综合质量等级按较高标准焊接接头的质量评级标准评定等级。

知识点5　焊接生产项目总体质量的评价

焊接结构安装施工工程竣工后，对焊接生产项目总体焊接质量做一概括的评价，通常用数量统计的方法，以焊接结构分项目优良率、焊缝无损探伤一次合格率作为焊接生产项目总体质量优劣的衡量指标。

1. 焊接结构分项目优良率

优良率应以分项目为统计单位，计算优良级分项目在总分项目数中比例，即优良率越高，反映工程的焊接质量越好。

2. 焊缝无损探伤一次合格率

焊缝无损探伤一次合格率就是无损探伤一次合格的焊接接头数在被探伤的焊接接头总数中所占的比率。无损探伤一次合格率，从统计规律的角度反映焊接工程的施工质量和施工企业的技术水平，因此，无损探伤一次合格率是安装单位焊接队伍技术素质的综合反映。

知识点6 焊接生产项目验评的组织

为了确保焊接生产项目的质量控制、验评有序、有效地开展，这就需要对焊接检测和验评工作进行良好的组织管理，协调好各级质量检测人员的工作，把握焊接生产项目检测的最佳时机，将质量事故消灭在萌芽阶段。

从事焊接工程检测的人员应分为两类：一类是各级焊接质量检查人员，采用目测和简单工具检查验收焊缝外观质量；另一类是专业检测人员（通常是金属试验室的专业检测人员），采用各种检测仪器和器材，检测评定焊接接头的内在质量和性能。这两类人员应是相对独立的。根据焊工和两类检测人员的管理形式，安装现场应建立焊接工程质量保证体系，将上述人员纳入体系管理之中。

1. 对质量检测人员的要求

质检部门是焊接质量验收及评定的主管部门，焊接质量一般要执行三级检查验收制度，贯彻自检与专业检测相结合的方针。三级检查验收，即专业质检员、工地质检员、焊工自检均需落实到位，并具备必要的专业素质。

焊接质检人员应具备一定焊接专业理论知识、较丰富的现场实践经验和焊接操作技术水平，经过焊接工程质检专业培训考核，并取得证书。

2. 对焊工的要求

焊工应从事与其合格证书相应项目的焊接施工，并掌握焊接质量自检的内容和合格标准。对以上人员应有一套完整的管理制度和认证程序。

【综合训练】

1. 焊接生产验评项目有哪些？
2. 焊接项目验评方法有哪些？
3. 如何对焊接项目进行验评？
4. 如何评定焊接项目的质量等级？
5. 如何组织焊接生产项目的验评？

模块五　焊接项目的竣工验收

焊接工程项目的竣工验收是施工全过程的最后一道程序，也是工程项目管理的最后一项工作。它是建设投资成果转入生产或使用的标志，也是全面考核投资效益、检验设计和施工质量的重要环节。

知识点 1　竣工验收的准备工作

在项目竣工验收之前，施工单位应配合监理工程师做好下列竣工验收的准备工作：

1. 完成收尾工程

收尾工程的特点是零星、分散、工程量小，但分布面广，如果不及时完成，将会直接影响项目的竣工验收及投产使用。做好收尾工程，必须摸清收尾工程项目。通过竣工前的预检，做一次彻底的清查，按设计图样和合同要求，逐一对照，找出遗漏项目和修补工作，制订作业计划，相互穿插施工。

2. 竣工验收资料的准备

竣工验收资料和文件是工程项目竣工验收的重要依据，从施工开始就应完整地积累和保管，竣工验收时应经编目建档。

3. 竣工验收的预验收

竣工验收的预验收是初步鉴定工程质量，避免竣工进程拖延，保证项目顺利投产使用不可缺少的工作。通过预验收，可及时发现遗留问题，事先予以返修、补修。

知识点 2　竣工验收的依据

竣工验收依据主要有上级主管部门批准的设计纲要、设计文件、施工图样和说明书，设备技术说明书，招标投标文件和工程合同，图样会审记录、设计修改签证和技术核定单，现行的施工技术验收标准及规范，协作配合协议，以及施工单位提供的有关质量保证文件和技术资料等。工程项目的规模、工艺流程、工艺管线、生产设备、土地使用、建筑结构、建筑面积、内外装修、质量标准等，必须与上述文件、合同所规定的内容一致。

知识点 3　竣工验收的标准

由于建设工程项目门类很多，要求各异，因此必须有相应竣工验收标准，以资遵循。一般有土建工程、安装工程、人防工程、管道工程、桥梁工程、电气工程及铁路建筑安装工程等的验收标准。

1. 土建工程验收标准

凡生产性工程、辅助公用设施及生活设施按照设计图样、技术说明书、验收规范进行验收，工程质量符合各项要求，在工程内容上按规定全部施工完毕，不留尾巴。即对生产性工程要求室内全部做完，室外明沟勒脚、踏步斜道全部做，内外粉刷完毕；建筑物、构筑物周围 2m 以内场地平整、障碍物清除，道路及下水道畅通。对生活设施和职工住宅除上述要求外，还要求水通、电通、道路通。

2. 安装工程验收标准

按照设计要求的施工项目内容、技术质量要求及验收规范的规定，各道工序全部保质保量施工完毕，不留尾巴。即工艺、燃料、热力等各种管道已做好清洗、试压、吹扫、油漆、保温等工作，各项设备、电气、空调、仪表、通信等工程项目全部安装结束，经过单机、联动无负载及投料试车，全部符合安装技术的质量要求，具备形成设计能力的条件。

3. 大型管道工程验收标准

大型管道工程（包括铸铁管和钢管）按照设计内容、设计要求、施工规格、验收规范全部（或分段）按质量施工完毕和竣工，检验必须符合规定要求达到合格，管道内部垃圾要清除，输油管道、自来水管道还要经过清洗和消毒，输气管道还要经过通气换气。施工前，对管道材质用防腐层（内壁及外壁）要根据规定标准进行验收，钢管要注意焊接质量，并加以评定和验收。对设计中选定的产品质量要慎重检验。地下管道施工后，对覆地要求分层夯实，确保道路质量。

更新改造项目和大修理项目，可以参照国家标准或有关标准，根据工程性质，结合当时当地的实际情况，由业主与承包商共同商定提出适用的竣工验收的具体标准。

知识点4 竣工验收的程序

竣工验收应由监理工程师牵头，项目经理配合进行。

1. 施工单位做竣工预验

施工单位竣工预验是指工程项目完工后要求监理工程师验收前由施工单位自行组织的内部模拟验收，内部预验是顺利通过正式验收的可靠保证，为了不使验收工作遇到困难，最好邀请监理工程师参加。

预验工作一般可视工程重要程度及工程情况，分层次进行。通常有下述三个层次：

（1）基层施工单位自验　基层施工单位，由施工队长组织施工队约有关职能人员，对拟报竣工工程的情况和条件，根据施工图要求、合同规定和验收标准，进行检查验收。主要包括竣工项目是否符合有关规定，工程质量是否符合质量检验评定标准，工程资料是否齐全，工程完成情况是否符合施工图及使用要求等。若有不足之处，及时组织力量，限期修理完成。

（2）项目经理组织自验　项目经理部根据施工队的报告，由项目经理组织生产、技术、质量、预算等部门进行自检，自检内容及要求参照前条。经严格检验并确认符合施工图设计要求，达到竣工标准后，可填报竣工验收通知单。

（3）公司级预验　根据项目经理部的申请，竣工工程可视其重要程度和性质，由公司组织检查验收，也可分部门（生产、技术、质量）分别检查预验，并进行评价。对不符合要求的项目，提出修补措施，由施工队定期完成，再进行检查，以决定是否提请正式验收。

2. 施工单位提交验收申请报告

施工单位决定正式提请验收后应向监理单位送交验收申请报告，监理工程师收到验收申请报告后应参照工程合同的要求、验收标准等进行仔细的审查。

3. 根据申请报告作现场初验

监理工程师审查完验收申请报告后，若认为可以进行验收，则应由监理人员组成验收班子对竣工的工程项目进行初验，在初验中发现的质量问题，应及时以书面通知或以备忘录的形式告诉施工单位，并令其按有关的质量要求进行修理甚至返工。

4. 由监理工程师牵头，组织业主、设计单位、施工单位等参加正式验收

在监理工程师初验合格的基础上，便可由监理工程师牵头，组织业主、设计单位、施工单位等参加，在规定时间内进行正式验收。

5. 竣工验收的步骤

竣工验收一般分为两个阶段进行：

（1）单项工程验收　单项工程验收是指在一个总体建设项目中，一个单项工程或一个车间已按设计要求建设完成，能满足生产要求或具备使用条件，且施工单位已预验，监理工程师已初验通过，在此条件下进行的正式验收。

（2）全部验收　全部验收是指整个建设项目已按设计要求全部建设完成，并已符合竣工验收标准，施工单位预验通过，监理工程师初验认可，由监理工程师组织以建设单位为主，有设计、施工等单位参加的正式验收。在整个项目进行全部验收时，对已验收过的单项工程，可以不再进行正式验收和办理验收手续，但应将单项工程验收单作为全部工程验收的附件而加以说明。

1）项目经理介绍工程施工情况、自检情况以及竣工情况，出示竣工资料（竣工图和各项原始资料及记录）。

2）监理工程师通报工程监理中的主要内容，发表竣工验收的意见。

3）业主根据在竣工项目目测中发现的问题，按照合同规定对施工单位提出限期处理的意见。

4）暂时休会，由质检部门会同业主及监理工程师讨论工程正式验收是否合格。

5）复会，由监理工程师宣布验收结果，质检评估人员宣布工程项目质量等级。

（3）办理竣工验收签证书　竣工验收签证书必须有三方的签字方生效。

【综合训练】

1. 焊接项目验收准备工作有哪些？
2. 焊接项目验收的依据是什么？
3. 焊接项目验收的标准有哪些？
4. 怎样进行焊接项目竣工验收？
5. 竣工验收后应当形成哪些文件？

第六单元　焊接结构失效分析

【学习目标】　学习焊接结构失效分析的基本知识，掌握失效分析的基本方法，能够根据失效形式，进行分析和验证，找出失效的原因，提出解决失效的方法，为提高产品质量，新技术开发、改进，产品修复及仲裁失效事故等方面获得技术材料。

模块一　失效与失效分析

随着我国的经济技术快速发展，失效事故的数量也快速增加，其中焊接结构失效占失效事故总量的一半。失效分析通常是根据失效形式进行分析和验证，模拟重现失效的现象，找出失效的原因，挖掘出失效机理的一系列活动。失效分析对企业提高产品质量，新技术开发、改进，产品修复及仲裁失效事故等方面不可或缺。许多失效事件就发生在自己身边，工作中或者单位里。只不过有正常与不正常、意料之外与预料之中之分。预料之中就是焊接生产和结构服役管理的全过程。

知识点1　失效和失效分析的基本概念

1. 失效和失效分析

产品丧失规定的功能称为失效。判断失效的模式，查找失效原因和机理，提出预防再失效的对策的技术活动和管理活动称为失效分析。

2. 失效和事故

失效与事故是紧密相关的两个范畴，事故是指一项正常进行的活动中断，并可能造成人身伤亡或设备损毁的意外事件。事故强调的是后果，即造成的损失和危害，而失效强调的是机械产品本身的功能状态。失效和事故常常有一定的因果关系，但两者没有必然的联系。

3. 失效和可靠

失效是可靠的反义词。可靠性是指产品在规定的条件下、在规定的时间内完成规定的功能的能力。焊接结构的可靠度 $R(t)$ 是指规定时间 t 内满足规定功能产品的比率，即 $n(t)/n(0)$，$n(t)$ 为规定时间 t 内满足规定功能产品的数量，$n(0)$ 为产品试验总数量。累积失效概率 $F(t)$ 就是规定时间 t 内的不可靠度，即 $F(t)=1-R(t)=[n(0)-n(t)]/n(0)$。

4. 失效件和废品

失效件是指进入商品流通领域后发生故障的零件，而废品则是指进入商品流通领域前发生质量问题的零件。废品分析采用的方法常与失效分析方法一致，但是废品分析更注重质量缺陷的查找。

5. 失效分析学

研究机电产品失效的诊断、预测和预防理论、技术和方法的交叉综合学科就是失效分析学。失效分析学是和许多相关学科交叉融合的边缘学科，它是一门发展中的新兴学科。

知识点 2　系统和零构件的失效和失效分析

工业化装置是一个大的系统，它由许多的设备、机器、仪表、管线等组成。机器、设备等又由许多子系统、部件和零件、构件组合而成。任何一个机械装置及其机器零件、部件、构件，或一个大的机械系统，都有其预定的功能。不论是正常的或不正常的原因、自然的或人为的原因，导致其功能丧失或过度衰退而不能达到应有的安全性和经济性，就是失效。失效了的零件、构件或系统，包括因失效而报废的我们都称为失效件，以区别于制造出来就不合格的废品。判断某机械系统或零构件是否已经失效及分析失效原因的依据，是其在具体工作环境、工作条件、工作载荷下所应具有的功能水平。而检验员判废一个零件则是按照技术规范标准、文件上所记载的各种技术指标即质量特性做出的裁决。

失效分析是通过研究和分析失效的机制、失效的发生和发展过程，找出导致失效的主导因素和可控因素，提出相应的对策，以达到防止失效或延缓失效以及分清责任等各种目的。显然，失效机制和原因，不仅仅是自然的即理化的，还包括人为的、管理学和社会学的各个方面。因此，失效分析工作不仅是技术活动，同时也是管理活动。

“失效”一词，可适用于许多范畴，如失控可是控制系统失效，供不应求也可能是供给系统失效，即供电达不到额定电压和功率，所以表现出的失效形式极为繁多。各种机械系统的功能是多样的，因而其失效的表现形式也是千差万别的，不可能简单地统一描述。

一部机器或一台设备的失效通常是由于其中个别的或少数几个零件、构件受损所致，有两种不同情形：一种是因个别零件失效导致部件或系统无法正常工作，整个大系统也就失去了应有的功能，系统处于故障状态。例如自行车轮胎漏气而不能骑行的状态。此时只要更换或修复已失效的零部件，系统就能恢复正常。如果失效的零部件过多或损伤过重而不能修复或不宜修复或者修复不经济，则该系统完全失效报废。另一种情形是由于个别零件失效而引发系统中其他零部件或子系统发生快速的破坏，以致系统发生损失严重的整体失效，这就是事故。例如由于个别管道破裂失效，泄漏出可燃物料遇明火燃烧爆炸，冲击波毁坏其他许多设备，这就是事故。所以，系统的故障状态是指局部的、可修复的、暂时的失效；事故则是强调系统失效的范围大且损失严重。

知识点 3　失效的分类

失效的分类方法较多且不统一，主要有以下几种分类方法：

1. 按失效原因分类

（1）误用失效　不按规定的条件使用产品而引起的失效。

（2）本质失效　按规定的条件使用产品，由产品固有的弱点引起的失效。

（3）独立失效　不是由其他产品失效而引起的失效。

（4）从属失效　由其他产品失效引起的失效。

2. 按功能丧失情况分类

（1）完全失效　产品的性能超过某种界限，以致完全丧失规定功能的失效。

（2）部分失效　产品的性能超过某种界限，但没有完全丧失规定功能的失效。

3. 按损伤机理分类

根据机械失效过程中材料发生变化的物理、化学本质机理不同和过程特征差异，以图6-1所示进行分类。

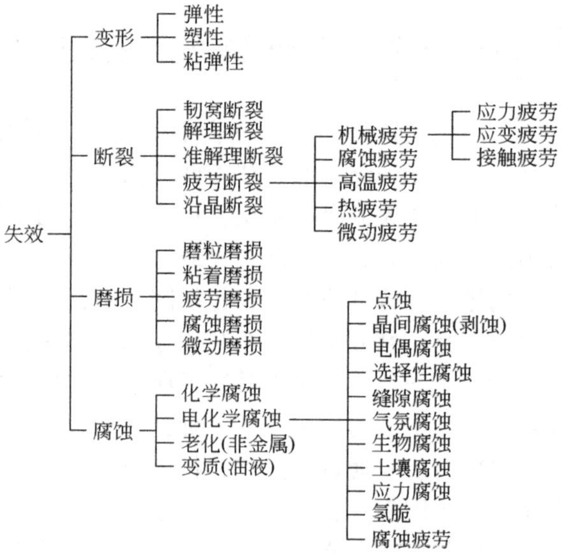

图6-1　不同损伤机理失效的分类

4. 按失效的时间特征分类

（1）早期失效　可分为偶然早期失效和耗损期失效。

（2）突发失效　可分为渐进/渐变失效和间歇失效。

（3）耗损失效　由于长时间工作出现的老化、磨损、疲劳等原因，使产品发生的失效。

5. 按失效的后果分类

（1）轻度失效　产品降低完成规定功能能力的产品失效。

（2）严重失效　产品失去完成规定功能能力的产品失效。

（3）致命失效　导致人或物重大损失的失效。

知识点4　失效分析的分类

失效分析的分类一般按分析目的的不同可分为：

（1）狭义的失效分析　主要目的在于找出引起产品失效的直接原因。

（2）广义的失效分析　不仅要找出引起产品失效的直接原因，而且要找出技术管理方面的薄弱环节。

（3）新品研制阶段的失效分析　对失效的研制品进行失效分析。

（4）产品试用阶段的失效分析　对失效的试用品进行失效分析。

（5）定型产品使用阶段的失效分析　对失效的定型产品进行失效分析。

（6）修复品使用阶段的失效分析　对失效的修复品进行失效分析。

知识点5　失效分析的作用

失效分析是人们认识客观事物本质和规律的逆向思维探索，是对正向思维研究的不可缺少的重要补充，是变失效（失败）为安全（成功）的基本关键，是人们深化对客观事物认识的知识源泉。失效分析—改进提高—再失效分析研究—再提高发展，如此往复循环、螺旋上升，就是人类科学技术发展的历史，也是社会发展的历史。

失效分析的作用有以下几点：

1）失效分析可以减少和预防产品同类失效事故的重复发生，从而提高产品质量和减少经济损失。

2）失效是产品质量控制发生偏差的反映，失效分析是进行可靠性工程必不可少的基础技术工作，加强产品失效分析工作的管理必将强化全面质量管理工作，因此它是产品全面质量管理中的重要组成部分和关键的技术环节。

3）失效分析是产品维修工作的技术基础，它可以决定维修的可能性、技术和方法，从而提高维修工作的质量、速度和效益。

4）失效分析可以为仲裁失效事故的责任、侦破犯罪案件、开展技术保险业务、修改和制订产品质量标准等方面提供可靠的科学技术依据，它是经济立法工作中的重要程序和基础技术工作。

5）机械产品失效分析累积的统计资料可以提供技术信息、经济信息和人才信息，反映经济工作、科学技术研究和人才培养方面的薄弱环节和失误或失调，因此它是进行宏观经济和技术决策重要的信息来源，也是认识事物和改造事物的信息源泉。

知识点6 失效分析的工作内容

失效分析的工作内容应包括失效分析的业务工作即“门诊”工作、失效分析的研究工作和失效分析的管理及技术反馈工作。

1. 失效分析的业务工作

失效分析的业务工作有两个方面，一方面是产品的失效分析，另一方面是产品的安全度评定和剩余寿命的预测。前者是失效的事后分析，而后者是失效的事前分析。

根据失效分析的定义，一个失效事件分析的全过程一般包括侦测、诊断和事后处理三个阶段。即利用各种侦测手段，调查、侦查、测试和记录有关失效的现场、参数和信息；通过诊断鉴别和确定产品失效的模式、过程、原因、影响因素和机理；经过事后处理采取补救措施（对服役件）、预防措施（对新生产的产品）和其他技术的、管理的反馈活动，以达到预防、提高和开发的目的。侦测、诊断和事后处理是失效分析工作的三个要素。

产品失效分析的重点无疑是分析产品的早期失效事件、突发性失效事件以及其导致的失效事件，因为这些失效事件是关键环节，往往影响到全系统。

失效分析的任务是根据失效分析的不同目的和要求，做出确切而恰当的诊断及对策。按照产品发展的阶段——试制阶段、试生产阶段和定型生产阶段的不同，其失效分析的内容也各不相同。

2. 失效分析的研究工作

失效分析的研究工作主要是指失效物理的研究、失效机理的研究、失效诊断的研究和失效预防的研究四个方面的工作。

（1）失效诊断的研究工作　失效诊断是分析失效原因的思维学和方法论。具体地说，失效的诊断研究一般应包括失效诊断依据的研究、失效诊断思路的研究和失效诊断技术与方法的研究三个方面。

（2）失效预防的研究工作　失效预防的研究工作是探讨失效的补救措施、预防方法和管理途径。失效分析成果的反馈和失效预防是防止同类失效事故的重复发生的重要目标。

（3）失效机理的研究工作　失效机理是研究失效的物理、化学原因、失效过程及其影响因素等。如果认为失效的具体宏观研究内容主要是失效模式研究及其应用的话，那么失效机理的研究则主要集中在失效的本质即物理、化学原因和过程。失效机理和失效模式不同，以人的生病来打比喻，失效机理相当于病理，而失效模式则相当于病症。具体地说，失效机理主要研究各种失效方式，研究材料成分、组织结构和性能等内部因素对失效过程的影响。

（4）失效物理的研究工作　所谓失效物理或称为可靠性物理，就是从原理上即从原子和分子的角度出发来解释元件、构件材料失效的现象。失效物理学的基础是数理统计方法、可靠性工程和材料科学工程学。失效物理的基本研究内容则是失效模型定性及定量的描述方法、失效模式的识别及其应用。

3. 失效分析的管理和反馈工作

失效分析的管理和技术反馈应该包括全国性、部门性、地区性的失效分析和管理机构的建立；失效分析的技术指导性文件、规程和标准的颁布实行；失效分析工作的组织和管理；失效研究工作的组织和开展；失效及可靠数据库和技术反馈系统的建立和运转；各级失效分析人员的培训和提高等。

值得指出的是，从失效分析的定义中就已经把管理活动当作失效分析不可缺少的内容和环节之一，从以上的讨论中可进一步地看出，失效分析的管理和技术反馈内容和范围十分广泛和重要，因此，应给予足够重视。

4. 对失效分析人员的基本要求

由于失效分析的重要性、复杂性和特殊性，失效分析人员除要有扎实宽广的基础理论外，还应具备以下基本素质：

1）彻底的求实精神，在任何情况下都要坚持实事求是，要用事实来说话，勇于坚持真理，修正错误。

2）敏锐的观察力和熟练的分析技术，善于利用一切手段包括先进的仪器、设备，捕捉失效的信息和证据。

3）正确的失效分析思路和良好的失效模式、失效原因判断能力，要有“医生的思路，侦探的技巧”。

4）善于学习，向书本学习，向实践学习，向同行学习。

5）要有扎实的专业基础知识和较广的知识面，工作能力要强，办事效率要高。

【综合训练】

1. 什么是失效分析？
2. 产品、废品、失效、可靠、事故这些概念有什么区别？
3. 失效分为哪几类？
4. 失效分析分为哪几类？
5. 失效分析有什么作用？
6. 失效分析工作包含哪些内容？

模块二　焊接结构中的失效类型

焊接是一种热加工工艺，工艺过程具有自身的特点，这就给焊接结构带来了具有这种工艺特点的失效问题。但是焊接结构的失效又不完全由焊接工艺本身所决定，它与选材和设计有重要关系。焊接工艺再好，如果选材或设计不当，也会引起焊接结构失效，甚至发生灾难性的事故。所以，在选材和设计时必须结合焊接工艺的特点，才能保证焊接结构安全运行。

这里主要讨论焊接工艺方面而引起的失效问题，对于选用材料和设计方面的问题只作为影响因素来考虑。对于焊接工艺所引起的结构失效，概括起来可分为以下六种类型：

1）焊接裂纹问题。

2）焊缝夹杂和气孔。

3）焊接接头的腐蚀。

4）焊接结构的应力与变形。

5）焊接结构的脆性破坏。

6）焊接结构的疲劳破坏。

知识点1　焊接裂纹

裂纹是焊接生产中经常遇到危害性比较大的一种缺陷。据统计，在各种焊接结构的失效事故中，多数是由裂纹而引起的，特别是它引起的脆断破坏会造成灾难性事故。

由于所选的母材和结构的类型不同，可能遇到焊缝上会出现各种形态的裂纹，如表面裂纹、深埋裂纹、HAZ 裂纹、弧坑裂纹等，有横向的、纵向的，也有出现在弧坑的，如图 6-2 所示。

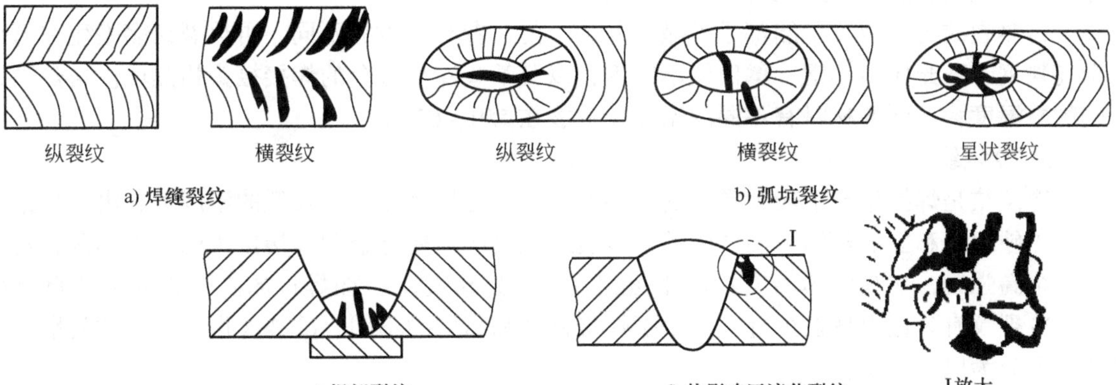

图 6-2　各种焊接裂纹形态

虽然裂纹多数出现在焊接过程中，但是焊后可以立即检验出来，少部分裂纹是在放置或运行过程中才出现，即延迟裂纹，其危害性就更为严重。因此在焊接条件下所遇到的裂纹按产生裂纹的本质来分，大体上可分为以下五类：

1. 热裂纹

由于这种裂纹是在高温下产生的，所以称为热裂纹。它的特征是沿奥氏体晶界开裂。随着高强钢、不锈钢、铝合金、耐热合金等各种金属材料的广泛应用，不同材料产生热裂纹的形态、温度区间和主要原因也不相同。因此又把热裂纹分为结晶裂纹、高温液化裂纹和多边化裂纹三类。

（1）结晶裂纹　焊缝金属结晶过程中，固相线附近由于凝固金属的收缩，残余液相不足，在应力作用下致使沿晶界开裂，形成结晶裂纹。在焊缝的断面上，出现氧化条纹，可以判断这种裂纹是在高温下产生的。

经分析结晶裂纹主要产生在含杂质较多的碳钢焊缝中，尤其是含硫、磷、碳、硅偏高的碳钢、单相奥氏体钢和镍基合金以及某些铝合金。个别情况下结晶裂纹也产生在热影响区。

（2）高温液化裂纹　近焊缝区或多层焊的层间金属，在焊接热循环峰值温度作用下，低熔点共晶被重新熔化，在收缩应力的作用下，沿奥氏体晶界发生开裂形成的裂纹。

高温液化裂纹主要发生在含有铬镍的高强钢、奥氏体钢，以及某些镍基合金的近焊缝区或多层焊层间部位。母材和焊丝中的硫、磷、硅、碳偏高时，形成液化裂纹的倾向将显著增高。

（3）多边化裂纹　焊缝或近缝区在固相线下的高温区间，由于刚刚凝固的金属中存在很多晶格缺陷，主要是位错和空穴及相和成分不均匀性，在一定的温度和应力作用下，由于晶格缺陷的迁移和聚集，便形成了二次边界，即多边化边界。这样在这个边界上就堆积了大量的晶格缺陷。所以它的组织性能脆弱，高温时的强度和塑性都很低，只要作用较小的拉伸应力，就会沿着多边化边界开裂，产生多边化裂纹。多边化裂纹常出现在纯金属或单相奥氏体合金的焊缝中或近焊缝区。

2. 再热裂纹

厚板焊接结构为了消除残余应力，一般焊后要经过退火处理。对于某些含有沉淀强化元素的钢种，在进行退火处理时，热影响区的粗晶部位会产生裂纹。由于这种裂纹是再次加热过程中产生的，故称再热裂纹，也称退火裂纹。

再热裂纹与热裂纹虽然都是沿晶界开裂，但二者有本质的不同。再热裂纹多发生在低合金高强钢、珠光体耐热钢、奥氏体不锈钢，以及某些镍基合金的焊接接头粗晶段。再热裂纹的敏感温度，不同的材料有不同的温度，一般在550～650℃。

3. 冷裂纹

冷裂纹是焊接生产中较为常见的一种裂纹，它是焊后冷却至较低的温度下，由于拘束应力、淬硬组织和氢的作用下而产生的。冷裂纹主要产生在合金钢焊接接头的热影响区；对于低合金高强钢，在马氏体转变温度附近出现。个别情况下，如焊接超高强钢或某些钛合金时，冷裂纹有时也出现在焊缝上。由于焊接钢种和结构的不同，冷裂纹也有不同的类别，大体上可分为以下三类：

（1）延迟裂纹　这种裂纹是冷裂纹中一种常见形态，它的主要特点不是在焊后立即出现，而是有一段孕育期，具有延迟现象，因此称为延迟裂纹。这种裂纹主要取决于钢种的淬硬倾向，焊接接头的应力状态，以及焊缝金属的扩散氢含量三个交互作用的因素。

（2）淬硬脆化裂纹　某些钢种材料由于淬硬倾向比较大，即使没有氢的诱发，仅由于拘束应力的作用也能导致开裂。例如，焊接含碳量较高的 NiCrMo 钢时，当快速冷却至50℃

以下就会出现焊趾裂纹。它完全是由于马氏体相变产生的脆性造成的，一般认为与氢的作用关系不大。另外，焊接马氏体不锈钢、工具钢以及异种钢等均有可能出现这种淬硬脆化裂纹。这种裂纹有时不仅出现在热影响区，也出现在焊缝上。这种裂纹基本上没有延迟现象，焊后可以立即发现。一般来说，采用较高的预热温度和使用高塑性的焊条基本上可以防止这种裂纹出现。

（3）低塑性脆化裂纹 某些塑性较低的材料在较低的温度下，由于收缩力而引起的变形，超过了材料本身所具有的塑性而产生的裂纹称为低塑性脆化裂纹。例如，铸铁焊补时，在热影响区有时出现边焊边裂的现象，堆焊硬质合金和切割某些高强钢也常出现这种低塑性脆化裂纹，这种裂纹也是在较低温度下产生的，所以是属于冷裂纹的另一形态，但无延迟现象。

4. 层状撕裂

近年来，在建造大型采油平台和厚壁压力容器的过程中，常出现呈梯形开裂的现象，即层状撕裂。产生这种层状撕裂的主要原因是由于轧制钢材的内部存在不同程度的分层夹杂物，特别是硫化物和氧化物夹杂；同时还有焊接时产生的垂直于轧制方向的应力，致使焊接热影响区附近或稍远的地方产生呈台阶形的层状开裂，并可穿晶发展。

层状撕裂易发生在厚壁结构的T形接头、十字接头和角接头，它的影响因素很多，涉及钢板的材质、拘束应力、接头的含氢量、焊接施工工艺和整体结构的形状等。由于层状撕裂常发生在施工过程或完工之后，是一种难以修复的失效类型，甚至会造成灾难性事故。因此，近年来世界各国都十分重视。目前，一些工业发达的国家为发展海洋工程，满足采油平台建造的需要，已研制出抗层状撕裂钢。

5. 焊接接头的应力腐蚀裂纹

焊接构件特别是一些容器和管道等在某些腐蚀介质和残余拉应力共同作用下而产生的延迟破坏现象，称为应力腐蚀裂纹。

近年来随着石油化工的发展，采用不锈钢、低合金高强钢、铝合金等材料制造的各种容器，在腐蚀介质如硫化物、氯化物等作用下，使用不到3年，在焊接部位就可以看到应力腐蚀裂纹，造成结构的过早失效。从解剖应力腐蚀部位来看，应力腐蚀裂纹的形态如同干枯的树枝，从表面向深处发展。在一般情况下，低碳钢、低合金钢、铝合金、α黄铜和镍基合金等，应力腐蚀裂纹大都属于晶间断裂性质。从断口来看，为典型的脆性断口。

影响应力腐蚀开裂的因素很多：如焊接结构的材质、腐蚀介质的性质、结构的形状、受力状态、焊接工艺、焊接材料以及消除应力处理等。

生产中焊接裂纹是焊接结构发生失效的主要因素之一，必须引起高度重视，要重点关注，做好预防工作，焊后早发现早处理。

知识点2 焊缝中的夹杂与气孔

焊接熔池在结晶过程中，由于凝固较快，焊缝中有可能残存各种夹杂物。焊缝中有夹杂物存在，一方面降低了焊缝金属的塑性，造成低温脆性；另一方面强化了产生热裂纹的倾向。这些都可能引起焊接构件的失效，因此在焊接生产中应尽可能减少焊缝中的夹杂物。

根据采用的焊接方法、焊条、焊剂的种类以及被焊金属的化学成分的不同，可产生各种夹杂物。一般常见的有氧化物（SiC_2、TiO_2、MnO、Al_2O_3）、氮化物（Fe_4N）、硫化物（FeS、MnS）等。

非金属杂质以及熔渣由于焊接时未能逸出，或者多道焊接时清渣不干净，以致残留在焊缝金属内，称为夹渣或夹杂物。视其形态可分为点状和条状，其外形通常是不规则的，其位置可能在焊缝与母材交界处，也可能存在于焊缝内，如图6-3所示。另外，在采用钨极氩弧焊时，钨极崩落的碎屑留在焊缝内，则称为高密度夹杂物，俗称夹钨。

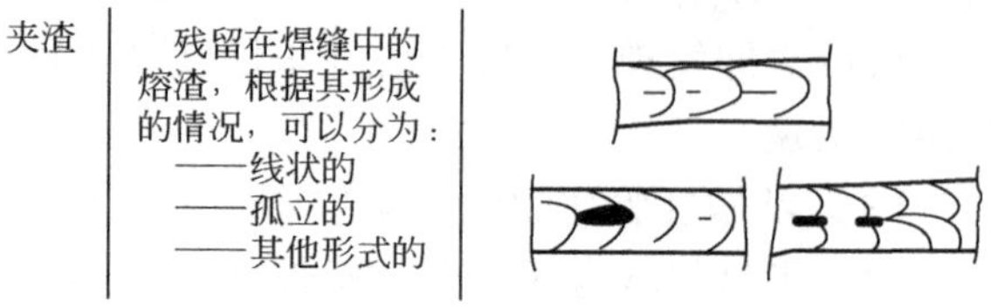

图6-3　焊接夹杂形态

目前采用的焊接材料都具有较好的脱氧能力，原材料中严格控制了硫、磷含量，并有良好地保护措施，因此，焊缝中产生的夹杂物大为减少，只要焊工操作时多加留意是可以避免的。

气孔是指焊接时熔池中的气体未在金属凝固前逸出，残存于焊缝之中所形成的空穴。其气体可能是熔池从外界吸收的，也可能是焊接冶金过程中反应生成的。气孔从其形状上分，有球状气孔、条虫状气孔；从数量上可分为单个气孔和群状气孔。群状气孔又有均匀分布气孔、密集状气孔和链状分布气孔，如图6-4所示。按气孔内气体成分分类，有氢气孔、氮气孔、二氧化碳气孔、一氧化碳气孔、氧气孔等。熔焊气孔多为氢气孔和一氧化碳气孔。

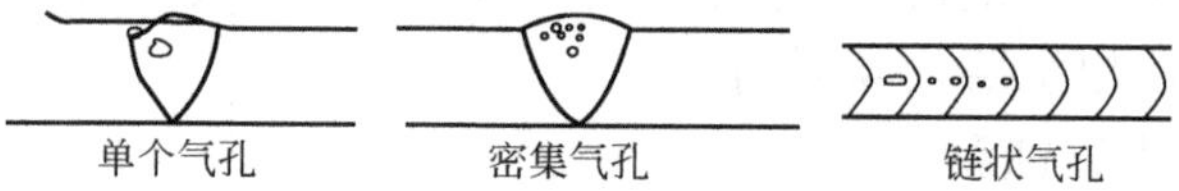

图6-4　焊接气孔形态

气孔是焊缝中较常有的缺陷，它不仅削弱了焊缝的有效工作断面，同时也带来应力集中，降低焊缝金属的塑性。出现在焊缝表面的气孔容易被发现并获得修复，而残存在焊缝内部的气孔危害性就较大，有些微小的气孔还不易用一般的检测手段发现，从而引起了整个结构的失效。现已查明，产生气孔的气体主要是氢和一氧化碳，由于结晶过程中它们来不及逸出而残存于焊缝金属的内部。

知识点3　焊接构件的腐蚀及泄漏

许多焊接结构和机械装备，有的需要在腐蚀介质中长期工作，如制酸、制碱的容器，管道、石油化工设备等，有的是处于大气的腐蚀之中风吹雨淋日晒，如车辆、桥梁、矿山机器、输电铁塔和工程机械等，有的还直接经受海水或石油的浸蚀作用，如海上采油平台、海底输油管线、港口的码头设备以及舰船等。这种受腐蚀损伤而产生失效的焊接构件是十分普遍的，其危害程度并不亚于焊接裂纹。提高钢材和焊接工艺的耐蚀性，就可以大大延长焊接结构的使用寿命和安全性。

根据工作条件和腐蚀介质的不同，焊接结构的腐蚀类型大体可分为：大气腐蚀、海水腐蚀、石油腐蚀和酸碱腐蚀四类。前三类的焊接结构主要是由碳素钢和低合金结构钢制造，少量由不锈钢、黄铜和钛合金等材料制造，后一类主要是由不锈钢、耐酸耐蚀钢和合金钢等制造。从腐蚀的现象来看，有均匀腐蚀、点状腐蚀、坑状腐蚀、晶间腐蚀和刀状腐蚀等。这些腐蚀都会严重地影响焊接结构的使用寿命，引起失效。

尽管腐蚀的类型很多，但从腐蚀的机理来看只有两大类：即化学腐蚀和电化学腐蚀。

1. 大气腐蚀

大多数的焊接结构都是暴露在大气之中，如车辆、桥梁、输电铁塔、矿山设备、以及港口设施等。由于潮湿的空气而发生腐蚀，即大气腐蚀，它是属于电化学腐蚀的一种，是自然界中非常普遍的腐蚀现象。特别是在我国的南方，由于气候潮湿，大气腐蚀更为严重，大量的焊接结构毁于大气腐蚀。

在相对湿度接近100%的大气中，金属表面就会吸附水分，然后以露珠的形式凝聚在金属表面，形成潮湿膜。大气中还有各种杂质，如 CO_2、SO_2、HCl、尘埃、化工厂的废气等，可以溶入潮湿膜中，使它成为电解质溶液，因而在金属表面特别是在焊接部位，形成了电化学腐蚀，如图6-5所示。

我国铁路上所运行的各种车辆，过去大部分是普通低碳钢制造的，运行5～6年就因腐蚀失效而进行大修。我国研制的10MnPNbRe钢、10NiCuP钢和美国的Corten钢均具有较好的耐大气腐蚀能力，与此配套的焊接材料也同样应具有足够的耐蚀性。这样建造的焊接结构，使用寿命可以提高到16～20年。

2. 海水腐蚀

舰船、海上采油平台、海下作业机械以及港湾某些设备等，长期受海水的浸蚀，因此这些设备易发生海水腐蚀破坏。

海水含盐，即是电解质溶液，因此金属在海水中的腐蚀属于电化学腐蚀。海水中主要含有 Cl^-、Na^+、SO_4^-、Mg^{2+} 等离子，含盐总量占3%左右。氧易溶解于海水的表面上，并由于波浪的搅拌作用，使海水被氧所饱和，造成了电化学腐蚀的有利条件，如图6-5所示。另一方面，海水中 Cl^- 离子较多，破坏钝化作用较大，因此易于形成局部的集中腐蚀即点蚀或孔蚀。所以用于海洋工程的各种焊接结构，应特别注意以下两种情况：

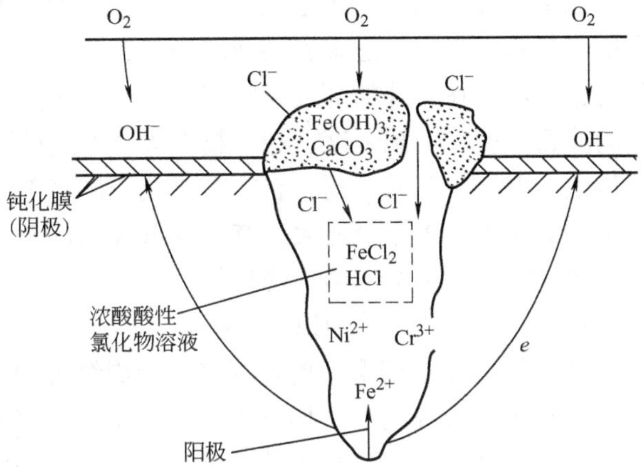

图6-5 焊缝腐蚀原理

（1）潮差地区的局部腐蚀 潮差地区就是涨潮落潮水位经常变化的部位，由于此处的焊接结构经常受海浪的冲击、浸湿，而海水中的含氧量又高，所以会发生强烈的腐蚀作用，而完全浸在海水内部的部分反而腐蚀较轻。对于海上设备，应尽量避免焊接接头部位处于潮差地区。

（2）海水中的孔蚀 海水中由于富氧，并有大量的 Cl^- 离子，故极易产生孔蚀。这种腐蚀的危害性极大，可使整个结构发生早期破坏。为了提高钢材耐海水腐蚀的能力，许多国家都研制出许多种耐海水腐蚀用钢。我国的10NiCuP钢和10AlCuP钢和美国的Mariner钢都具有较好的耐海水腐蚀能力。

（3）石油腐蚀　随着我国石油工业的发展，各种石油装备如储罐、容器、管道，以及各种塔类等的建造日益增多。由于石油中含有不同程度的硫化物和其他杂质，也会引起腐蚀失效。为了解决腐蚀石油问题，多采用含有镍铬的低合金钢，重要的部件要采用Cr5Mo、高铬钢，甚至不锈钢和钛合金等贵重材料。但是，这类钢的焊接性能比耐大气和海水腐蚀用钢要差些，对焊接生产工艺要求更为严格。

（4）酸、碱的腐蚀　制酸、制碱的工程和某些化工装备都是在强腐蚀介质条件下工作。这些设备极易产生腐蚀泄漏、甚至发生破坏性事故。这类焊接结构所采用的材料，主要是镍铬不锈钢。其次有少量的钛合金、镍基合金等。由于焊接加工而引起的腐蚀问题主要有三种：晶间腐蚀、刀状腐蚀和应力腐蚀。晶间腐蚀是沿着金属晶粒间的分界面向内部扩展的一种局部腐蚀。刀状腐蚀是奥氏体不锈钢焊接时，焊接热影响区的过热区在腐蚀介质作用下，发生沿熔合线走向的深沟状似刀痕的腐蚀。

知识点4　焊接构件的应力与变形

焊接工艺是一种局部加热过程，因此，在焊接时工件上就产生了不均匀的温度场，距热源较近的部位温度很高，远离热源的部位温度较低，并且随着时间不同，温度也在变化。温度高的部位，其膨胀量大，而这种膨胀由于受到周围温度较低、膨胀量较小部位金属的约束，于是就产生了内应力。

如果不均匀加热的温度场在金属中所引起的内应力小于金属材料的屈服强度，冷却后恢复到原来温度，则原膨胀量也将恢复到原来的长度，内应力也将消失。如果温度较高，金属中所引起的内应力超过金属的屈服强度，那么就要产生塑性变形，冷却后产生残余拉应力，与此相平衡，在另外的部位就将产生残余压应力。这种残余应力不仅影响焊接裂纹、焊接接头的静载强度、动载强度、加工精度等，严重的会产生各种形态的变形。焊接构件的变形是焊接生产中常出现的问题，有时需要花费许多工时去矫正。在比较复杂的情况下，矫正变形的工作量比焊接工作量还大，有的变形太大甚至无法矫正复原，造成废品。

在焊接生产中根据结构的材料、板厚、形状以及采用的焊接方法等不同，可能出现各种形态的变形，大致可分为以下七类：

（1）纵向收缩变形　构件焊接后沿焊缝方向发生收缩。

（2）横向收缩变形　构件焊接后沿垂直焊缝方向发生收缩。

（3）挠曲变形　由于焊缝的纵向收缩或横向收缩，使构件在焊后发生挠曲变形。

（4）角变形　以构件的平面为基准，焊后绕焊缝产生角位移形成角变形。

（5）波浪变形　焊接薄板结构时，由于刚性较小，焊后常产生波浪式的变形。

（6）错边变形　在焊接过程中，由于受热不均匀而使热膨胀不一致，可能引起长度方向和厚度方向的错边。

（7）螺旋变形　由于连续的不均匀加热，可能引起构件发生麻花状的螺旋变形。

上述几种类型的变形，在焊接结构中往往不是单一出现，而是一种或者几种同时出现，相互影响的。不管哪种类型的变形，都有可能使结构产生不同程度的尺寸失效，甚至成为废品，如图6-6所示。

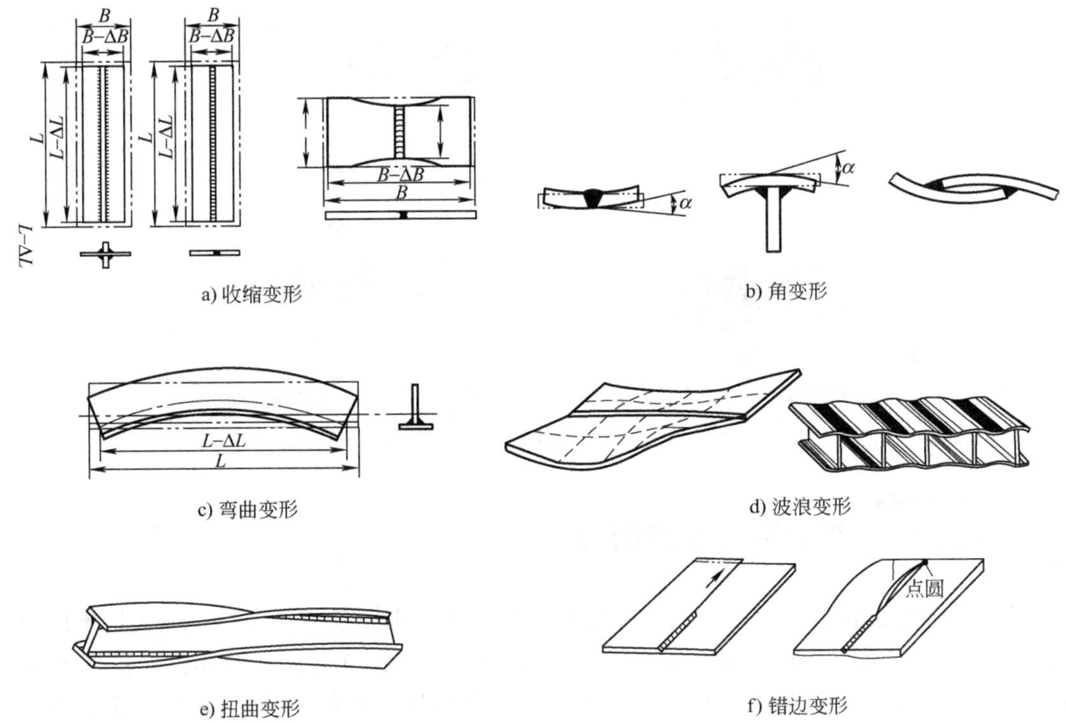

图 6-6　焊接变形

知识点 5　焊接结构的脆性破坏

焊接结构的脆性破坏是焊接构件中失效类型最严重的一种，所以很早就引起了焊接技术人员的重视。由于焊接工艺是一个不均匀加热和冷却过程，焊接接头的组织、性能也是不均匀的，特别是熔合线附近的粗晶区和远离熔合线的应变时效区是脆性破坏的敏感区。再加上焊接结构的刚性大，所以更容易发生脆性破坏失效。

脆断一般都发生在其应力不高于结构的设计应力和没有显著塑性变形的情况下，并瞬时扩展到结构的整体，具有突然破坏的性质，因此，一旦事故发生，常造成人身伤亡和经济上的巨大损失。

研究金属脆断的历史是最早的，焊接结构的脆性破坏从 20 世纪的 30 年代以后大量发生，这引起了科学技术人员对焊接结构发生脆性破坏的关注，从而推动了对脆性破坏机理和防治方面的研究，取得了不少成果，使脆断事故大为减少。我国随着石油化工、海洋工程、交通运输、冶金采矿，以及核动力等工业的发展，焊接结构的建造日益增多，过去也曾发生过多起焊接结构的脆断失效事故。因此，对焊接结构的脆性破坏应给以足够的重视。

研究表明，造成焊接结构脆断的原因是多方面的，如图 6-7 所示，主要是选用的钢材不当，设计不合理、制造工艺粗糙，有焊接缺陷、检验不严格，以及违反操作规程等一系列错误，有时是几种因素综合作用的结果。因此，必须从材料、结构、工艺、缺陷等方面综合分析，才能提出避免焊接脆性失效的有效措施。

a) 脆性沿晶断裂

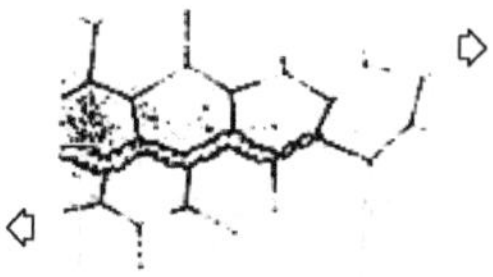

b) 塑性沿晶断裂

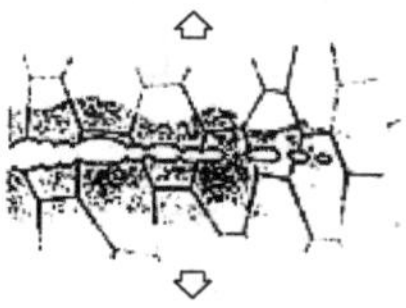

c) 拉应力作用下的塑性穿晶断裂

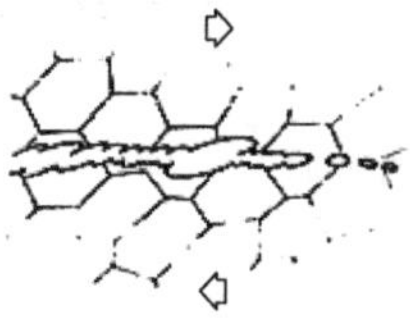

d) 切应力作用下的塑性穿晶断裂

图 6-7　焊接脆性断裂形态

知识点 6　焊接结构的疲劳破坏

对于承受交变载荷的焊接结构，疲劳断裂是这些结构失效的主要形式。大量统计数据表明，由于疲劳失效的金属结构约占失效结构的 90%。在低应力、高循环、低扩展速率的疲劳称为应力疲劳，也称为弹性疲劳；在高应力、低循环、高扩展速率下的疲劳称为应变疲劳，也称为塑性疲劳。

疲劳断裂与脆性断裂虽然二者断裂后的变形都很小，但疲劳需要多次加载，而脆断一般不需多次加载，而是瞬时突然断裂。疲劳裂纹的扩展十分缓慢，有时需要长达数年，所以从断口特征来看，疲劳断裂和脆性断裂也不相同。脆性断口的特点是平齐而光亮，且与正应力垂直。疲劳断口有裂纹源、疲劳裂纹扩展区和最后断裂区三个部分，如图 6-8 所示。

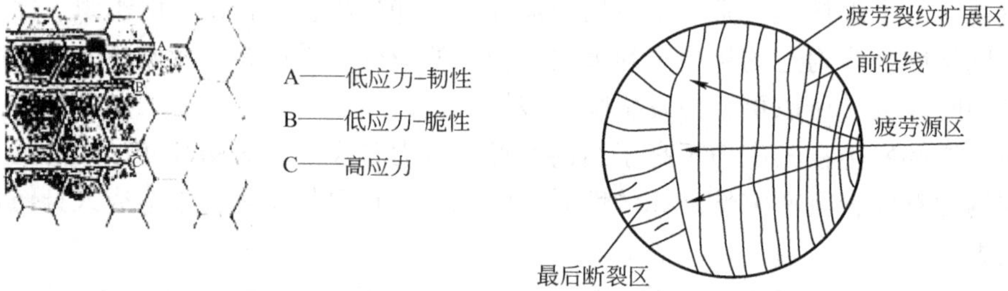

图 6-8　焊接疲劳断裂

此外，对于脆断温度的影响是极为重要的，随着温度降低，脆断的敏感性迅速增加，但疲劳断裂并不是如此。疲劳断裂最为敏感的因素是应力集中，所以在具有不同程度应力集中特别是角缝焊的焊趾处很容易产生疲劳裂纹。另外，这些部位不可避免地存在焊接残余应力，甚至有焊接缺陷。因此，在交变荷载作用下，疲劳裂纹起源于这些具有应力集中和有缺陷的地方。

为防止焊接结构的疲劳断裂，在长期的生产实践中总结了许多方法。在焊接接头附近尽量采用圆滑过渡，减小应力集中，采用整体或局部热处理，以消除焊接残余应力。对于一些重要的焊接结构，还可以采用电弧重熔焊缝两侧的焊趾部位，用电弧整形的方法来提高接头抵抗疲劳断裂的能力。此外，还有采用焊接接头表面强化处理，如用小轮挤压和用锤子轻打或者抛丸处理焊缝表面及热影响区，以提高接头的疲劳强度。

【综合训练】

1. 焊接结构失效类型有哪几种？
2. 焊接裂纹有哪几种？它们有什么区别？
3. 焊缝中夹杂物有哪几类？它们有什么区别？
4. 焊缝中气孔有哪几类？它们有什么区别？
5. 焊接结构的腐蚀有哪几种？各种腐蚀产生的条件是什么？
6. 焊接变形有哪几种？各种变形产生的条件有什么不同？
7. 什么是疲劳断裂？引起疲劳断裂的因素有哪些？

模块三　失效分析的原则与思路

失效分析的思路就是对具体失效问题要有一个比较深刻周到的思考方法。要求它所确定的程序和步骤，既严密又不烦锁，既高效率又无遗漏，保证分析出发点正确，不导致错误结论。

知识点1　失效分析的五个基本原则

1. 整体观念原则

失效分析人员在分析失效问题时，始终都要树立牢固的整体观念。因为一套设备在运转中因某个部件失效引起停车，它有这样一些联系：它与邻近别的部件有关，它和周围环境的条件或状态有关，它和操作人员的使用情况有关。因此，一旦失效就要把设备—环境—人当作一个系统来考虑，尽可能分析设备能出哪些问题，环境能造成哪些问题，人为因素能导致哪些问题，然后根据调查资料检验结果，采取消去法，把不成为问题的问题逐个审查消去，剩余问题再细微分析研究。如果孤立地对待失效部件，或局限于某一环境，往往问题得不到解决。

例如，某工厂生产的继电器，春天存放进仓库到秋天就发现大批继电器的弹簧片发生沿晶界断裂，经失效分析确定是氨引起的应力腐蚀开裂，但仓库里从来没有存放过能释放氨气的化学物质，因此，分析结论中的腐蚀介质还得不到证实。问题出在什么地方呢？就出在把系统局限于仓库这个小环境。后来查明，在仓库大门南面附近的田野里有一个大鸡粪堆，鸡粪放出的氨气经春、夏的南风送进仓库，提供了应力腐蚀必要的介质，引起了损坏。如果不和更广的环境联系起来，就得不出可靠的结论。

2. 从现象到本质的原则

现象只是分析问题入门的向导，要找到产生现象的原因，即失效的本质问题，才能解决失效问题。

例如一个断裂件，承受交变载荷，在断口上有清晰的贝壳花样，容易得出疲劳断裂的结论。但是，这仅仅是一种现象的论断，而不是失效本质的结论。只要再提一个问题：应如何改善？就回答不上了。因为这没有抓住这一失效的本质。导致疲劳失效的原因很多，失效分析中不能满足于找到断裂或失效机理，更重要的是找到原因的证实材料，才有助于解决问题。

3. 动态原则

这里是指设备或部件对周围的环境或位置，会做相对运动，部件在服役中是如此，存放在仓库里也如此。例如，一个部件的受力条件，环境的温度、湿度和介质这些外部条件的变化，以及部件本身的某些元素如氢有无随时间偏聚的内在变化，甚至操作人员的变动，都应包括在这一原则中。上述继电器的例子产生的原因就是由于环境介质的变化。

4. 一分为二原则

这个认识论的原则用于失效分析，常指对进口设备不要盲目以为没有缺点，而大量的事实表明，我国引进的设备有些失效原因是属于设计、用材、制造工艺或漏检。找出原因取得索赔，并把这些结果反馈给有关设计部门，可提高我们的设计水平和制造水平。

5. 纵横交汇原则

客观事物是在不同的时空范围内变化的，那么同一设备在不同的服役阶段和不同环境中就具有不同性质或特点。机电设备的失效大都服从“浴盆曲线”，如图6-9所示，即在服役初期和后期最易出现失效，但在中期失效率相对低得多。另外，同一温度、介质或外界强迫振动，在服役不同阶段的介入所起的作用也是不同的。

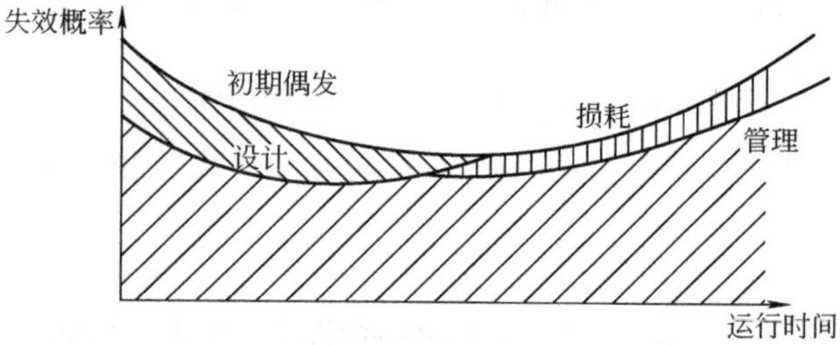

图6-9　机电设备失效浴盆曲线

知识点2　失效分析的五种具体方法

1. 系统方法

系统方法又称相关性方法，就是把失效类型、失效模式、断口形貌待征、服役条件、材质状况、制造工艺水平和过程，使用和维护情况等放在一个研究系统中，是从总体上加以考虑的方法，看失效原因是否与设计、材质、制造、使用、维护等有关，并据此深入测试分析（包括模拟或失效重现试验），寻找具体失效原因。本方法的前提和出发点是整体性原则，基本特点是：从一般情况到个别情况，从普遍情况到特殊情况，从单项分析到综合联系和一致性上找原因，尽可能地收集与全局性有关的资料和测试信息，从而确定分析系统的范围，范围太大就浪费时间、精力和费用；如范围太小，问题提得不全，又会使分析带有片面性。

2. 抓主要矛盾方法

抓主要矛盾方法就是抓失效中起主要作用的因素，如断裂失效中的断裂源和断裂机理及其导致因素。

3. 比较方法

选择一个没有失效的而且整个系统能与失效一一对比的系统，然后与失效系统进行比较，从中找出差异，这样来找引起失效的原因。

4. 历史方法

历史方法的客观依据是物质世界的运动变化和因果制约性，就是根据同样设备、同样服役条件在过去表现的情况和变化规律，来推断现在失效的可能原因。这主要依赖过去失效资料的积累，运用归纳法和演绎法。

5. 逻辑方法

逻辑方法就是根据背景资料（设计、材料和制造的情况）和失效现场调查材料以及分析、测试获得的信息，进行分析、比较、综合和概括，做出判断和推论，得出可能的失效原因。

以上这些原则和方法的掌握程度和运用水平，决定着做失效分析的速度和得出结论正确的程度，掌握这些原则和方法，可以防止失效分析人员在认识上的主观片面性，技术运用上的局限性。要在判断上实事求是，不搞无事实根据的推论，保证分析结论正确无误。

知识点 3　失效分析的思路

1. 根据失效分类确定分析思路

把失效的类型当作数学集合中的不同集合和不同子集中的元素，然后逐个消去不包含它的集合子集，即逐步缩小范围，找出属于某种失效的机理，再进一步找到引起失效的原因。

2. 根据设备或部件工作状况确定分析思路

首先考虑是系统失效还是部件失效，前者要逐个装置查找出失效源，进而找出断裂源；后者查找断裂源，随后从受力状态、环境介质、温度等考虑失效源。譬如受力是单轴静载荷还是受冲击或交变应力的动载荷；是拉伸、扭转、剪切还是弯曲；是大气介质还是腐蚀介质；是常温环境还是高温或低温环境。若是静载荷伴有腐蚀介质和沿晶断裂，多是应力腐蚀开裂；如果受交变应力的动载荷，多数为疲劳致断，有腐蚀介质多为腐蚀疲劳；处于高温环境多为高温疲劳。再根据背景资料和现场调查就可确定着重抓哪些分析项目，要注意多因素的影响。

3. 根据制造工艺和部件类别确定分析思路

不同工艺生产的部件，如铸造、锻造、焊接、热处理或最终研磨，一旦发生早期失效，首先考虑这些制造工艺致断的影响，根据失效统计有一半以上是由于制造工艺不当引起的。如失效件是从焊缝热影响区裂开或断开，而且工作应力又没有超过设计应力，又无腐蚀条件，那么就从焊接工艺条件找原因。其他工艺也有各自的工艺缺陷，如铸造的气孔、疏松、夹渣等，锻造的折叠、内裂等，热处理的裂纹、残余应力等。

不同部件由于受力情况不同，都有各自的失效模式。如齿轮失效主要表现为断齿和齿面损伤。而断齿主要由于疲劳、撞击或异物落入齿轮副引起的；齿面损伤主要表现为齿面点蚀、剥落、磨损或胶合。轴类的失效主要表现为疲劳断裂；如果断口没有贝壳花样的脆断，除原有裂纹外，可能是回火脆性或氢脆。锅炉的失效主要表现为爆炸和爆管事故，其原因多属于操作问题，其次是设计、制造问题，再次是腐蚀问题。根据这些断裂或损伤形式，再进一步根据实验室的分析找出原因。

4. 利用系统工程确定分析思路

从现象找原因，是一种“顺藤枝摸根”式的相关性思路，这对不太复杂的设备系统是常常采用的。对于稍有失效分析经验的工作人员来说，上述思路已成为他的一种自觉的习惯工作法。但是，对于像化工厂、原子能发电站这样庞大、复杂系统的失效分析，如果不采用系统工程的分析思路和方法，还仅限于相关性思路，是根本无法进行的。

系统工程是一门综合性的管理工程技术，综合地运用多种现代科学技术，如数学、控制论、信息论、计算机技术，并与各领域的具体技术结合起来，从而应用于各个领域。失效的系统越复杂，就越有必要采用失效系统工程的方法，可能产生的社会、经济效益也就越大，如图6-10所示。常用的有故障树分析法、特征—因素图分析法、事件时序树分析法等。

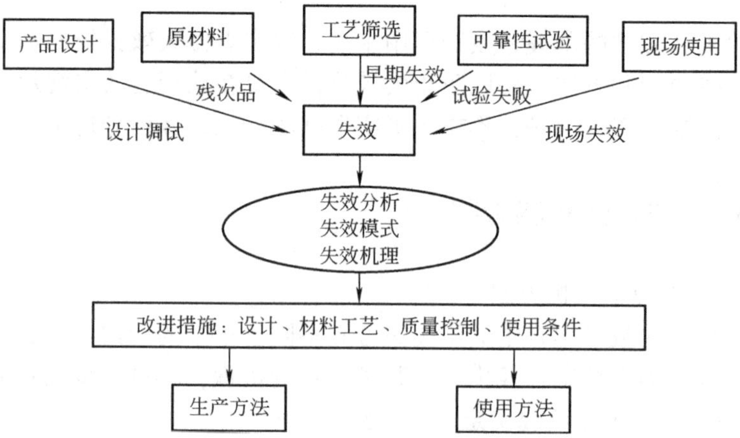

图6-10 失效系统工程分析方法

知识点4 焊接结构失效分析

1. 现场调查

现场调查是断裂失效分析的第一个重要环节。事故发生后，失效分析工作者应迅速赶赴现场，并严格保护现场。在有关人员未进行检查之前，不得挪动残骸和事故后的焊接结构碎块，不得分解和拆卸这些残骸和碎块。可利用摄影、录像、绘图和文字记载的方法，记录事故现场被破坏的厂房和焊接结构情况，并注意记录破坏源与首先破坏件的情况。这样，一方面为确定事故严重程度提供资料，并为失效分析提供有价值的情况。

在事故现场要注意收集和挑选包括二次断裂源在内的碎片，要把可能的破坏件的残骸或碎片收集完整，以备分析。这些碎片一定要注意保护断口的原始状况，要防止污染，不得对断口上的附着物加以清除和清洗。同时要向操作者或目击者进行调查，他们往往能提供重要的线索，要注意事故过程中的异常现象，如振动、异响、泄漏、气味、烟、火等，以及事故过程中仪表上的变化等，进一步了解事故发生前设备的工作温度、工作压力、水质、油质、起停情况，了解检修时的有关情况。

2. 残骸分析

残骸分析的目的就是确定首先破坏件。如在现场调查中不能确定首先破坏件时，就应把破碎的焊接结构零件拼凑起来，确定破坏的性质和破坏的顺序，从而找到首先破坏件。分析时将各碎块拼凑起来，对各碎块逐块进行断面观察，判断每个断面断裂时的开裂方向。根据碎块断口的形貌，在图样上清楚地标出开裂方向。根据断口变形程度找到首先破断件，确定事故的原因。

对于缺陷引起的断裂、应力腐蚀断裂、蠕变断裂，在不能确定首先破坏件时，也可对碎块上的二次裂纹进行研究分析确定断裂的原因。

3. 实验研究

（1）零件结构、制作工艺及受力状况的分析　对于未曾有先例的重大失效且分析困难的实例，应进行零件结构、制作工艺及应力状况的分析。收集有关失效部件或结构的制造、热处理和装配的技术资料，收集与零部件有关的技术规范和图样、设计说明书、生产制造及检验的规范，收集有关零部件的应力分布状态、强度设计特点、最大许用应力、规定的工作温度、工作压力、转速，以及工作环境和介质特点等。

零部件的断裂失效往往发生在零件的最薄弱环节，发生断裂的部位也往往是应力状态最复杂、局部应力最大的部位；或是由于结构设计不合理，制作工艺不合理造成的。

（2）无损检验　应力腐蚀、热疲劳、蠕变断裂等在主断口与主裂纹附近都有特殊形态的二次裂纹与微裂纹。而解理断裂、疲劳断裂、一次加载韧性断裂就不具备二次裂纹，对二次裂纹与微裂纹做仔细的分析就可以确定断裂的性质与原因。检查二次裂纹可采用磁粉探伤、涡流探伤、超声波探伤，有时可以采用射线探伤与着色探伤，也可采用对主断口或主裂纹附近磨光之后进行酸浸检查裂纹的方法。这种方法灵敏度很高，可以检查出微细的裂纹，而且为进一步对裂纹做金相试验提供方便。

（3）材质分析　材质分析的各个项目不一定全都进行，也不必同时进行，根据对断裂失效的初步判断，可能先进行其中的一项或几项。

1）化学分析。在失效分析中，为了查明材料是否符合规定牌号，必须进行化学成分分析。在焊接结构失效分析中，经常遇到因错用钢材而造成零件断裂的事故。在高温下长期使用的设备零部件中，实际使用的材料成分与牌号成分的少量偏差，甚至主要合金元素含量在牌号成分的下限，都会引起持久强度偏低，使得设备发生断裂失效事故。

合金元素在高温环境中的重新分配，严重地影响着钢材的热强性。碳化物分析是研究合金钢中合金元素在固溶体和碳化物之间重新分配的试验方法。

在腐蚀破裂和应力腐蚀破裂失效分析中，需要对腐蚀表面的沉积物、氧化物及腐蚀产物、与腐蚀材料接触的介质进行化学分析，帮助确定失效的原因。化学分析包括常规的、局部的、表面的和微区的化学分析，在分析中应当注意微量有害元素含量，例如磷、砷、锑、铅、锡、铋等，另外，还要注意气体含量，例如氢、氧、氮等不能超过一定限量。

2）力学性能试验。在断裂失效分析中，力学性能试验主要是检查破断件材料的强度与塑性指标。往往要对破断件材料做高温短时力学性能试验，甚至有时要做高温长时力学性能试验。试验的试样，必须在断裂失效件上选取，以保证试验结果能可靠地反映破断件材料的性能。

力学性能试验的项目随需要而定。最简易的可做硬度试验，一般进行常温拉伸试验和冲击试验。对脆性断裂的失效分析常常做韧性—脆性转变温度的检测。高温条件下工作零部件的失效分析要做高温短时拉伸试验，重要的设备发生蠕变断裂后进行失效分析，则要进行持久强度试验。

3）金相试验。金相试验在断裂失效分析中具有重要的作用，有些失效分析往往只需做金相试验就可以确定事故的性质与原因。由焊接不当导致的工艺裂纹与材料缺陷引起的破坏，由环境因素导致的断裂失效，往往可以通过金相试验来确定失效的原因。金相试验可以鉴别材料的金相组织是否合格，夹杂物、微观组织偏析是否符合规定，是否存在脱碳、增碳、晶间腐蚀等现象。

（4）断口分析　在断裂失效分析中，断口分析是非常重要的。因为断口上总是记录了有关断裂过程的信息，断口分析包括断口宏观分析与断口微观分析两部分。

断口宏观分析需要完成下列内容：

1）确定断裂的类型：延性断裂、脆性断裂、疲劳断裂、混合断裂、应力腐蚀断裂、蠕变断裂等。

2）确定断口的三要素：断裂的裂源部位、断裂缓慢扩展部位、断裂的失稳快速扩展区域。注意断口的最终断裂区有无剪切唇。

3）导致零件断裂的应力类型。

4）环境介质对零件断裂有无影响。

5）确定断口微观分析的部位。

在宏观断口分析基础上进行微观断口分析。通常断口微观分析主要是在断裂的裂源部与断裂缓慢扩展区域中进行。通过断口微观分析，准确地确定断裂的性质和断口的类型，确定断裂过程中环境介质对断裂的影响。对于重大的断裂失效都要进行断口的微观分析，因为按照断口的电子金相特征，可以更严格更合理地对断裂失效进行分类。按照断裂的微观分析结果确定断裂失效更加准确，而且能更可靠地找到断裂失效的原因与影响因素。

4. 综合分析

失效分析进行到最后阶段，需要对从各种检查和试验所获得的结果和基本试验数据进行全面的分析研究，找出断裂失效的原因，提出失效分析报告。

【综合训练】

1. 失效分析的原则是什么？
2. “浴盆曲线”有什么实际意义？
3. 失效分析的思路有哪些？各有什么异同？
4. 失效系统工程分析时要考虑哪些因素？
5. 怎样对焊接结构失效进行分析？
6. 怎样进行失效现场调查？

模块四　焊接结构失效断口特征

焊接结构的失效一般可分为非断裂失效与断裂失效两大类。非断裂失效一般包括磨损失效、腐蚀失效、变形失效及功能退化失效等。断裂失效是焊接结构最主要和最具危险性的失效，其分类比较复杂，一般有如下几种：

1）按断裂机理分为滑移分离、韧窝断裂、蠕变断裂、解理与准解理断裂、沿晶断裂和疲劳断裂。

2）按断裂路径分为穿晶、沿晶和混晶断裂。

3）按断裂性质分为韧性断裂、脆性断裂和疲劳断裂。

在失效分析实践中大都采用第三种分类法。

断裂失效分析是从分析断口的宏观与微观特征入手，确定断裂失效模式，分析研究断口形貌特征与材料组织和性能、零件的受力状态以及环境条件（如温度、介质等）等之间的关系，揭示断裂失效机理、原因与规律，进而采取改进措施与预防对策。

知识点 1　韧性断裂

韧性断裂又称为延性断裂和塑性断裂，即结构断裂之前，在断裂部位出现较为明显的塑性变形。在工程结构中，韧性断裂一般表现为过载断裂，即零件危险截面处所承受的实际应力超过了材料的屈服强度或强度极限而发生的断裂。

在正常情况下，结构的设计都将危险截面处的实际应力控制在材料的屈服强度以下，一般不会出现韧性断裂失效。但是，由于焊接结构在经历设计、用材、加工制造、装配直至使用维修的全过程中，存在着众多环节和各种复杂因素，因而焊接结构的韧性断裂失效至今仍难以完全避免。

1. 韧性断裂机理

韧性断裂机理是构件经过大量变形后发生的断裂。其主要条件是超过工作压力，主要特征是发生了明显的宏观塑性变形（不包括压缩失稳），且产生延性断裂。如杆件的过量伸长或弯曲、容器的过量鼓胀。断口的尺寸（如直径、厚度）比原始尺寸也变化明显。

2. 韧性断裂的宏观断口

宏观断口一般能区分为纤维区和剪切唇区，如图 6-11 所示。断口呈暗灰色、纤维状，尺度较大时还出现放射形及人字形山脊状花纹。形成纤维区断口的断裂机理一般是“微孔聚合”，在电子显微镜中呈韧窝状花样。韧性断裂一般由超载引起，而材料的塑性与韧性又很优良。纤维区一般是断裂源区。剪切唇总是在断口的边缘，并与构件的表面约成 45°夹角，是在平面应力受力条件下发生剪切撕裂而形成的断口，剪切唇表面较光滑，断裂时的名义应力高于材料的屈服强度。

3. 韧性断口的显微形貌

断口微观形貌通常有韧窝，韧窝是材料在应力区范围内塑性变形产生的显微空洞，经形核、长大、聚集，最后相互连接而导致断裂后在断口表面所留下的痕迹。工程材料的显微结构复杂，通常沿晶韧性断裂——晶界弱化，出现韧窝，如图 6-12 所示。

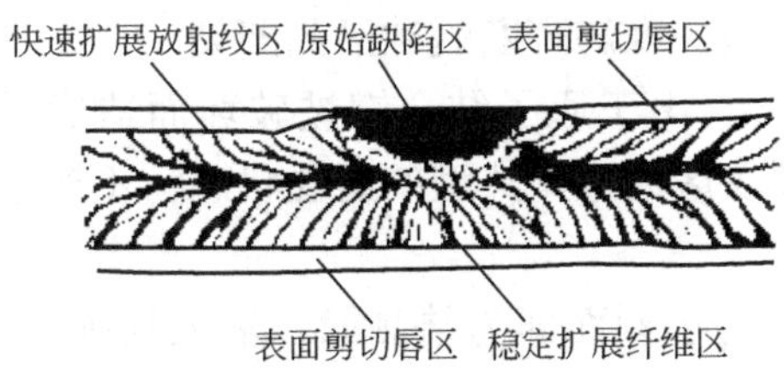

图 6-11　韧性断裂宏观断口示意图

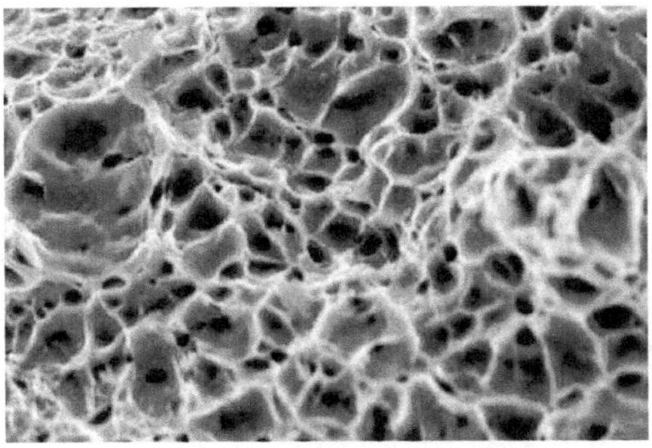

图 6-12　韧性断口的显微形貌

知识点2 脆性断裂

焊接结构在很少或不出现宏观塑性变形情况下发生的断裂称作脆性断裂，因其断裂应力低于材料的屈服强度，也称为低应力断裂。

由于脆性断裂大都没有事先预兆，具有突发性，对焊接构件与设备以及人身安全常常造成极其严重危害。因此，脆性断裂是尽量予以避免的一种断裂失效模式。然而，由于脆性断裂的复杂性，至今由脆性断裂失效导致的灾难性事故仍时有发生。

1. 脆性断裂的形式

焊接构件脆性断裂失效的表现形式主要有：

1）由材料性质改变而引起的脆性断裂，如兰脆、回火脆、过热与过烧致脆、不锈钢的475℃脆和 σ 相脆性等。

2）由环境温度与介质引起的脆性断裂，如冷脆、氢脆、应力腐蚀致脆、液体金属致脆以及辐照致脆等。

3）由加载速率与缺口效应引起的脆性断裂，如高速致脆、应力集中与三应力状态致脆等。

2. 脆性断口的宏观特征

焊接构件脆性断裂，其宏观特征随原因不同会有差异，如图6-13所示，但基本特征是共同的，特征如下：

图6-13 脆性断口的宏观特征

1）断裂处很少或没有宏观塑性变形，碎块断口可以拼合复原。

2）断口平坦，无剪切唇，断口与应力方向垂直。

3）断裂起源于变截面、表面缺陷和内部缺陷等应力集中部位。

4）断面颜色有的较光亮，有的较灰暗。光亮断口是细瓷状，对着光线转动，可见到闪光的小刻面；灰暗断口有时呈粗糙状，有时呈现出粗大晶粒外形。

5）板材断口呈人字纹放射线，放射源为裂纹源，其放射方向为裂纹扩展方向。

6）脆性断裂的扩展速率极高，断裂过程瞬间完成，有时伴有较大响声。

3. 脆性断口的微观特征

焊接构件脆性断裂主要有穿晶脆断，包括解理断裂、准解理断裂和沿晶断裂。

（1）解理断裂　解理断裂是金属在正应力作用下，由于原子结合键被破坏而造成沿一定晶体学平面即解理面快速分离发生的断裂。解理裂纹区通常呈典型的脆性状态，不产生宏观塑性变形。

解理小刻面是解理断裂的典型特征。解理断口上的小刻面即为结晶面，呈无规则取向。当断口在强光下转动时，可见到闪闪发光的特征，如图6-14所示。

典型的解理小刻面上有以下微观特征：解理台阶、河流花样、舌状花样、鱼骨状花样、扇形花样及瓦纳线等。

1）解理台阶：解理裂纹与螺形位错相交割而形成台阶，如图 6-15 所示。

图 6-14　解理断口上见到的小刻面

图 6-15　断口解理台阶

2）河流花样：解理裂纹扩展过程中，台阶不断地相互汇合，便形成了河流花样，如图 6-16 所示。

3）舌状花样：当解理裂纹以很高的速度向前扩展时在裂纹前端形成的变形孪晶，解理舌是解理面上的典型特征之一，它的显微形貌为舌状，如图 6-17 所示。

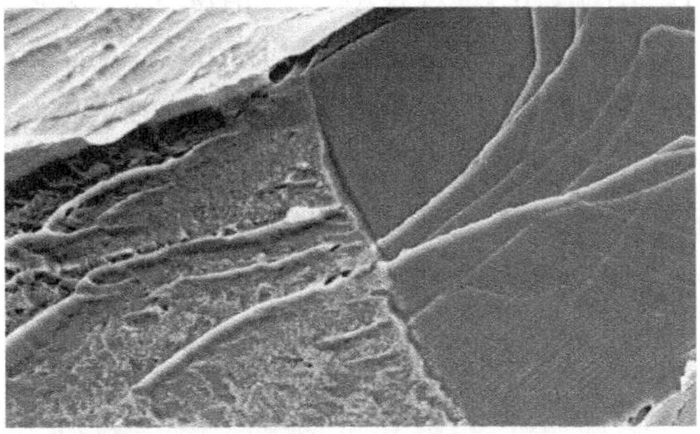

图 6-16　解理断口的河流花样形貌

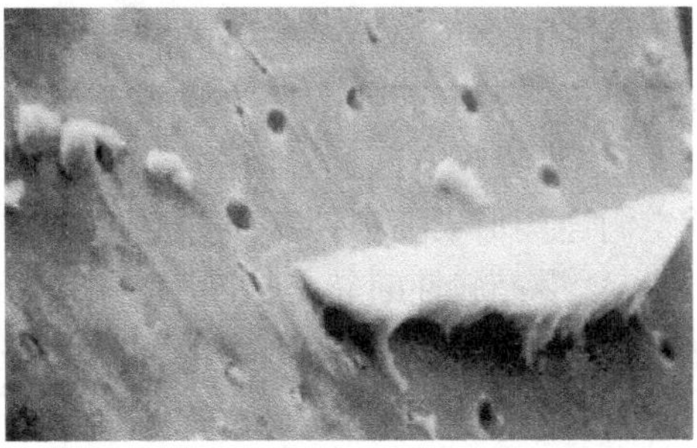

图 6-17　解理断口舌状花样

4）其他花样：①扇形花样：在很多材料中，解理面并不是等轴的，而是沿着裂纹扩展方向伸长，形成椭圆形或狭长形的特征，其外观类似扇形或羽毛形状，如图 6-18 所示；②鱼骨状花样：在解理面上，有时可以见到类似于鱼骨状花样，如图 6-19 所示；③瓦纳线：在非常脆的金属或金属间化合物的断口上，裂纹前沿线与以缺陷为中心的球形冲击波交互作用形成的图像。

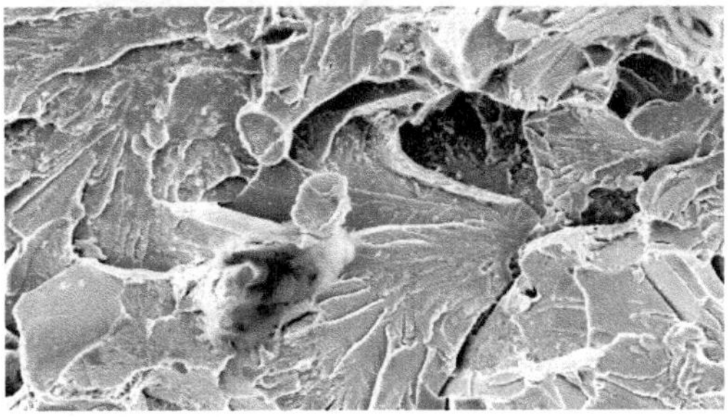

图 6-18　扇形花样

（2）准解理断裂　准解理断裂是介于解理断裂和韧窝断裂之间的一种过渡断裂形式，如图6-20所示。准解理的形成过程是首先在不同部位（如回火钢的第二相粒子处），同时产生许多解理裂纹核，然后按解理方式扩展成解理小刻面，最后以塑性方式撕裂，与相邻的解理小刻面相连，形成撕裂棱。

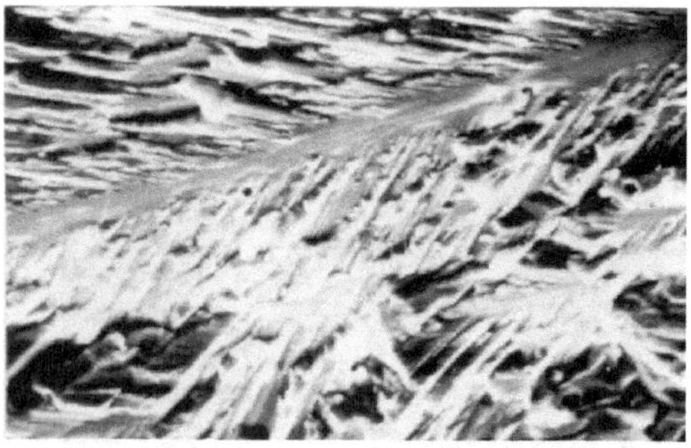

图6-19　鱼骨状花样

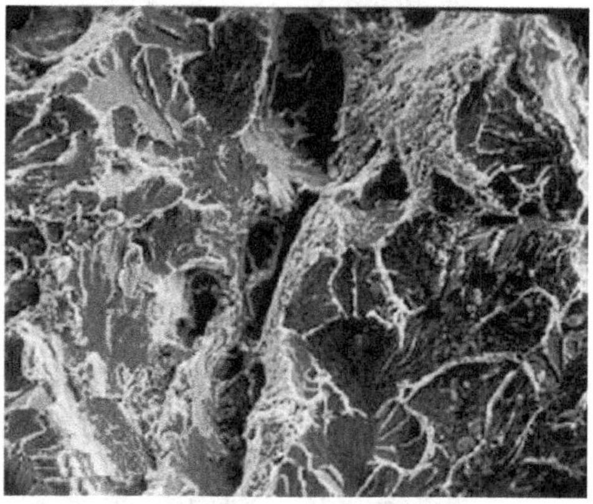

图6-20　准解理断面典型形貌

（3）沿晶断裂　沿晶断裂又称晶间断裂，它是多晶体沿不同取向的晶粒所形成的沿晶粒界面分离，即沿晶界发生断裂。

在通常情况下，晶界的键合力高于晶内，断裂扩展的路径不是沿晶而是穿晶，如韧窝型断裂和解理断裂等。但如果热加工工艺不当，造成杂质元素在晶界富集或沿晶界析出脆性第二相或因温度过高（加工温度与使用温度）使晶界弱化，或因环境介质沿晶界浸入金属基体等因素出现时，晶界的键合力被严重削弱，往往在低于正常断裂应力的情况下，被弱化的晶界成为断裂扩展的优先通道而发生沿晶断裂。沿晶断裂的路线是沿着与局部拉应力垂直的晶界进行。按断面的微观形貌通常可将沿晶断裂分为沿晶韧窝断裂和沿晶脆性断裂。

1）沿晶韧窝断裂是由晶界沉淀的分散颗粒作为裂纹核，然后以剪切方式形成空洞，最后空洞连接形成细小韧窝而分离，如图6-21所示。

2）沿晶脆性断裂是指断后的沿晶分离面平滑、干净及无微观塑性变形特征，往往呈现冰糖块形貌，如图6-22所示。

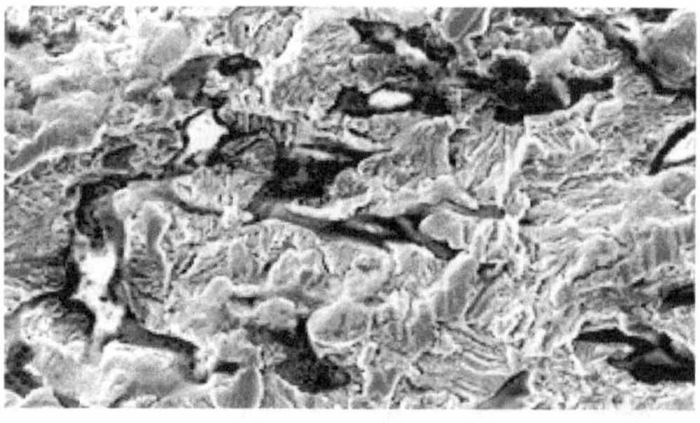

图6-21　沿晶韧性断裂

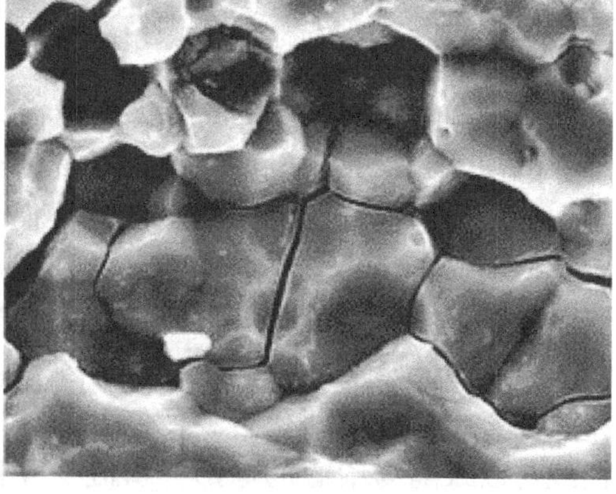

图6-22　沿晶脆性断裂

回火脆、氢脆、应力腐蚀、液体金属致脆以及因过热、过烧引起的脆断断口大都为沿晶光面断裂特征；而蠕变断裂、某些高温合金的室温冲击或拉伸断口往往为沿晶韧窝形貌。

知识点3 疲劳断裂

焊接构件在交变应力作用下，经一定循环周次后发生的断裂称作疲劳断裂。疲劳断裂属脆性断裂范畴，但由于疲劳断裂出现的比例高，危害性大，且是在交变载荷作用下出现的断裂，因此将其单独作为一种断裂形式。

1. 疲劳断裂的特点

1）多数工程构件承受的应力呈周期性变化称为循环交变应力。

2）疲劳破坏表现为突然断裂，断裂前无明显变形。不用特殊探伤设备，无法检测损伤痕迹。除定期检查外，很难防范偶发性事故。

3）造成疲劳破坏的循环交变应力一般低于材料的屈服极限，有的甚至低于弹性极限。

4）零件的疲劳断裂失效与材料的性能、质量、零件的形状、尺寸、表面状态、使用条件、外界环境等众多因素有关。

5）很大一部分工程构件承受弯曲或扭转载荷，其应力分布是表面最大，因此表面状况（如切口、刀痕、表面粗糙度、氧化、腐蚀及脱碳等）对疲劳抗力有极大影响。

2. 疲劳曲线、疲劳极限和疲劳寿命

在交变载荷下，金属承受的最大交变应力 σ_{max} 越大，则至断裂的应力交变次数 N 越低；反之，σ_{max} 越小，则 N 越高。如果将所加的应力 σ_{max} 和对应的断裂周次 N 绘成图，便得到图6-23所示的曲线，称为疲劳曲线（即 $S-N$ 曲线）。当应力低到某值时，材料或构件承受无限多次应力循环或应变循环而不发生断裂，这一应力值称为材料或构件的疲劳极限，通常以 σ_D 表示。从开始承受应力直至断裂所经历的循环次数称为疲劳寿命，其曲线如图6-24所示。

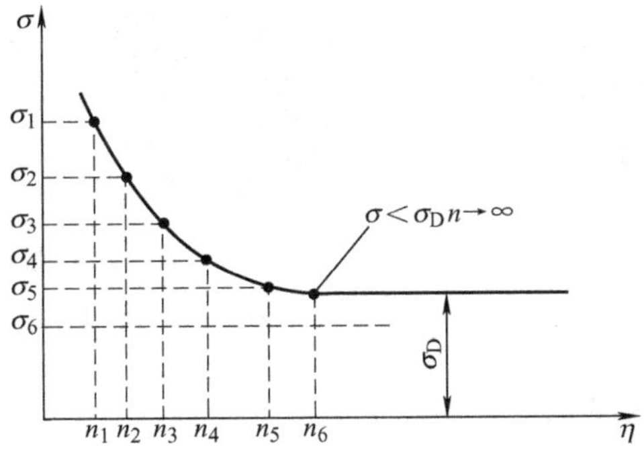

图6-23 $S-N$ 疲劳曲线

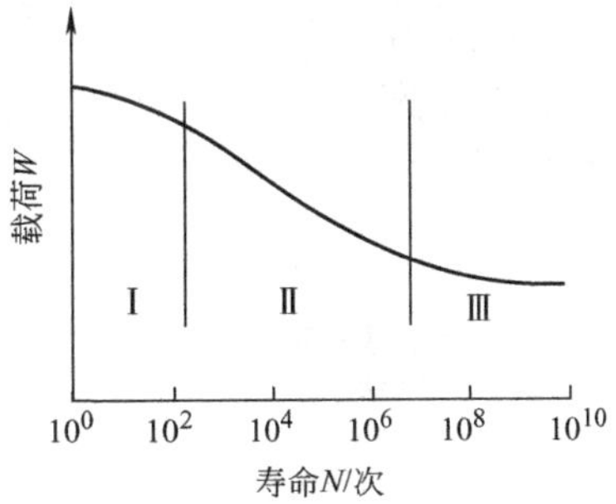

图6-24 疲劳寿命曲线

3. 疲劳断裂的分类

根据焊接构件在服役过程中所受载荷类型与大小，加载频率的高低及环境介质与温度等，可将疲劳断裂分为如下类别，如图6-25所示。

4. 疲劳断裂的机理

疲劳断裂过程可分为疲劳裂纹的萌生、稳定扩展以及失稳扩展断裂三个阶段，如图6-26所示。

- 疲劳
  - 热疲劳(低周疲劳、低频疲劳)
  - 机械疲劳
    - 按应力和应变大小分
      - 应变疲劳—低周疲劳
      - 应力疲劳—高周疲劳
    - 按频率高低分
      - 低频疲劳
      - 高频疲劳
    - 按载荷类型分
      - 弯曲疲劳——单向、双向
      - 扭转疲劳——单向、双向
      - 拉-拉疲劳或拉-压疲劳
      - 接触疲劳
      - 复合载荷下的疲劳
  - 环境作用下的疲劳
    - 腐蚀疲劳
    - 高温疲劳
    - 微振疲劳

图6-25　疲劳断裂的分类

(1) 疲劳裂纹的萌生　在交变载荷作用下，材料发生局部滑移。随着循环次数的增加，滑移线在某些局部区域内变粗形成滑移带，其中一部分滑移带为驻留带。进一步增加循环次数，驻留滑移带上可以形成挤出峰、挤入槽现象，这就是疲劳裂纹的产生。表面缺陷或材料内部缺陷使应力集中，加速疲劳裂纹的产生。实际焊接构件的疲劳裂纹大都在零件表面缺陷、晶界或第二相粒子处产生。

(2) 疲劳裂纹的稳定扩展　疲劳裂纹稳定扩展的第一阶段是在裂纹萌生后，在交变载荷作用下立即沿着滑移带的主滑移面向金属内部伸展。此滑移面的取向大致与正应力成45°角，这时裂纹的扩展主要是由于切应力的作用。随后疲劳裂纹扩展一定距离后，将改变方向，沿着与正应力相垂直的方向扩展，此时正应力对裂纹的扩展产生重大影响，最后在疲劳断面上形成疲劳条带，又称疲劳辉纹。

(3) 失稳扩展断裂　由于疲劳裂纹的扩展，使得零件的有效断面越来越小，应力逐步增加，当最终超过材料强度极限时，零件瞬间突然断裂，断口晶粒较粗大，与发暗的裂纹扩展区明显不同。脆性材料呈结晶状断口；塑性材料呈纤维状断口，断口呈灰色。

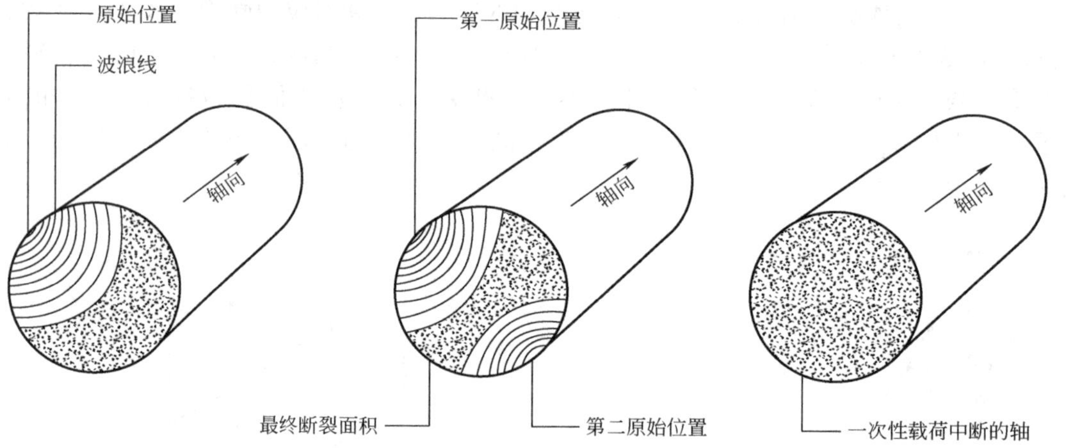

a) 由于疲劳裂纹的生长而出现典型的“海岸线”　b) 两边疲劳裂纹生长　c) 柱体被一次性载荷冲断后的断面

图6-26　疲劳断裂的三个阶段

5. 疲劳断裂的宏观形貌

典型的疲劳断口按照断裂过程的先后有三个明显的特征区，即疲劳源区、疲劳断裂扩展区和疲劳瞬断区，如图6-27所示。

在一般情况下，通过宏观形貌分析即可大致判明该断口是否属于疲劳断裂、断裂源区的位置、裂纹的扩展方向以及载荷的类型。

疲劳源区需判断具体位置是表面还是亚表面，对于多源疲劳还需判明主源与次源。并观察裂纹萌生处有无外物损伤痕迹、加工刀痕、磨损痕迹、腐蚀损伤及腐蚀产物，材质缺陷包括晶界、夹杂物和第二相粒子等。

疲劳断裂扩展区的宏观特征是该断面较平坦，与主应力相垂直，颜色介于源区与瞬断区之间，疲劳断裂扩展阶段留在断口上最基本的宏观特征是疲劳弧线，又称海滩花样或贝壳花样。

疲劳瞬断区主要是观察韧窝的形态是等轴韧窝、撕裂韧窝还是剪切韧窝。搞清韧窝的形貌特征有利于判断引起疲劳断裂的载荷类型。

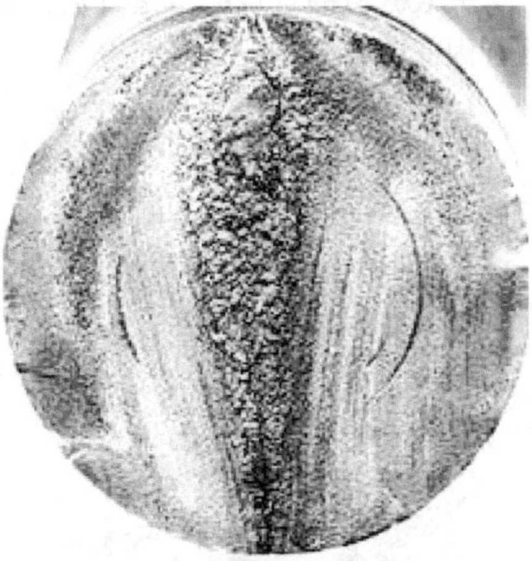

图 6-27 疲劳断口的宏观特征

焊接构件在断裂扩展区具有某些较明显的腐蚀特征，如腐蚀坑、泥纹花样等就是腐蚀疲劳。在没有外加载荷的情况下，由于工作温度的反复变化而导致的开裂称为热疲劳。在热循环频率较低的情况下，热应力值有限，而且会逐渐消失，难以引起破坏。但当快速加热、冷却交变循环条件下所产生的交变热应力超过材料的热疲劳极限时，就会导致构件疲劳破坏。

【综合训练】

1. 焊接结构失效断口有哪几类？
2. 韧性宏观断口有哪些特征？
3. 韧性显微断口有哪些特征？
4. 引起脆性断裂的原因有哪些？
5. 脆性宏观断口有哪些特征？
6. 脆性显微断口有哪些特征？
7. 疲劳宏观断口有哪些特征？

模块五 失效分析的具体过程

金属失效分析的具体过程就是通过直观检验、金相检验、断口类型识别等，找出焊接构件失效的原因，写出失效分析报告，提出避免失效的措施。

知识点 1 失效部件的直观检验

失效分析的直观检验主要靠眼睛观察，通过迅速观察检验焊接构件的可视面积，对颜色、腐蚀、断裂纹理的走向和改变进行分辨。对判定断裂的产生位置、裂纹扩展途径和裂纹前缘的轮廓，对指示裂纹扩展方向的形状花样、结晶状断口或纤维断口、二次裂纹以及有无过载产生的切变边等，都能迅速而准确地识别出来。对部件运转的情况，原有设计和加工质量等也能做出总的评价。同时，以准确详细记述实际失效情况为准，对上述所有重要特点包括尺寸、位置用文字、图示或照片一一记录下来，为了表示颜色不同还应当采用彩色照相。

失效分析的直观检验是日后进行各项失效分析的基础，是整个失效分析成功与否的关键。因此要十分重视，仔细检验。

1. 直观检验的操作顺序

1）先观察整套装置或整个部件，全面了解周围环境和失效装置各部件间的相互作用，形成对失效部件的整体判断。

2）根据失效部位的宏观特点确定失效部件的失效属性，如韧性、脆性、疲劳、磨损或腐蚀等。

从图6-28～图6-31四张照片，可判断它们的各自断裂情况不一样，有各自不同的材质、工况、断裂原因和断裂方式。

图6-28　工字钢缩孔缺陷引起的疲劳断口

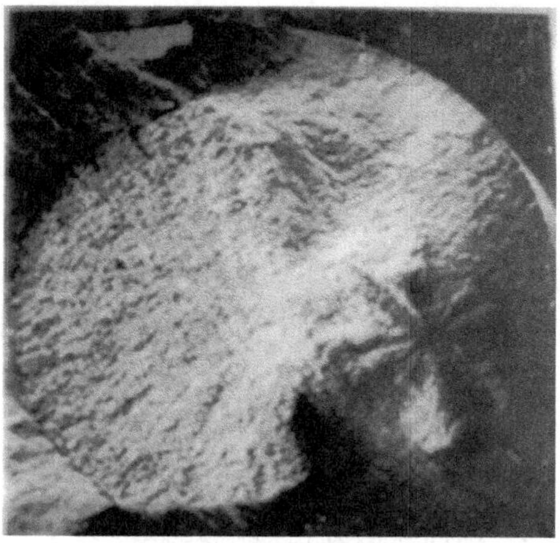

图6-29　铸铁的脆性断口

图6-30　碳钢典型拉伸断口

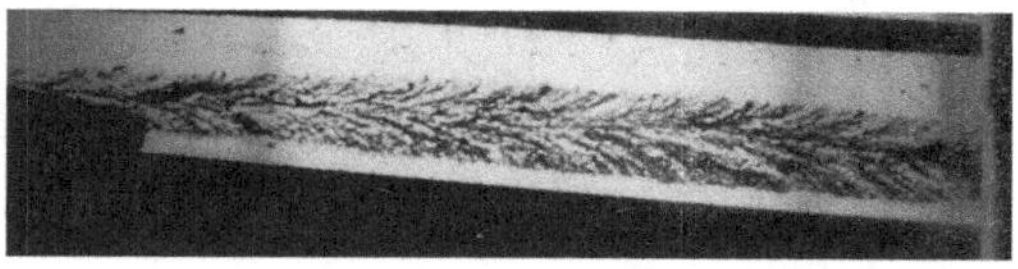

图6-31　低合金薄板人字形花样断口

3）通过细致观测断口的断裂纹理，如放射形会聚点、半月形半径中心区、人字形花样小尖头等来确定断裂源。

通过观察图6-32所示这张照片，可以分析其断裂源、裂纹扩展方式以及最后确定断裂的部位。

4）根据断裂特征确定加载方式，如拉、压、弯、扭等，应力级别的相对大小，以及应力的指向。

从图6-33所示这张照片上的箭头指示方向可以判断断口的受力情况。

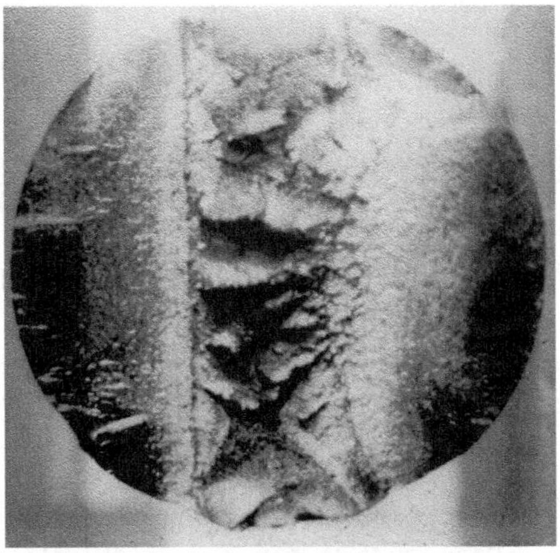

图 6-32 疲劳脆性断裂

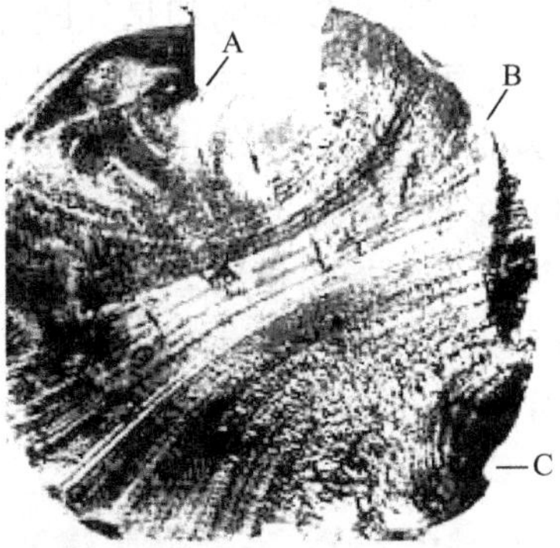

图 6-33 疲劳断口受力图

5）最后采用电子显微断口分析方法，确定断裂方式，如穿晶、沿晶或混合，以及环境的影响、断裂机理，从而评价该材料在这种环境和应力条件下的性能。

断裂特征还显示其他细节，如表面硬化、晶粒尺寸和内部缺陷。由于设计不当造成的应力集中处的外貌，材料缺陷、制造加工缺陷或装配缺陷，所有这些缺陷都是查明失效原因的依据，都应当在直观检验时仔细检查。图 6-34 ~ 图 6-37 这四张照片展示了多种因素的疲劳断裂。

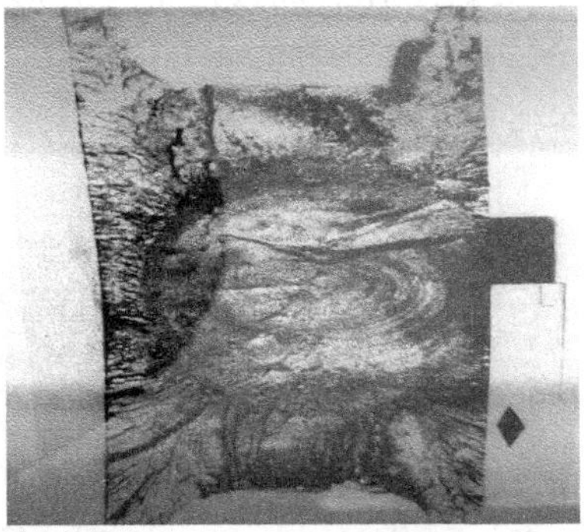

图 6-34 表面硬化引起裂纹

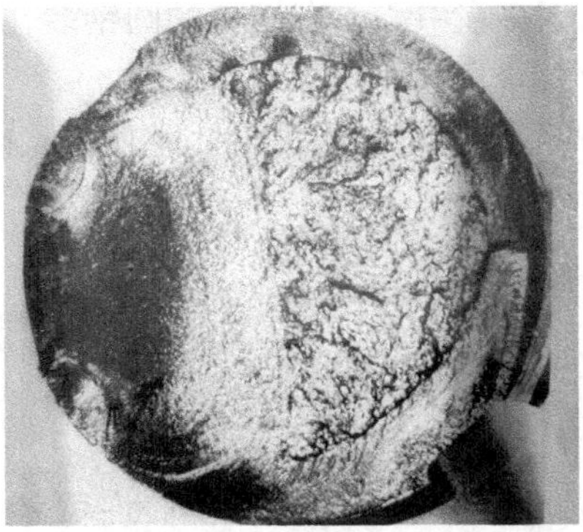

图 6-35 材料缺损引起应力集中

图 6-36 装配不当引起应力集中

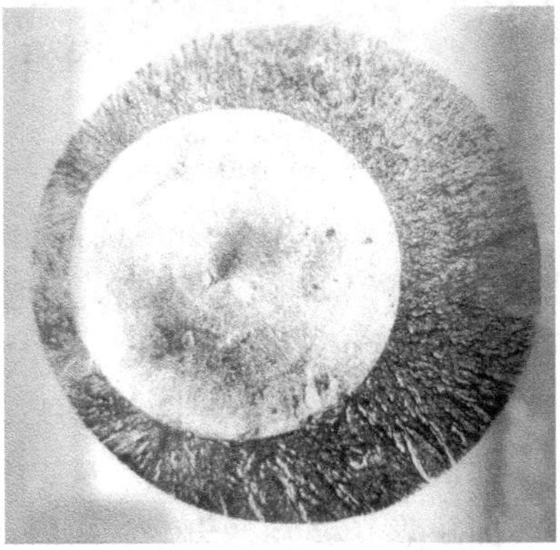

图 6-37 材料内部夹杂

2. 断裂源的识别方法

（1）碎块拼凑法　将碎块依次序拼合起来，注意别碰伤、磨伤断口，密合程度好的是后断的，而密合程度差的却是先断开的。

（2）T字形法　如两条裂纹相交成近90°成形，那么一定是水平的先开裂，垂直的后开裂。因为前者对后者起着止裂的作用。

（3）多枝形法　如分叉裂纹不分叉的比分叉的先形成。不能把它当成断口上的河流花样来判断，两者指向相反。

（4）人字形法　如钢板两边不开槽，人字小头指向断裂源（图6-38）；两边开槽的钢板，人字大头指向断裂源（图6-39）。

图6-38　未开槽钢板人字形断口

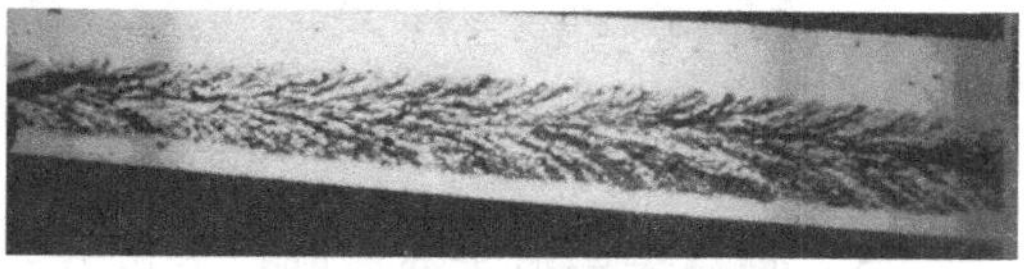

图6-39　开槽钢板人字形断口

（5）最小应变法　断裂开后，截面积越来越小，过载越来越大，宏观变形就先小后大。因此，靠近断裂源的几乎不变形。

（6）放射标记法　断口上如有放射标记，则会聚区就是断裂源处，如图6-40所示。无切口的圆钢多在中心，有切口的圆钢多在外沿缺口，板材多在表面或皮下，方形或矩形型钢多在四角。

（7）贝壳花样法　如图6-41所示，断裂源多在弧形半径中心表层或皮下。

图6-40　断口呈放射状

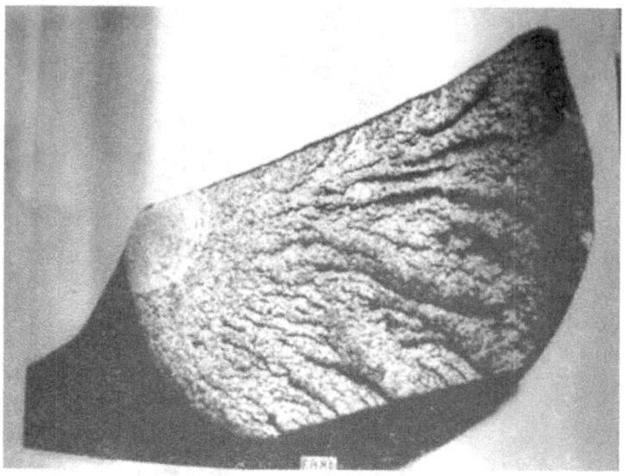

图6-41　贝壳花样断口

（8）切变边法　若不是完全脆性断裂，就有断裂切变边，表现为外表面有挂手的毛边，它的对面即为断裂源。如果板状断口，有时有锯齿，锯齿的斜面就指向断裂源，如图6-42所示。

3. 其他直观检验的方法

1）低倍酸蚀检验可得到7种信息。

① 内部质量（偏析、疏松、夹杂、气孔等）。

② 表面缺陷（夹砂、斑疤、折叠等）。

③ 内裂纹（白点、氢腐蚀、过烧等）。

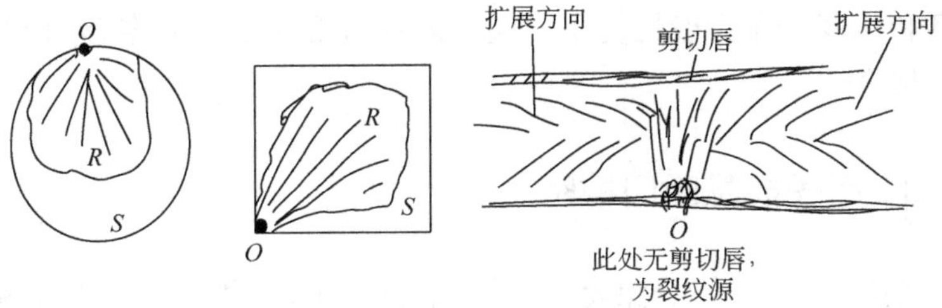

图 6-42　断裂切变边示意图

④ 钢材软硬部位的区分。

⑤ 硬部位贯穿的深度。

⑥ 流线的走向和断续情况。

⑦ 焊接质量和研磨烧伤。

2）特殊钝化痕迹检验技术，如硫钝、磷钝、铅钝和氧化物钝等，可以根据显示元素在试样中的分布确定。

3）失效件的应力集中审查，同时考虑与缺口、划痕、钢的钝化等是否有关。

4）摩擦磨损、化学腐蚀和微振摩擦腐蚀的审查。

知识点 2　取样及标号

金属失效分析过程中所需要的全部试样在现场调查时应该有所计划，一旦分析程序确定后，应把取样的部位和数量确定下来。对大部件取样多用火焰切割，为此要考虑以下 4 个问题：

1）火焰经过的地方和热影响区，如果需要表层和内部的质量数据，如内部缺陷的性能数据，应在切割之前用无损检测的方法获得。

2）切口和热影响区要离开断口一定距离，以便保持断口组织不改变、不氧化。

3）切割前要做宏观照相记录，以便保存原来的图像和切取部位状况。

4）避免熔滴飞溅到断口上，切割时用挡板遮挡断口处。

取样一定要有代表性，并记录取样部位。断口的力学性能和金相的试样必须在断裂源附近取样，而对比试样一定要在远离断口且不受影响的部位取得。如分析锅炉管中部开裂的原因时，不仅要在向火开裂的一面取样，而且还在背火并与开裂对称的一面和远离开裂部位背火一面取样，最后这个试样当作原始组织看待。这样的对比能通过金相组织检验来确定是材料局部缺陷（碳化物成片状），还是过热（碳化物球化），或两者都有问题。

断口要做适当地选择、标号、清洗和保存。选择是为了抓住重点观察不浪费时间；标号是避免弄错断口部位。一般事故的断口常常有污染或氧化，这种情况下必须清洗断口。

知识点 3　二次裂纹的利用

当主断口受损伤或被腐蚀以致把引起断裂原因的大部分信息弄模糊时，就只好打开从主裂纹分叉出来的二次裂纹进行断口分析。这些裂纹有可能提供比主断口还多的信息，因为这里闭合紧，氧化、腐蚀程度轻，并能保留腐蚀产物。

对于分析疲劳或应力腐蚀的失效，裂纹深度和宽度需要取数据，因此在打开裂纹之前要测量裂纹的宽度和长度。在一般情况下，应力腐蚀开裂的长度比裂纹开口宽度大几个数量级，这是重要数据之一。

知识点4 电子显微断口检验

由于电子显微镜分辨率高、景深大，适合高倍断口形貌观察。电子显微断口分析不仅能做定性分析，如断裂方式、断裂机理，还能做断裂方面的定量分析，如韧性程度的判别、裂纹扩展的速度以及断裂机理的定量描述。因此，透射与扫描电镜已是研究断裂机理的主要工具。

电子显微断口相能显示三维形貌，因此它展示钢中的夹杂就比金相显微镜更富立体感，夹杂与基体构成界面的情况也能观察。钢或合金中的析出相如碳化物的分布，也能清楚地显示出来，如图6-43所示。

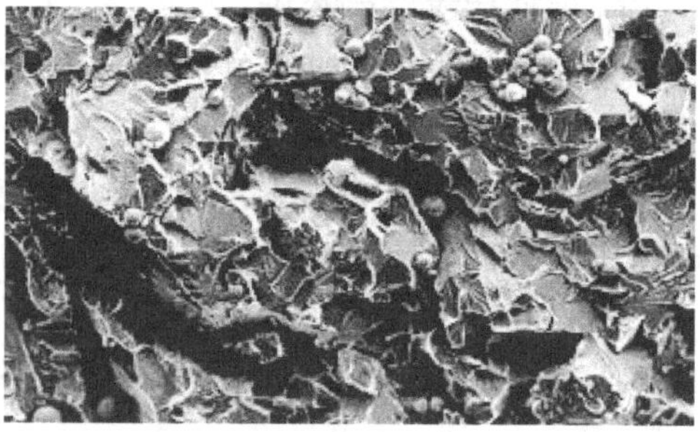

图6-43 断口形貌中的碳化物

又如金属塑性材料的显微断裂特征——韧窝，可以通过它判断断裂时受力的方向和材料的强度以及材质的均匀性，如图6-44所示。如果是没有方向性的等轴韧窝，断裂受单轴拉伸，应力方向垂直于断口；如果是鱼鳞状的拉长韧窝，不是撕裂就是切变断裂，前者是两个相配断口面的韧窝方向相同，后者的韧窝方向相反。韧窝窝底的方向是开裂的方向，也是断口面那一边施力的方向。

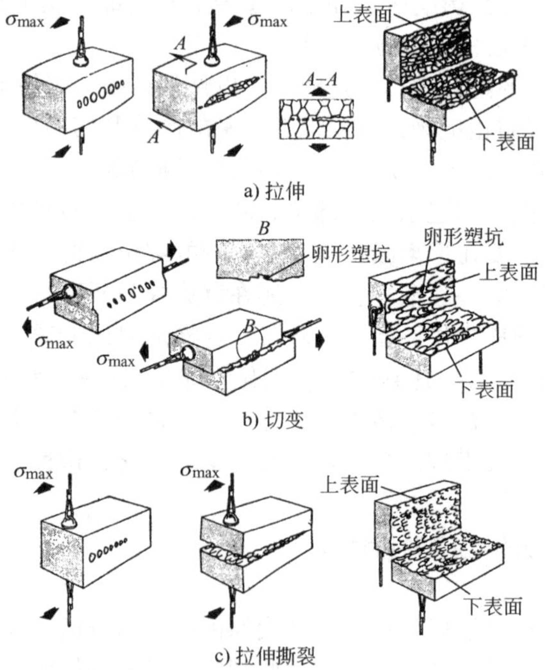

图6-44 韧窝形成示意图

知识点 5　全部信息的归纳、分析、评价和处理

在失效分析工作进行到一定阶段或试验、测试结束时，应当完整汇集力学、化学、金相和断口测试结果。对所获得的全部信息包括调查的材料和证词、观察测试计算的数据和全部的照片进行整理、归纳、分析、评价和处理，在形成初步结论之前，对已经发表的同样损坏事例分析的文献要参考，对某些研究、分析得出相反的结论也要重视。分析人员应当对失效分析试件的信息交叉核对，对所取得的每个观测结果审查有无矛盾之处，如果有矛盾之处，很可能通过这些矛盾揭示出失效原因。通过上述分析程序进行的工作，能够做出初步简明的失效分析结论。

知识点 6　撰写失效分析报告

失效分析报告应当写得条理分明、简明扼要、合乎逻辑。失效分析着重在失效情况的调查、测试取证、系统分析以及得出中肯结论，不着重失效机理的探讨，是有别于断裂机理的研究报告。失效分析报告应包括以下主要内容：

1. 本次工作概述

说明失效发生的日期、时间和地点，失效的经济损失和伤亡情况，委托方、要求和目的。

2. 现场调查

反映焊接失效部件损坏时的工况和使用条件，失效前的服役史，部件的制造过程和处理工艺等。

3. 观察与测试结果陈述

对金属断口宏观、微观分析，冶金分析包括组织与成分、力学分析测试、材质评定、工艺评价等。

4. 全部信息的讨论

找出或验证物理量之间的关系或规律，发现数据之间的关系，归纳数据的科学规律。对任何反常情况要充分讨论，探讨损坏原因，概括提出失效机理。

5. 结论与建议

根据以上的分析判断，指出失效的原因，提出关键性的发现和中肯的建议，包括避免将来服役中发生同样失效应采取的措施，或使用同样部件应采取的改进措施。长的报告应列出目录并写出提纲。尽可能少用专门术语，让大多数人能读懂。封面文字应概括最重要的发现和建议，以便为领导决策提供依据。

6. 回访与改进建议

回访主要是验证所做分析结论的正确性，并了解建议措施的正确性和可行性。贯彻建议措施常常是一项困难的任务，一些生产厂家对不经常出现的失效不会去积极改善，而一旦失效出现对生产影响很大时，又心急如火。因此，努力推进建议措施的贯彻执行，促进研究、

设计、制造和使用之间的大协作，全面提高焊接结构生产质量，才能真正避免重大失效事故的发生。

【综合训练】

1. 怎样区分宏观断口的特征？
2. 怎样识别断裂源？
3. 取样标记应当注意哪些问题？
4. 电子显微分析可以解决哪些问题？
5. 全部信息综合分析注意哪些问题？
6. 失效分析报告包括哪些内容？

第七单元　焊接再制造技术

【学习目标】　学习焊接再制造技术的基本知识。掌握再制造设计方法的基本思路，根据再制造工程要求，对产品的再制造特性设计、废旧产品的再制造特性评价，最终形成最优化再制造方案。通过焊接表面工程技术恢复废旧失效产品的附加值。

模块一　再制造技术概论

随着资源的日益枯竭和环境污染的加剧，人们逐渐认识到可持续发展的重要意义，并不断探索实现可持续发展的手段。再制造工程就是人类在资源日益匮乏和环境污染加剧的情况下形成的一门新的工程学科，且因其巨大的资源、环境、社会效益而受到世界各国的重视，成为发展循环经济、实现节能减排的重要支撑。再制造工程中的再制造技术与工艺是保证再制造产品质量、节约再制造费用、提高再制造效益的核心内容及重要途径，已经成为再制造领域研究及应用的热点，推动着再制造工程应用的发展。

知识点 1　基本概念

1. 产品

产品用来泛指任何元器件、零部件、组件、设备、分系统、系统或软件。产品因物理或技术原因退出服役后，即成为废旧产品。再制造通常以废旧机电产品作为加工对象，并称为毛坯。再制造加工的废旧产品是广义的，既可以是设备、系统、设施，也可以是其零部件，既包括硬件，也包括软件。

废旧机电产品中含有高附加值。以汽车发动机为例，原材料的价值只占 15%，而成品附加值却高达 85%。在一台机器中，各部件的使用寿命不相等，每个零件的各工作表面的使用寿命也不相等，往往会因局部表面失效而造成整个机器报废。通过再制造工程对机器的局部损伤进行修复，可以最大限度地挖掘出废旧机电产品中蕴含的附加值，达到节省资金、节能、节材和保护环境的效果。

2. 再制造

再制造是指将废旧机电产品运用高科技手段进行专业化修复或升级改造，使其质量和性能恢复到新品的批量化制造过程。简而言之，再制造工程是废旧产品高技术修复、升级改造的产业化。再制造使产品全寿命周期由开环变为闭环，由单一寿命周期变为循环多寿命周期。再制造的重要特征是再制造产品的质量和性能能够达到甚至超过新品，而成本只为新品的50%，节能60%，节材70%，对环境的不良影响显著降低。再制造工程包括两个主要部分：

（1）再制造加工　即达到物理寿命和经济寿命而报废的产品，在失效分析和寿命评估的基础上，把其中有剩余寿命的废旧零部件作为再制造毛坯，采用先进技术进行加工，使其性能迅速恢复，甚至超过新品。

（2）过时产品的性能升级　性能过时的机电产品往往是几项关键指标落后，不等于所有的零部件都不能再使用，采用新技术镶嵌熔合的方式对其进行局部改造，就可以使原产品满足时代的性能要求。信息技术、微纳米技术等高科技在提升、改造过时产品性能方面有重要作用。

3. 再制造技术

再制造技术是指将废旧产品及其零部件修复、升级成质量等同于或优于新品的各项技术的统称。再制造技术是废旧产品再制造生产的重要支撑，是实现废旧产品再制造生产高效、经济、环保的保证，既是先进绿色制造技术，又是产品维修技术的创新发展。

4. 再制造工艺

再制造工艺就是运用再制造技术，将废旧产品进行加工，生成规定性能的再制造产品的方法和过程。其一般指再制造工厂内部的再制造工艺，包括拆解、清洗、检测、加工、零件测试、装配、磨合试验、喷涂包装等步骤。由于再制造的产品种类、生产目的、生产组织形式的不同，不同产品的再制造工艺也有所区别，但主要过程类似。图7-1就是通常情况下再制造基本工艺流程。

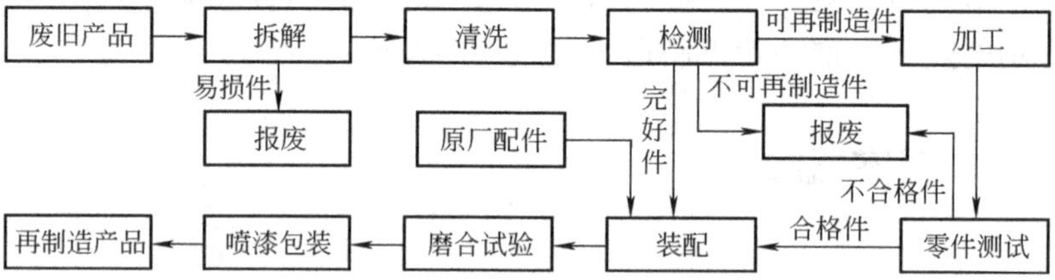

图7-1　再制造基本工艺流程

再制造工艺中还包括重要的信息流，例如对各步骤零件情况的统计，可以为掌握不同类别产品的再制造特点提供信息支撑。如果通过清洗后，检测统计到某类零件的损坏率较高，并且检测后发现该类零件恢复价值较小，低于检测及清洗费用，那么在再制造过程中可将该类零件直接丢弃，无需经过清洗等步骤，以提高生产率；也可以在需要的情况下，对该类零件进行有损拆解，以保持其他零件的完好性。同时通过建立再制造产品整机的测试性能档案，为产品的售后服务提供保障。所以，再制造工艺的各个过程是相互联系的，不是孤立的。

知识点2　再制造技术与工艺的分类

根据不同的目的、设备、手段等，对再制造技术进行分类。根据对废旧产品再制造工艺过程的分析以及再制造工程生产实践，将再制造技术与工艺分为图7-2所示的几种。

1. 再制造拆解技术与工艺

再制造拆解技术与工艺是对废旧产品进行拆解的方法与技术工艺，是研究如何实现产品的最佳拆解路径及无损拆解方法，进而高质量地获取废旧产品零部件的技术工艺。它为废旧产品的再制造提供必要的基础和保证。

2. 再制造清洗技术与工艺

再制造清洗技术与工艺是采用机械、物理、化学和电化学等方法清除产品或零部件表面的各种污物（如灰尘、油污、水垢、积炭、旧漆层和腐蚀层等）的技术和工艺过程。废旧产品及其零部件表面的清洗对零部件表面形状及性能鉴定的准确性、再制造产品质量和再制造产品使用寿命均具有重要影响。

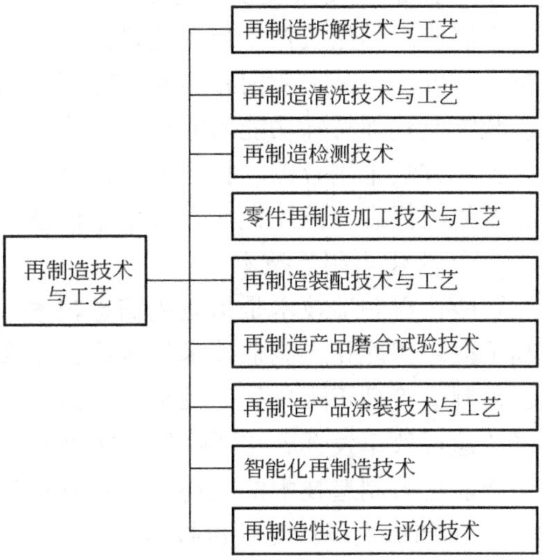

图 7-2　再制造技术与工艺分类

3. 再制造检测技术

再制造检测技术是为了准确地掌握拆解后零部件状况，采用直观和无损检测的方法对其进行检测的技术。零件检测包括对零件几何参数和软科学性能的鉴定以及零件缺陷和剩余寿命的无损检测与评估，它直接影响产品的再制造质量、再制造成本、再制造时间以及再制造后产品的使用寿命。根据技术标准分出可直接利用件、可再制造恢复件和报废件。

4. 零件再制造加工技术与工艺

零件再制造加工的任务是恢复有再制造价值的损伤失效零件的几何参数和力学性能，采用的方法包括表面工程技术和机械加工技术与方法。零件再制造加工是一门综合研究零件的损坏失效形式、再制造加工方法及再制造后性能的技术，是提高再制造产品质量、缩短再制造周期、降低再制造成本、延长产品使用寿命的重要措施，尤其对于贵重、大型零件及加工周期长、精度要求高的零件及需要特殊材料或特种加工的零件来说不可或缺。

5. 再制造装配技术与工艺

再制造装配技术与工艺是在再制造装配过程中，为保证再制造装配质量和装配精度而采取的技术措施。再制造装配中要通过调整来保证零部件的传动精度，如间隙、行程、接触面积等工作关系，通过校正来保证零部件位置精度，如同轴度、垂直度、平行度、平面度、中心距等。再制造装配对废旧产品再制造质量和再制造后产品的使用寿命具有重要的直接影响。

6. 再制造产品磨合试验技术

重要机械产品经过再制造后，投入正常使用之前必须进行磨合试验，其主要目的是：发现再制造加工及装配中的缺陷，及时加以排除；改善配合零件的表面质量，使其能承受额定的载荷；减少初始阶段的磨损量，保证正常的配合关系，延长产品的使用寿命；在磨合和试验中调整各机构，使零部件之间相互协调工作。磨合与试验是提高再制造质量、避免早期故障、延长产品使用寿命的有效途径。

7. 再制造产品涂装技术与工艺

再制造产品涂装技术与工艺是指对综合质量检测合格的再制造产品进行涂漆和包装的工艺技术和方法。其主要内容包括：①将涂料涂覆于再制造产品裸露零部件表面，形成具有防腐、装饰或其他特殊功能的涂层；②为在流通过程中保护产品、方便储运、促进销售，而按一定技术方法采用容器、材料及其他辅助物等对再制造产品进行的绿色包装；③印刷再制造产品的使用标志、使用说明书及质量保证单等产品附件，完善再制造产品的售后服务质量。

8. 智能化再制造技术

智能化再制造技术是指运用信息技术、控制技术来实施废旧产品再制造生产或管理的技术和手段。智能化再制造技术的应用，是实现废旧产品再制造效益最大化、再制造技术先进化、再制造管理正规化和产品全寿命过程再制造保障信息资源共享的基础，对提高再制造保障系统运行效率发挥着重要作用。柔性再制造技术、虚拟再制造技术、快速响应再制造等都属于智能化再制造技术的范畴，在再制造生产过程中发挥重要作用。

9. 再制造性设计与评价技术

再制造性设计与评价技术是指在产品设计过程中或废旧产品再制造前，设计并评价其再制造性，确定其能否以及如何进行再制造的技术或方法。在研制阶段就考虑产品的再制造性设计，能够显著提高产品末端时的再制造能力，增强再制造效益。产品末端的再制造性评价，能够形成科学的再制造方法，优化再制造工艺流程。

知识点 3　再制造技术的特点

再制造技术与工艺源于制造和维修技术与工艺，是某些制造和维修过程的延伸与扩展。但是，废旧产品再制造技术与工艺在应用目的、应用环境、应用方式等方面又不同于制造和维修技术与工艺，有着自身的特征。

1. 工程应用性

再制造技术直接服务于再制造生产保障活动，其主要任务是恢复或提升废旧产品的各项性能参数，实现对退役产品的再制造生产过程保障，是一门特征明显的工程应用技术，既要有技术成果的转化应用，又要有科学成果的工程开发，具有针对性很强的应用对象和特定的工作程序。同一再制造技术可由不同基础技术综合应用而成，同一基础技术在不同领域中的应用可形成多种再制造技术，工程应用性决定了再制造技术具有良好的实践特性。

2. 综合集成性

机电产品本身的制造及使用涉及多种学科，而对废旧产品的再制造技术也相应涉及产品总体和各类系统以及配套设备的专业知识，具有专业门类多、知识密集的特征。一方面，再制造技术应用的对象为各类退役产品，大到舰船、飞机、汽车，小到工业泵、家用小电器等多类产品；另一方面，它涉及机械、电子、电气、光学、控制、计算机等多种专业，既需要产品的技术性能、结构、原理等方面的知识，又需要检查、拆解、检测、清洗、加工、修理、储存、装配、延寿等方面的知识。因此，退役产品的再制造技术不仅包括各种工具、设备、手段，还包括相应的经验和知识，是一门综合性很强的复杂技术。

3. 先进适用性

再制造技术主要针对退役的废旧产品，要通过再制造技术来恢复、甚至提高废旧产品的技术性能，需要有特殊的约束条件，且技术难度很大，这就要求在再制造过程中必须采用比原产品制造更先进的高新技术。实际上，再制造技术的关键技术，如再制造毛坯快速成形技术、先进复合自动化表面技术、虚拟再制造技术、老旧产品的性能升级技术等，都属于高新技术范畴。再制造技术要与再制造生产对象相适应，但落后的再制造技术不可能对复杂结构的退役产品进行有效的再制造保障，针对复杂结构或材料损伤毛坯的再制造加工多采用先进的加法加工（如表面工程技术），使再制造技术具备先进性。同时，再制造产品的性能要求不低于新产品，因此采用的再制造技术既要适用，又要有很高的先进性，以保证再制造产品的使用性能。

4. 动态创新性

再制造技术应用的对象是各种不断退役的产品，不同产品随着使用时间的延长，其性能状态及各种指标也发生着相应变化。根据这些变化和产品不同的使用环境、不同的使用任务以及不同的失效模式，不同种类的废旧产品再制造技术保障应采取不同的措施，因此再制造技术也随之不断地弃旧纳新或梯次更新，呈现出动态性的特征。同时，这种变化也要求再制造技术在继承传统的基础上善于创新，不断采用新方法、新工艺、新设备，以解决产品因性能落后而被淘汰的问题。只有不断创新，再制造技术才能保持活力，适应变化。可见，创新性是再制造技术的又一显著特征。

5. 经济环保性

再制造过程实现了废旧产品的回收利用，生成的再制造产品在参与社会流通的过程中，能够在较低的消费支出下满足人们较高的产品功能需求，并且为再制造厂提供可观的经济效益。同时，再制造产品在与新产品同样性能的情况下，大量减少了材料及能源消耗，减少了产品生产过程中环境污染废弃物的排放，具有良好的环保效益。所以再制造技术的使用不但对生产者、消费者具有一定的经济性，还具有良好的综合环保效益。

知识点 4　再制造技术的作用

1. 先进制造技术的补充和发展

先进制造技术是制造业不断吸收信息技术、机械、电子、材料技术及现代系统管理的新成果，且将其综合应用于产品的全寿命周期过程，以实现优质、高效、低耗、清洁、灵活生产，并获得最佳的技术和经济效益的一系列通用的制造技术。再制造技术与先进制造技术具有同样的目的、手段、途径及效果，它已成为先进制造技术的组成部分。

一些重要的产品从论证设计到制造定型，直至投入使用，其周期往往需要十几年甚至几十年的时间，在这个过程中原有技术会不断改进，新材料、新技术和新工艺会不断出现。再制造产业能够在很短的周期内将这些新成果应用到再制造产品上，从而提高再制造产品质量、降低成本和能耗、减小环境污染，同时也可将这些新技术的应用信息及时地反馈到设计和制造中，大幅度提高产品的设计和制造水平。可见，再制造技术在应用最先进的设计和制造技术对报废产品进行恢复和升级的同时，还能够促进先进设计和制造技术的发展，为新产品的设计和制造提供新观念、新理论、新技术和新方法，缩短新产品的研制周期。再制造技术扩大了先进制造技术的内涵，是先进制造技术的重要补充和发展。

2. 全寿命周期管理内容的丰富和完善

目前，国内外越来越重视产品的全寿命周期管理。传统的产品寿命周期是从设计开始，到报废结束。全寿命周期管理要求不仅要考虑产品的论证、设计、制造的前期阶段，而且还要考虑产品的使用、维修直至报废品处理的后期阶段。其目标是在产品的全寿命周期内，使资源的综合利用率最高，对环境的负影响最小，费用最低。再制造技术在综合考虑环境和资源效率问题的前提下，在产品报废后，能够高质量地提高产品或零部件的重新使用次数和重新使用率，从而使产品的寿命周期成倍延长，甚至形成产品的多寿命周期。因此，再制造技术是产品全寿命周期管理的延伸。其中的再制造性设计是产品全寿命周期设计的重要方面，要求设计人员在一开始就不仅考虑可靠性设计和维修性设计，还应该考虑再制造性设计以及产品的环保处理设计等，确保产品的可再制造能力。产品的再制造性设计，使产品在设计阶段就为后期报废处理时的再制造加工或改造升级打下基础，以实现产品全寿命周期管理的目标。

3. 实现机电产品可持续发展的技术支撑

20 世纪是人类物质文明飞速发展的时期，也是地球环境和自然资源遭受最严重破坏的时期。保护地球环境、实现可持续发展，已成为世界各国共同关心的问题。可持续发展包括发展的持续性、整体性和协调性。而我国目前部分企业的工业生产模式不符合可持续发展的方针，主要表现：一是环境意识淡薄，回收、再利用意识差，大多是“先污染，后治理”，二是只注重降低成本，而不重视产品的使用寿命和可再利用性，浪费严重。我国面临的资源能源短缺和环境污染严重的问题更为突出，发展生产和保护环境、节省资源已经成为日益激化的矛盾，解决这一矛盾的唯一途径就是从传统的制造模式向可持续发展的模式转变，即从高投入、高消耗、高污染的传统发展模式向提高生产率、最高限度地利用资源和最低限度地产出废物的可持续发展模式转变。

再制造技术就是实现这样发展模式的重要技术途径之一。再制造技术在生态环境保护和可持续发展中的作用，主要体现在以下几个方面：①通过再制造性设计，在设计阶段就赋予产品减少环境污染和利于可持续发展的结构、性能特征；②再制造过程本身不产生或产生很少的环境污染；③再制造产品比制造同样的新产品消耗更少的资源和能源。

4. 促进新的产业发展

据发达国家统计，每年因腐蚀、磨损、疲劳等原因造成的损失约占国民经济总产值的3%～5%。我国有几万亿元的设备资产，每年因磨损和腐蚀而使设备停产、报废所造成的损失逾千亿元，面对如此大量设备的维修和报废后的回收，如何尽量减少材料和能源浪费、减少环境污染，最大限度地重新利用资源，已经成为亟待解决的问题。再制造技术能够充分利用已有资源，主要是报废产品或其零部件，不仅满足可持续发展战略的要求，而且可形成一个高科技的新兴再制造产业，能创造更大的经济效益、就业机会和社会效益。随着产品更新换代和企业重组发展，我国多年生产建设所积累的价值数万亿元的设备、设施，正在经历着或面临着改造更新的过程。再制造技术不仅能够延长现役设备的使用寿命，最大限度发挥设备的作用，也能够对老旧设备进行高技术改造，赋予旧设备更多的高新技术含量，满足新时期的需要，它是以最少的投入来获得最大效益的回收再利用方法。再制造技术在21 世纪将为国民经济的发展带来巨大的效益，并成为21 世纪里新的经济增长点。

【综合训练】

1. 什么是再制造？哪类产品需要再制造？

2. 再制造技术有哪些？

3. 再制造技术有哪些特点？

4. 再制造技术对社会有哪些作用？

模块二　再制造产品的设计

再制造设计是指根据再制造工程要求，运用科学决策方法，进行新产品的再制造特性设计、废旧产品的再制造特性评价及再制造加工的仿真，最终形成最优化再制造方案的过程。再制造设计具有明显的阶段特点，主要包括新产品设计开发时再制造性确定和失效产品再制造前的评估两个阶段。

再制造性作为产品的重要属性，主要在产品设计阶段确定，但也会随着产品本身的服役状况、再制造技术发展、产品的使用环境而动态变化。失效产品的再制造性评估除了考虑以上特性以外，还要针对其自身特点考虑独特的特性。

失效产品通过再制造特性评估，同时要对其进行环境评价，做出再制造的经济预算，确定可行的技术路线，从而形成废旧资源的最优化再制造方案，实现资源回收最大化、生态污染最小化、再制造产品最优化的目的。

知识点1　再制造相关技术

1. 再制造与维修

维修是指在产品的使用阶段为了保持其良好技术状况及正常运行而采用的技术措施，常具有随机性、原位性、应急性。维修的对象是有故障的产品，多以换件为主，辅以单个或小批量的零（部）件修复。其设备和技术一般相对落后，而且难以形成批量生产。维修后的产品多数在质量、性能上难以达到新品的水平。

再制造是以有剩余寿命的报废零部件作为再制造毛坯，利用高新技术对其进行批量化修复、性能升级，所获得的再制造产品在技术性能和质量上都能达到甚至超过新品的水平。机电产品再制造的工艺流程与大修有相似之处，但是两者的效果有明显的区别。第一，再制造是规模化、批量化、专业化生产，不同于一些作坊式的大修；第二，再制造必须采用先进技术和现代生产管理，包括现代表面工程技术、先进的加工技术、先进的检测及寿命评估技术，这是大修难以全面做到的；第三，再制造不仅是恢复原机的性能，还兼有对原机的技术升级，而大修一般不包含技术改造的内容；第四，再制造后的产品性能要达到新品或超过新品，这是最主要的不同点，是前面三点的出发点和归宿点，而大修后的产品在性能和质量上达不到新品的要求，更无法超过新品。

2. 再制造与再循环

再循环是指将废旧产品回收到能够重新利用资源的过程，其工艺过程主要包括拆解、粉碎、分离或燃烧等步骤。根据所回收资源的形式、性能及用途不同，再循环可分为原态再循环和易态再循环，前者是指回收到与废弃件具有相同性能的材料，后者是指将废弃品回收成其他低级用途材料或者能量资源。再循环一般用于可消费品（如报纸、玻璃瓶、铝制易拉罐等），也可用于耐用品（如汽车发动机、机电产品等）。再循环有效减少了废弃垃圾数量，增加了可用原材料资源数量，减少了对原生矿藏的开采。但无论哪种再循环方式，都破坏掉了原零部件的形状和性能，销毁了原产品在第一次制造过程中赋予产品的全部附加价值，仅仅回收了部分材料或能量，同时在回收过程中注入了大量的新能量，而且在再循环过程中的粉碎、分离等环节要产生大量的废水、废气、固体废弃物等新的环境污染。所以再循环是废旧机电产品资源化的一种低级形式。

再制造是以废旧成形零部件为毛坯，利用高新技术进行加工，获得高品质、高附加值的产品，实现产品级的回收重用，它消耗能源少，最大限度地获得了废旧零部件中蕴含的附加值。大量零部件的直接或再制造后的重用，使得再制造产品性能在达到或超过新品的情况下，生产成本可以远远低于新品，因此再制造是废旧机电产品资源化的最佳形式和首选途径。

3. 再制造与制造

再制造属于制造学科的重要内容，是先进制造、绿色制造的有机组成部分，两者具有许多共同点，如都是通过规模化和专业化生产制造出满足市场需求产品的过程，两者也都要求采用清洁生产工艺，尽量减少生产过程中的资源消耗和环境污染，生产绿色产品等。但两者也具有明显的不同点：

制造是生产新产品的过程，其所采用的对象是不同材料及其制成的毛坯，主要通过机械加工方法来完成新零件的生产，并最终通过零件的装配完成产品的生产过程，以满足市场对产品的需求。而再制造所面对的对象是退役的废旧产品，是在报废或过时的产品上进行的一系列修复或升级活动，要恢复、保持甚至提高产品的技术性能，有很大的技术难度和特殊约束条件，所采用的技术手段不但包括传统的机械加工方法，还包括表面工程技术、拆解技术、清洗技术等大量制造过程没有采用的工艺技术。这就要求在再制造过程中，必须采用比原始产品制造更先进的高新技术。而且再制造采用的毛坯来源、品质、数量、时间等具有明显的不确定性，这为再制造过程的管理和规划提出了不同于制造过程的难题。

知识点2 产品的再制造性

1. 再制造性

废旧产品的再制造性是决定产品能否进行再制造的前提，是再制造基础理论研究中的首要问题。再制造性是产品设计赋予的，表征其再制造的简便、经济和迅速程度的一个重要的产品特性。再制造性定义为废旧产品在规定的条件下和规定的费用内，按规定的程序和方法进行再制造时，恢复或升级到规定性能的能力。再制造性是通过设计过程赋予产品的一种固有属性。

定义中“规定的条件”是指进行废旧产品再制造生产的条件，它主要包括再制造的机构与场所（如工厂或再制造生产线、专门的再制造车间、运输等）和再制造的保障资源（如所需的人员、工具、设备、设施、备件、技术资料等）。不同的再制造生产条件有不同的再制造效果。因此，产品自身再制造性的优劣，只能在规定的条件下加以度量。

定义中“规定的费用”是指废旧产品再制造生产所需要消耗的费用及其相关环保消耗费用。给定的再制造费用越高，则再制造产品能够完成的概率就越大。再制造最主要表现在经济方面，再制造费用也是影响再制造生产的最主要因素，所以可以用再制造费用来表征废旧产品再制造能力的大小。同时，可以将环境相关负荷参量转化为经济指标来进行分析。

定义中“规定的程序和方法”是指按技术文件规定采用的再制造工作类型、步骤、方法。再制造的程序和方法不同，再制造所需的时间和再制造效果也不相同。例如一般情况下换件再制造要比原件再制造加工费用高，但时间快。

定义中“再制造”是指对废旧产品的恢复性再制造、升级性再制造、改造性再制造和应急再制造。

定义中“规定的性能”是指完成的再制造产品效果要恢复或升级达到规定的性能，即能够完成规定的功能和执行规定任务的技术状况，通常来说要不低于新品的性能。这是产品再制造的目标和再制造质量的标准，也是区别于产品维修的主要标志。

综合以上内容可知，再制造性是产品本身所具有的一种本质属性，无论在原始制造设计时是否考虑进去，都客观存在，且会随着产品的发展而变化。

再制造性具有不确定性，在不同的环境条件、使用条件、再制造条件、工作方式、使用时间等情况下，同一产品的再制造性是不同的，离开具体条件谈论再制造性是无意义的。随着时间的推移，某些产品的再制造可能发生变化，以前不可能再制造的产品会随着关键技术的突破而增大其再制造性，而某些能够再制造的产品会随着环保指标的提高而变成不可再制造。评价产品的再制造性包括从废旧产品的回收至再制造产品的销售整个阶段，其具有地域性、时间性、环境性。

2. 固有再制造性与使用再制造性

与可靠性、维修性一样，产品再制造性也表现为产品的一种本质属性，因此，也可以分为固有再制造性和使用再制造性。

固有再制造性也称设计再制造性，是指产品设计中所赋予的静态再制造性，是用于定义、度量和评定产品设计、制造的再制造性水平。它只包含设计和制造的影响，用设计参数(如平均再制造费用）表示，其数值由具体再制造要求导出。固有再制造性是产品的固有属性，奠定了2/3的实际再制造性。固有再制造性不高，相当于“先天不足”。在产品寿命各阶段中，设计阶段对再制造影响最大。如果设计阶段不认真进行再制造性设计，则以后无论怎样精心制造，严格管理，技术进步，也难以保证其再制造性。制造只能尽可能保证实现设计的再制造性，使用则是维持再制造性，尽量减少再制造性的降低；而技术进步虽往往能够提高产品的再制造性，但人们需求的提高又会降低产品的再制造性。

使用再制造性是指废旧产品到达再制造地点后，在再制造过程中实际具有的再制造性。它是在再制造实际使用前所进行的再制造性综合评估，以固有再制造性为基础，并受再制造生产的人员技术水平、再制造策略、保障资源、管理水平、再制造产品性能目标、营销方式等的综合影响，因此，同样的产品可能具有不同的使用再制造性。通常再制造企业主要关心产品的使用再制造性。

知识点3　报废失效产品的认定

传统的产品寿命周期是从研制到失效，即产品使用到失效为止，是一个非周期系统。而理想的再制造产品寿命周期是从研制到再生，其物流是一个循环系统。废旧产品经分解、鉴定后可分为四类零部件：①可继续使用的；②通过再制造加工可修复或改进的；③目前无法修复或经济上不合算的；④通过回炉冶炼变成原材料的；⑤只能作为固体废弃物做环保处理的。

再制造的目标是要尽量加大产品经再制造成为合格产品的比例，即尽量加大废旧零部件的回用次数和回用率，尽量减少再循环和环保处理部分的比例，以便最大限度地利用大量失效产品资源，延长产品的生命周期，最大限度地减少对环境的污染。

再制造是以报废失效产品及其零部件做毛坯，修旧利废，变废为宝。产品的报废是指其寿命的终结。产品的寿命可分为物质寿命、技术寿命和经济寿命。

1）物质寿命是指从产品开始使用到实体报废所经历的时间。产品实体磨损、金属腐蚀、材料老化、机件损坏等原因决定了产品的物质寿命。做好产品的维护和修理能延长其物质寿命。因为物质寿命终结而报废的产品及其零部件，其相当部分可直接使用或通过再制造加工后使用。

2）技术寿命是指从产品开始使用到因技术落后被淘汰所经历的时间，科技发展的速度决定产品的技术寿命。进行适时的改造升级可延长产品的技术寿命。

3）经济寿命是从产品开始使用到继续使用，经济效益变差所经历的时间。产品的生产成本、燃料动力费、维护维修费、停工损失费用等决定其经济寿命，根据技术经济学的理论可以估算产品的经济寿命即最佳使用期限。适时的维护、维修、改造、升级可延长产品的经济寿命。

知识点4 原产品附加值的提取

再制造产品既包括质量与性能等同或优于原产品的复制品，也包括改造升级的换代产品。技术进步的加快使得产品使用时间缩短，废品数量增多。为满足人们对高性能、高新技术含量产品的需求，避免在市场竞争中被淘汰，通过再制造工程以最低成本和资源消耗生产升级换代产品将是一条重要途径。通过修复与改造，再制造可以充分提取投入到原产品里的附加值。

产品附加值是指在产品的制造过程中加入到原材料成本中的劳动力、能源和加工设备损耗等成本。一般来说，产品的附加值要远远高于原材料成本。而通常所说的再循环，如将回收的金属零部件回炉冶炼做原料不但不能回收产品的附加值，还需要增加劳动消耗、能源燃料和设备成本，才能把报废产品变成原材料。

通过再制造提取附加值无须增加过多成本，可以获得经济、实惠的额外利益，直接提高投入产出比。附加值的提高对客户和厂商具有双赢的经济效益。例如，发动机再制造提取附加值，再制造原料消耗仅是初始制造的10%，能量消耗的50%和劳动力的67%。

知识点5 再生产品质量优于原产品

再制造不同于维修，产品维修是一种保持其正常运行而采取的措施，具有随机性、原位性和应急性。为了以最短的时间恢复产品性能，减少停机损失，常以换件为主，即使对个别零件进行修复也多用现有设备和技术以单件方式实施。再制造工程是一种具有专业性、互换性、批量化、规范化的生产方式。由于生产的再制造产品要参与市场竞争，尤其是面对一些人总认为"某些东西不是全新的质量肯定不高"的习惯性看法，要使再制造产品有好的销路，必须确保产品的高质量。这就要求再制造工程必须采用高新技术，如各种先进表面技术和复合表面技术、再制造毛坯快速成形技术、纳米复合及原位自生长技术、修复热处理技术、应急维修技术、过时产品性能升级技术等，以现代化生产方式和管理手段、严格的质量标准和管理程序组织生产，使再制造工程产品质量、性能等同或高于原产品，价格上更有优势。由于再制造工程是在产品使用数年至一二十年之后进行的，科技的进步，新技术、新工艺、新材料的应用，使再制造产品应该比原产品做得更好。

目前很多高新表面技术和复合表面技术的合理应用都能大幅度提高零件表面的耐磨性和耐蚀性，成倍延长零部件的使用寿命。如果通过再制造使产品得到现代化改造和升级，如将某种机械设备加上自动控制装置，那将显著提高产品的性能。由此可见，再制造工程已成为产品采用高新技术的先导。

知识点6 产品再制造的工艺设计

再制造工程是通过多学科综合、交叉、复合并系统化后而正在形成中的一门新兴学科。由于在国外它仅有十几年的历史，在我国则刚刚起步，因而再制造工程的研究体系尚在探讨与形成之中。再制造工程主要包括再制造工程设计基础、再制造工程技术、再制造工程质量控制、再制造工程技术设计等部分。

1. 产品生产设计的依据

这包含多方面的理论研究内容，①产品服役的环境行为和失效机理，是实施再制造过程从而决定产品性能的基本理论依据；②产品的再制造性评价是在技术和经济上综合评定废旧产品的再制造价值；③产品寿命预测与剩余寿命评估是在失效分析的基础上，通过建模与实验建立寿命预测与评价系统，评估零部件的剩余寿命和再制造产品的寿命；④再制造过程的模拟与仿真用以预览再制造过程，预测再制造产品质量和性能，以便优化再制造工艺。

2. 选用再制造技术

再制造工程技术包含的技术种类非常广泛，其中各种表面技术和复合表面技术主要用来修复和强化废旧零件的失效表面，是实施再制造工程的主要技术。

由于废旧零部件的磨损和腐蚀等失效主要发生在表面，因而各种各样的表面涂敷和改性技术应用得最多；纳米涂层及纳米减摩自修复技术是以纳米材料为基础，通过特定涂层工艺对表面进行高性能强化和改性，或应用摩擦化学等理论在摩擦损伤表面形成自修复膜层。

再制造毛坯快速成形技术是根据要求的零件几何信息，采用积分堆积原理和激光同轴扫描等方法进行金属的熔融堆积、快速成形技术；过时产品的性能升级技术不仅包括通过再制造工程使产品强化、延寿的各种方法，而且包括产品使用后的改装设计，特别是引进高新技术使产品性能升级的各种方法。除上述这些有特色的技术外，通用的机械加工和特种加工技术也经常使用。

3. 提出再制造工艺路线

这包括再制造工艺过程设计，工艺装备、设施、车间的设计，再制造技术经济，再制造工程组织管理等多方面内容。上述对再制造工程内涵和组成等看法还有待于不断修正和完善。随着对再制造工程研究的不断加深和再制造工程产业的不断发展，它对我国国民经济可持续发展的贡献将越来越大。

4. 确定制造过程质量控制体系

毛坯的质量检测是检测废旧零部件的内部和外部损伤，在技术和经济上决定其再制造工程的可行性。为确保再制造产品的质量，要建立全面质量管理体系，尤其是要严格进行再制造过程的在线质量控制和再制造成品的检测。

【综合训练】

1. 再制造相关技术有哪些？
2. 再制造与维修技术有什么不同？
3. 什么是产品的再制造性？
4. 怎样认定失效报废产品？
5. 如何提取失效产品的附加值？
6. 怎样进行产品的再制造工艺设计？

模块三　再制造产品性能的评估

废旧产品的再制造特性评价是一个综合的系统工程，研究其评价方法，建立再制造性评价体系，是科学开展再制造工程的前提。不同种类的废旧产品其再制造性不同，即使同类型的废旧产品，因为产品的工作环境及用户不同，导致废旧产品的方式也多种多样，如部分产品是自然损耗达到了使用寿命而报废，部分产品是因为特殊原因，如火灾、地震及偶然原因而导致报废，部分产品是因为技术、环境或者拥有者的经济原因而导致报废，因此，不同的报废原因导致了同类产品具有不同的再制造性。

知识点1　废旧产品的再制造性评价

对再制造性的判断，可以通过采集大量影响产品再制造的技术性、经济性、环境性和服役性等信息，通过定性和定量相结合、模糊评判、综合权衡等方法，确定报废产品的再制造性。废旧产品的再制造性评价，可以采取图7-3所示的步骤。

1. 剩余使用寿命

剩余使用寿命就是指在规定的运行工况下，能够保证机器安全、经济运行的剩余时间。

2. 材料性能

机械零件种类繁多，不同零件工作性能和承受载荷不同，因此对其性能要求也不同。根据零件类型确定影响使用的材料主要性能要求，如轴类零件要求材料必须能耐磨、耐疲劳及耐腐蚀。疲劳性对轴类零件的再制造起关键性的作用，一旦疲劳失效，该零件必须完全报废，不能再重新利用。磨损是大部分零件失效的主要原因，可以通过修复实施再制造。

3. 失效性

根据实际使用情况统计确定零件的主要失效形式，一般包含磨损和断裂。其中磨损失效

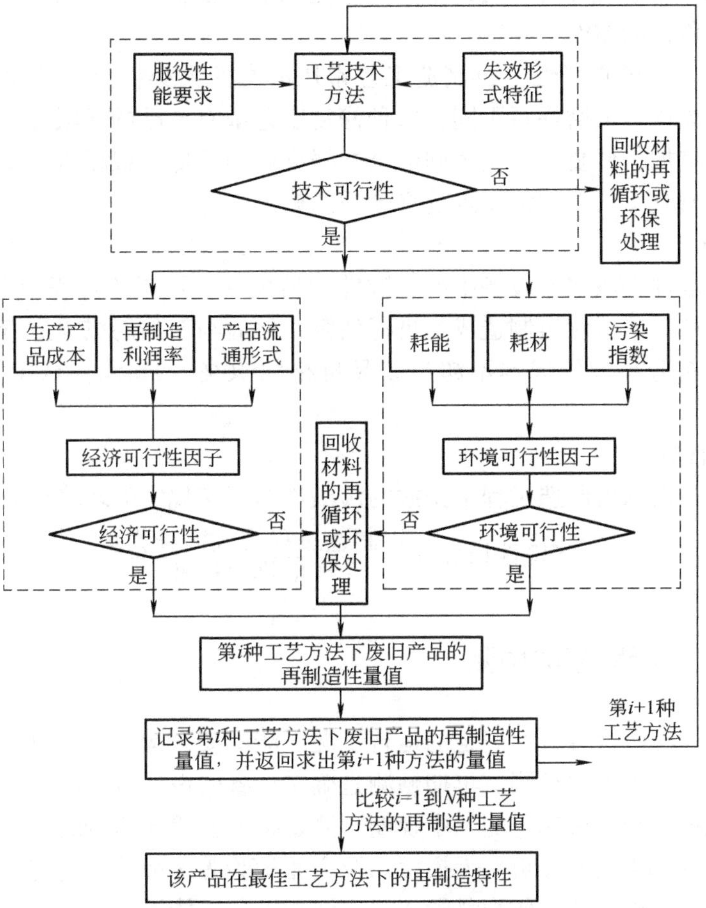

图 7-3 废旧失效产品再制造性评价

为主要失效形式，据统计废旧零件的磨损失效所占比例较大，为 80% ~90%，断裂失效占 10% ~20%。

4. 回收价值性

该指数用来确定废旧零件可回收的价值尺度。

$$回收价值性指数=\frac{报废零件现估价\times 2}{产品原价}$$

式中：当报废零件现估价乘 2 达到或超过原产品价格时，指数 =1。另外，考虑零件工作状况和再制造工艺的复杂性，一般可规定废旧零件不具有二次再制造性。

5. 再制造工艺性

再制造工艺过程包括拆卸、清洗、检测、修复、再装配和测试等方面。由于设计阶段的评估考虑了清洗、拆卸和安装，这里仅仅考虑修复工艺和测试两个方面。

（1）再制造修复工艺的经济性　再制造修复工艺经济性是用来评估报废产品在企业内再制造过程中的工艺性能和经济性。

$$修复价值性指数=1-\frac{修复成本}{产品价格}$$

当评估产品再制造设计特性时，不涉及修复成本。根据再制造的特点，再制造修复成本一般不高于产品价格的50%。

（2）再制造工艺的选择性　再制造工艺常用的有四大类：金属喷涂、电镀、熔覆和焊接。对于不同的废件最大磨损量不同，每种修复工艺都有自己的局限性，但整体上来说，随着修复层厚度的增加，修复层与基体间的结合强度逐渐降低，根据待修复零件在工作中承受载荷情况，依据修复工艺的修复特点选择合适的修复工艺。

6. 经济指标

由于再制造零件一般属于设备中的关键件和易损件，再制造过程中消耗成本越低越好，根据制订的再制造工艺，对再制造成本进行估算，然后与新品的成本进行比较。我国在再制造方面规定：再制造零件的成本不超过新品价格的70%，成本小于70%的再制造才是经济的。

7. 环境性指标

环境性指标是根据再制造过程中排放的污染物与国家规定的环境排放标准对比确定。

$$\text{环境性指标}=\frac{\text{再制造过程排放污染物量}}{\text{环境排放标准}}$$

知识点2　产品寿命预测

寿命预测是一项研讨设备在规定的运行工况下能够安全运行多长时间的工作。可将寿命预测分为早期预测和中晚期预测。早期预测是确定设备的设计寿命或计算寿命，主要以计算方法进行的，这种预测是偏理论的。中晚期预测是指设备累计运行时间已超过或远超过设计寿命，通过对其运行历史的分析、无损探伤及金相检验等多种检验鉴定、断裂力学计算、其他直接和间接的寿命预测技术作为科学依据，评估设备还能够继续安全运行的时间，也就是设备的剩余寿命，这种预测是偏实践的、偏经验的。

通常说的寿命预测主要是指剩余寿命预测，也称为剩余寿命评估评定或结构完整性评估。为了进行寿命预测，需要做大量的资料分析、实地检验、试验等工作，将这些技术称为剩余寿命预测技术，简称寿命预测。

1. 间接寿命预测方法

间接寿命预测方法是利用应力解析法求出部件材料的应力及材料强度数据作为基础，用计算机采用有限元方法计算出部件的损伤程度。间接寿命预测的关键在于正确收集到部件运行时完整、真实的资料，如部件内部介质的温度、压力、金属的壁温等。可评价任何部件和任何部位，不受诊断对象所处位置的制约，但若运行历史或材料数据不准确将导致计算误差，且没有考虑材料老化这一因素。

2. 直接寿命预测方法

直接寿命预测方法分为非破坏试验法和破坏试验法。破坏性试验法需要取得相同或类似的样本，然后通过破坏性试验得到需要的数据，进行加速蠕变断裂试验的疲劳试验，据此推算出寿命损伤程度，做出寿命评估。破坏性试验法评价时间较长，有许多场合取样较困难。而非破坏性试验法，在较短的时间可对较多的部位进行诊断，且能定期监控，所以，采用非破坏性检查的剩余寿命诊断更为有用。间接预测与直接预测两类方法的特征比较见表7-1。

表 7-1　间接预测与直接预测两类方法的特征比较

项目类别		实际适用性	诊断方法	监　测	经济性
间接方法	应力解析法	可使用任何部件和部位	采用部件进行历史及破坏性判据（线形损伤法则等）	能进行在线监测	需要费用和时间
直接方法	破坏实验法	可以切取试样的部件	采用破坏性试验	不宜使用	需要费用和时间
	非破坏实验法	适用于不能够切取试样时，①诊断受限制的部位；②狭小场所	用损伤检定曲线标准对照诊断	能定期进行	省时省钱

3. 产品寿命预测方法

在零部件失效分析的基础上，应用断裂力学理论建立失效行为的数学模型，并与快速失效实验的结果相结合以建立产品寿命的预测评价系统，评估新品、再制造产品的寿命和已用产品的剩余寿命。

1）进行腐蚀与损伤动力学过程的模拟，建立自然环境中多因素非线性耦合作用下零部件失效行为的数学模型和寿命预测模型。

2）建立装备零部件失效实车运行考核数据库系统，并研究考核数据与模拟自然环境加速实验结果的关系，对寿命预测模型进行评价。

3）应用断裂力学理论分析疲劳裂纹扩展规律，研究裂纹尖端的微观结构及力学行为；研究断裂过程和形貌特征与零部件材料的显微组织性能结构、涂层体系、受力状态及环境条件之间的关系，揭示断裂失效的规律以预测零部件寿命。

4）应用金属物理理论，从零部件材料的显微组织、微细观缺陷上研究零部件材料的失效行为，并指导零部件的寿命预测。

知识点 3　废旧失效零件再制造模型的建立

鉴于废旧失效产品的特殊性，其零件原始几何和性能参数的获取是恢复零件至原尺寸的前提。当再制造生产由原产品制造商进行时，生产商拥有独特的原产品数据库，可以从中提取原始零件的几何及性能模型，通过与当前识别后获取的缺损零件几何模型的对比，生成零件的待加工模型。

根据加工模型，通过适当的加工方式，可以将零件恢复至原几何尺寸状态，保持产品的完好性。例如，磨损机械零件自动堆焊模型的形成，主要包括以下几个步骤：固定零件；识别磨损零件；测量零件磨损量；分析测量数据并生成堆焊模型。在此步骤中，是以磨损零件外表面可能存在的一些在使用中留下的没有磨损的点作为对工作区零件进行空间定位的参考点，此情况能够保证零件修复后的精度；如果磨损零件外表面没有这些参考点，那么零件的空间定位则应以磨损量最少的点为参考点，此情况下，只有在系统软件的协助下才能完成对零件的空间定位。定位后，应用激光传感器测量头测量零件，将测量结果与存储在系统数据库中零件的名义尺寸或者对新品的测量结果进行比较，得到零件的缺损模型，进而生成可加工模型。

在技术封锁或者原零件的几何尺寸模型丢失的情况下，进行再制造，首先需要求出原零件的原始几何尺寸模型，即在不能获取废旧零件原始几何尺寸和测量基准的情况下，研究废旧零件的机械学、摩擦学等行为及所丧失的零件信息，并通过采取接触式和非接触式测量技术，挖掘蕴含在废旧产品中的几何形貌、整体强度等信息，利用反求方法获得零件设计时的几何形貌和整体强度，得出产品的原始几何模型及性能模型；然后再通过与当前缺损模型的对比，同时对服役条件进行分析及表面性能检测，研究获得再制造零件摩擦学性能和力学性能的再制造加工模型。其过程如图7-4所示。

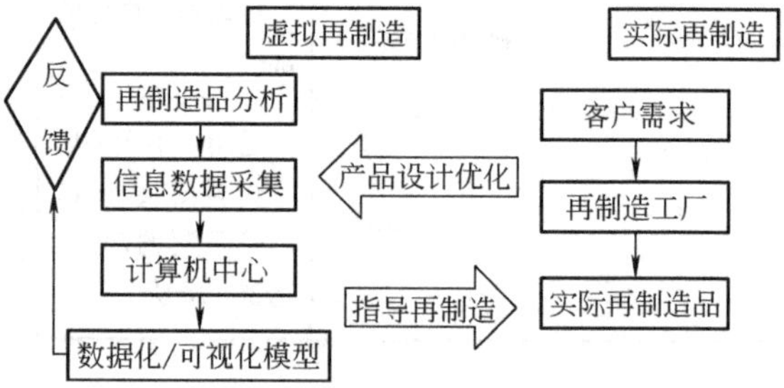

图7-4　再制造加工模型的建立

知识点4　再制造工程中的资源回收

再制造只是一种较新的废旧产品末端处理方式，不能再制造的废旧产品不能因技术、经济或者个人偏好等原因而被抛弃。为了节约资源，保护环境，实现废旧产品的资源化，对不同的废旧产品处理应当采用不同的方式。一般情况下可将废旧产品的回收分为再制造、再循环、资源转换和环保处理四部分，并建立图7-5所示的再制造产品末端处理流程。

再制造的工艺主要由废旧产品的收集、拆解、清洗、分类、测试、修复、升级、装配、检测等组成。再制造能够保存原产品中大部分的附加值，只是破坏了原产品装配过程中赋予的附加值，通过注入新附加值，形成的是直接面向用户使用的产品整体。为了保证产品的市场竞争力，再制造过程中需要对产品进行必要的升级。再制造过程中不能进行利用的零部件可以进入再循环处理。

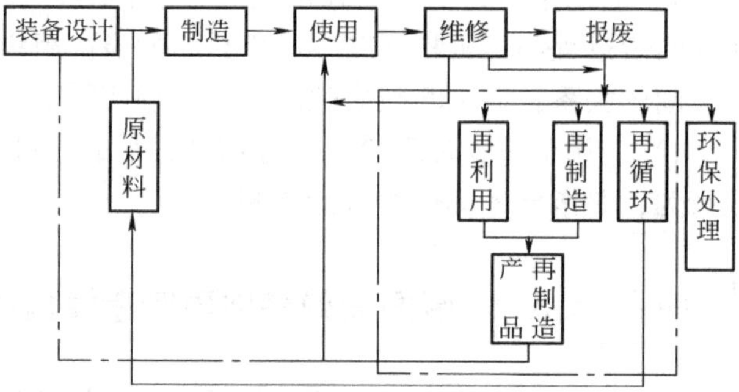

图7-5　再制造产品末端处理流程

再循环是指将废旧产品回收到原来材料成分的过程，其工艺主要包括拆解、粉碎、分离等步骤，再循环回收的是具有原使用性能的材料，可用于原工厂进行同样零部件的制造。因为再循环是将废旧产品恢复到了原料的状态，所以其破坏了原产品在第一次制造过程中赋予产品的全部附加值，并在回收过程中注入了大量新的能量，但仅回收了原材料，而且在原产品的粉碎、分离过程中常会产生大量的噪声、废水、废气等造成环境污染。不能进行再循环的部分可以进入资源转化的处理。

资源转化主要是指对于不再具有原有使用价值的资源，可以将其转换到低层次使用或者作为燃料等方式，以减少环境污染，获得新的使用价值，其产品是其他用途的材料或能源。

这种处理方式不但破坏掉原产品制造中的附加值，而且破坏掉了原材料的实际利用价值，所以其回收的价值更低，而且也容易造成大量的环境污染。不能进行资源转化的可以进行环保处理。

环保处理是指对废品进行减量化、无害化处理，主要通过掩埋、无能量回收的焚烧、海洋倾倒等方式。该方式完全破坏掉了原产品和材料的所有价值，并对地下水、大气等造成严重威胁。随着环保意识和法规的加强和土地使用面积的减少，对掩埋等环保处理要求越来越严格。

人们通常所提的产品的再利用指对产品不经过拆解，直接由第一个用户或者经过中间商转由第二个用户使用的过程，此种产品因未退出现役，可以不作为末端产品，主要是市场管理问题。而零部件的再利用指产品拆解后，对可用零部件的重用，便是再制造的一部分。

由以上可知，产品末端的资源化处理方式主要包括前三类，而再制造可以最大化地保存原产品在制造过程中注入的附加值，实现资源的最佳回收利用、环境的最小污染、社会的合理发展，是产品的最优化末端处理选择方式，是实现可持续发展的重要手段。

当然，并不是对任何产品都可以进行再制造。目前能够进行再制造的产品一般要求：产品技术比较稳定、更新速度较慢；产品主要是由于功能失效；产品的标准化生产，能够进行零件替换；产品附加值占原产品市场价的比值较高；再制造产品价格通常是新产品价格的40%～80%，能够形成生产商和用户双赢的局面。

【综合训练】

1. 怎样对失效废旧产品进行再制造性评价？
2. 再制造性评价有哪些指标？
3. 如何建立再制造产品模型？
4. 怎样进行再制造时的资源回收？

模块四　表面工程技术

表面工程技术历史悠久，古人就掌握了镏金、贴金技术、油漆技术、淬火技术等。近代的摩擦学、界面力学与表面力学、材料失效与防护、金属热处理、焊接、腐蚀与防护、光电子等学科的建立促进了多种表面技术的发展并成为表面工程技术发展的理论基础。

经过几十年的探索，以零部件结构表面为研究对象，以改善机械零件、电子电器元件基质材料表面性能，以保证现代机械在高速、高温、高压、重载以及强腐蚀介质工况下可靠而持续地运行的表面工程技术逐步成熟起来，在先进制造技术、设备仪器维修、电子通信技术、高新技术以及节约资源、保护环境中作用巨大，也与人类文明和日常生活息息相关。

知识点 1　表面工程技术的定义和内涵

表面工程技术种类繁多，曾分属于不同的学科，如化学热处理、表面淬火技术曾属于金属材料学，电镀与电刷镀、涂装技术属应用化学或化工工程学，而真空镀膜、离子镀等常归类于物理电子学等。由于发展过程不同，人们习惯于将表面工程技术的内涵限定于与结构材料的耐磨、耐腐蚀、抗氧化等性能相关的内容，而忽略了其在许多重要领域如微电子、光学领域中的广泛应用。

表面工程是经表面预处理后，通过表面涂覆、表面改性或多种表面工程技术复合处理，改变固体金属表面或非金属表面的形态、化学成分、组织结构和应力状态等，以获得所需要表面性能的系统工程。它是由多个学科交叉、综合发展起来的新兴学科，它以表面作为研究核心，在有关学科理论的基础上，根据零件表面的失效机制，以应用各种表面工程技术及其复合为特色，逐步形成了与其他学科密切相关的表面工程基础理论。

表面工程技术的最大优势是能够以多种方法制造出优于本体材料性能的表面功能薄层，赋予零件耐高温、耐腐蚀、耐磨损、抗疲劳、防辐射等性能，这层表面材料与制作部件的整体材料相比，厚度薄，面积小，但却承担着工作部件的主要功能。

根据表面工程学科特点及发展规律，表面工程的广义定义应该是以满足特定的工程需求，使材料或零部件表面具有特殊的成分、结构、性能、功能的化学、物理方法与工艺技术，如图7-6所示。按此定义，表面工程技术的内涵应该包括如下几个方面：

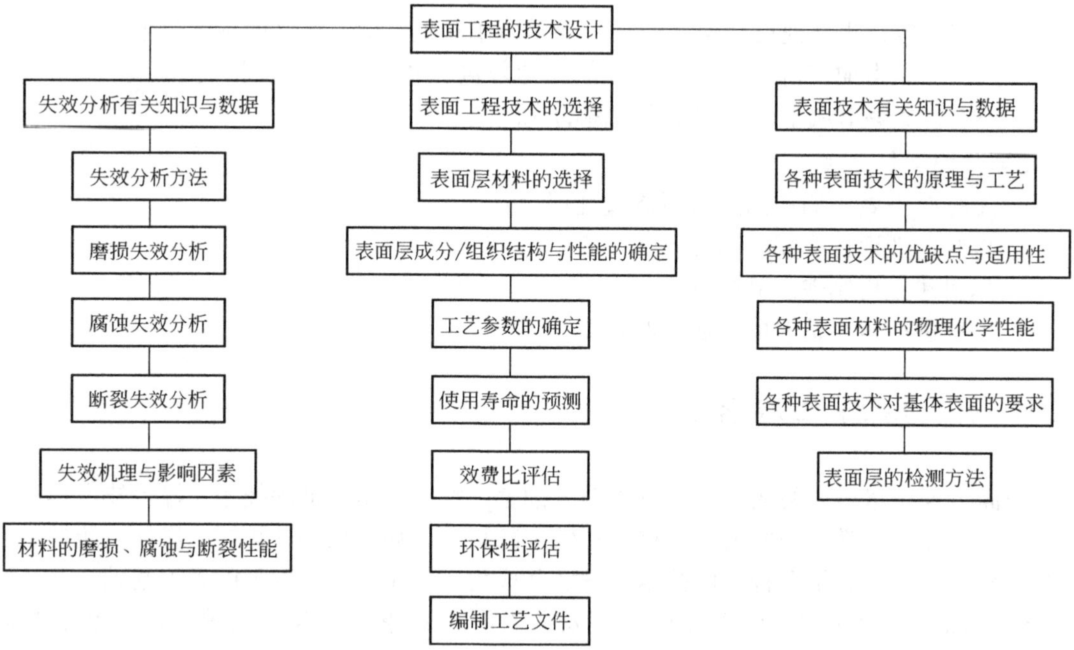

图7-6　表面工程技术的内涵

1. 表面改性技术

能够提高零部件表面的耐磨性、耐蚀性、抗高温氧化性能，或装饰零部件表面，或者使材料表面具有各种特殊功能（如电性能、磁性能和光电性能等）的有关工程技术。

表面改性技术主要指赋予材料或零部件表面特定的物理、化学性能的表面工程技术。材料的表面性能包括高强度、高硬度、耐蚀性、导电性、磁性能、光敏、压敏、气敏特性等。按照工艺特点的不同，表面改性技术又可分为表面组织转化技术，表面涂覆、镀层及堆焊技术和表面合金化技术三大类。

2. 表面加工技术

能够在材料表面加工或制作各种功能结构元器件的有关技术，如能够在单晶硅表面制作大规模集成电路的光刻技术、离子刻蚀技术等。

表面微细加工技术主要指在材料表面不大于100μm区域内进行各种形状或尺寸的精密、微细加工，使其成为具有各种功能的元器件或零部件的技术。在各种功能元器件的制备过程中，常常需要在特定性能的薄膜上加工、制作各种形状，如导电线路等。这些加工的特点是精度要求高，且主要集中于元器件的表面。如微电子线路板制作的关键基础技术：光刻和腐蚀技术、离子束精密刻蚀技术等，它们和薄膜沉积技术一起成为微电子工业中的基本制造工艺。

3. 表面合成材料技术

借助各种手段在材料表面合成新材料的技术，如纳米粒子制备过程中的表面工程技术、离子注入制备或合成新材料等。

表面合成新材料技术主要指采用特定的表面工程技术，在材料表面合成常规工艺方法无法获得的新材料，或者利用材料的表面加工过程获得全新材料的工艺。由于表面工程技术具有一般整体材料加工技术不具备的优点，如气相沉积技术可从气相原子直接凝固成固相，离子注入技术的粒子可强行注入基材，从而形成相图上无法得到的非平衡材料。

4. 表面加工三维合成技术

通过计算机设计控制，在材料表面不断实现特定形状的涂镀加工与堆积，将二维表面加工累积成三维零件的快速原型制造技术。它一改传统机械制造技术从整体块状毛坯起逐渐除去多余的部分，并最终形成产品成品的过程，而采用逐层堆积，计算机控制使每层形状与该零部件的相应解剖面相同，最终形成成品。典型的例子是各类模具的无模快速制造技术。这两个过程顺序完全相反，得到的结果相同。后者在单件或小批量原型制作时速度远高于前者，制造成本又远低于前者。

5. 复合表面工程技术

包括多种表面工程技术的复合和不同材料的复合两种形式。多种表面工程技术的复合能够形成新的涂层体系，并建立表面工程新领域。综合运用两种或多种表面工程技术的复合表面工程技术通过最佳协同效应获得了“1+1>2”的效果，使本体材料的表面薄层具有了更加卓越的性能。目前主要有：金属基陶瓷复合涂层、陶瓷复合涂层、多层复合涂层、梯度功能复合涂层等。例如，Al是具有较好耐蚀性的涂层材料，但纯Al涂层的耐磨性差。通过在Al中添加硬质陶瓷相可显著提高其耐磨性。

上述定义下的表面工程，由“单纯表面改性”扩展到“表面加工和合成新材料”，其实施对象由“结构材料”扩展到“功能材料”，涵盖材料学、材料加工工程、物理、化学、冶金、机械、电子与生物领域的有关技术与科学，交叉学科的特征名副其实。

表面工程技术所涉及的基材包括几乎所有的工程材料，如金属、陶瓷、半导体材料；高分子材料、混凝土、木材和各类复合材料等，所涉及的工艺方法数以百计，各具特点。同样的工艺应用于不同的材料，或相同的材料采用不同的工艺，所得效果可能会相去甚远。有时，错误地选择了工艺或材料，不仅达不到预期的目的和效果，甚至可能破坏零件的表面，使产品报废。

表面工程发展非常迅速，也非常活跃，究其原因：第一是现代工业的发展对机电产品提出了更高的要求，要在高温、高压、高速、重载以及腐蚀介质等恶劣工况下可靠地工作，表面工程为实现这些要求大显身手。第二是相关的科学技术的发展不断为表面工程注入新的活力，提供了技术支撑。如高分子材料和纳米材料的发展，激光束、离子束、电子束三种高能量密度热源的实用化等，都显著拓宽了表面工程技术的应用领域，丰富了表面工程的功能，提高了表面处理的质量。第三是表面工程适合我国国情，能大量节约能源、资源，体现了科技尽快转化为生产力的要求，符合可持续发展战略。

概括起来，表面工程的特点与意义体现在如下几个方面：

1）主要作用在基材表面，对远离表面的基材内部组织与性能影响不大。因此，可以制备表面性能与基材性能相差很大的复合材料。这对于一些要求综合力学性能良好的零部件，如要求表面耐磨性好、心部韧性好的零件十分重要，有时甚至是制造这类零部件的唯一工艺手段。

2）采用表面涂覆、表面合金化技术取代整体合金化，使普通、廉价的材料表面具有特殊的性能，不仅可以节约大量贵重金属，而且可以大幅度提高零部件的耐磨性和耐蚀性，提高劳动生产率，降低生产成本。因此，表面工程技术被广泛应用于提高材料的耐磨、耐蚀、抗高温氧化性能，零部件的表面装饰以及各类零件的修复等方面。据统计，全世界各发达国家仅仅因磨损、腐蚀而造成的经济损失就占各国国民生产总值的3%～5%。我国的表面工程技术的运用水平与世界先进水平尚有一定差距，因磨损、腐蚀而造成的经济损失所占比重更大。采用表面工程技术，即使只使上述损失降低1%，经济效益也是相当可观的。

3）表面工程技术可以兼有装饰和防护功能，在人们的周围创造了一个五彩缤纷的世界，推动了产品的更新换代。采用表面工程技术还可以在大气与水质净化、抗菌灭菌和疾病治疗等方面发挥重要作用。

4）以化学气相沉积、物理气相沉积、掩膜、光刻技术为代表的表面薄膜沉积技术和表面微细加工技术是制作大规模集成电路、光导纤维和集成光路、太阳能薄膜电池等元器件的基础技术。没有它们，就不可能有今天的微电子工业和光纤通信的辉煌。

5）计算机技术与材料科学、精密机械和数控技术相结合，使二维的表面处理技术发展成为三维零件制造技术，创造了全新的制造方法——生长型制造法，不仅大幅度降低了零部件的制造成本，也使设计与生产速度成倍提高。

6）表面工程技术已成为制备新材料的重要方法，如可以在材料表面制备整体合金化难以做到的特殊性能合金等。

正是由于表面工程技术的上述特点，使其在当代科学技术的发展中具有举足轻重的作用。

知识点2　表面工程技术改善产品表面性能

表面工程技术研究的目的是赋予材料表面具有原来没有的特殊性能：

（1）物理性能　包括电磁特性如导电性、绝缘性、半导体性、磁性、电磁屏蔽性等，光学特性如吸光性、反光性、光导、光电效应等，热特性如热传导性、耐热性等，声特性及防辐射等。

（2）化学性能　包括腐蚀防护性、催化特性等。

(3) 力学性能　包括加工性、密封性、抗疲劳性、强度、硬度、韧性等。

(4) 摩擦学性能　包括减摩性、耐磨性、自润滑性、浸润性等。

(5) 装饰性　包括色彩、光泽性和可修饰性。

通过改善、提高产品表面的性能，表面工程技术以其高实用性和优质、高效、低耗的特点在制造业、维修业中占领了日益增长的市场，在航空航天、电子、汽车、能源、石油化工、矿山等工业部门得到了越来越广泛的应用。

知识点3　表面工程技术的应用

1. 表面工程技术改善和美化人类生活

人类生活中的衣食住行、学习、娱乐、旅游、医疗、饰品、工艺品无不越来越得益于表面工程技术的成就。衣料的美观、保暖、手感、抗静电；食品的色泽、保鲜、储存、包装；新型建材、房屋装修更是以表面工程为其重要技术的源泉；汽车的美观、节油、低噪声离不开渗透在零部件、摩擦副、活化剂、传感器、电子仪器仪表中的表面工程技术的新成果。还有保护视力的镜片、高级相机的镜头、比天然品更美的镀膜饰品、美观舒适的墙体和地面装饰、镀膜玻璃、灯具和发光体、不粘附厨房用具、钟表及家用电器、学习用品和工艺美术品等，可以说，人们生活在基于表面工程技术的发展而变得越来越美好的环境中。

2. 表面工程技术是先进制造技术

表面工程技术的快速发展及广泛应用被认为是制造领域中的重要进展。目前，技术成熟并投入工业实际应用的表面工程技术已多达上百种。例如，表面工程使内燃机的缸套/活塞环、凸轮/挺杆、轴/轴套三级摩擦副降低能耗 1/4 ~ 1/3，大修里程从平均 10 万 km 提高到 30 万 km；对气缸、轧钢机大滑板、大型冷冻机螺杆压缩机转子轴等各种工件表面进行激光淬火，可使寿命提高 3 ~ 5 倍；对高速钢和硬质合金工模具在精加工以后进行表面氮离子注入，可使寿命提高 1 ~ 10 倍；切削刀具采用氮化钛类涂层，引起了一场刀具的“黄色革命”。对各种金属切削刀具进行等离子体增强磁控溅射离子镀处理，可使其寿命提高 3 ~ 14 倍；利用双束动态混合注入技术，将高分子材料溅射到黄铜、纯铜和镀铬的黄铜传热管上，同时用氮离子注入，可以在传热表面形成蒸汽的滴状冷凝，使传热效率提高了 20 倍。

3. 表面工程技术是保证产品内在质量的关键

表面工程技术也是保证产品内在质量的重要手段。例如，对于滚动轴承的滚道，目前工厂广泛采用磨-抛工艺，其表面粗糙度值可达 $Ra0.04\mu m$，采用新的表面加工方法可提高到 $Ra0.01\mu m$，使用寿命可提高 4 倍以上，并能消除波纹度，减小轴承的振动与噪声；对模具光整加工使其表面粗糙度值降低，一级模具使用寿命可以提高 50% 以上。

4. 表面工程技术促进了维修行业的发展

零件磨损、腐蚀和疲劳失效常发生在表面。通过表面技术修复、强化使机械零件翻新如初，从而大量节省了因购置新品、库存和管理备件以及停机等所造成的对能源、原材料和经费的浪费，并极大地减少了环境污染及对废物的处理。许多采用表面技术处理过的旧零部件，其性能大大超过新品，而成本不超过新品的 10%。例如采用等离子喷涂修复履带式工程机械中行走机构零件，装机后进行 12000km 行驶考核，证明涂层与基体结合可靠，耐磨性比新品提高 1.4 ~ 8.3 倍，喷涂修复成本仅为新品价格 10%。

5. 表面工程技术可用于保护环境和节约资源

表面工程在保护环境、资源方面起着越来越重要的作用，无论是环境监测和评估，还是环境控制和改善，都用到表面工程技术所能提供的一切最新成就。各种表面工程技术大大降低了损失于大气腐蚀、海水腐蚀的钢铁构件、管道和设备的数量，延长了建筑物、船舶、桥梁和机器的使用寿命，维持其良好的工作状态。在三峡建设工程中准一级公路上的三座特大钢管混凝土拱桥的钢结构上，武汉材料保护研究所运用喷涂、封闭加面漆的综合表面工程方案，满足了20年可不维修的设计要求。对于开发新能源来说，表面工程更是特别有用的手段，无论是太阳能转换元件，核能抗辐射涂层，都是表面工程技术的杰作。

【综合训练】

1. 什么是表面工程技术?
2. 表面工程技术的内涵是什么?
3. 表面工程技术的作用是什么?
4. 表面工程技术可以改善哪些表面性能?
5. 表面技术与人类日常生活有什么联系?

模块五　焊接再制造工艺方法

表面工程技术离不开焊接方法，传统的表面技术就是堆焊和火焰喷涂技术。随着科学技术的进步，在火焰喷涂方面，发展出了超音速火焰喷涂；在电弧喷涂方面，发展出了高速电弧喷涂；在等离子喷涂方面，已研究出射频感应耦合式、冶金反应、用三阴极枪等离子喷枪及微等离子喷涂等，使喷涂质量大大提高；在高能束应用方面，发展出了激光和电子束表面熔覆、表面淬火、表面合金化、表面熔凝等技术。

在单一表面技术发展的同时，综合运用两种以上单一表面技术的称为复合表面工程技术，目前，复合表面技术的研究和应用已取得了重大进展，如热喷涂和激光重熔的复合、热喷涂与刷镀的复合、化学热处理与电镀的复合等。多种表面工程技术的复合，是表面工程的重要特色之一。

知识点1　焊接热喷涂技术

焊接热喷涂是为了改善基体材料的表面性质，利用某种热源把喷涂材料加热，并高速喷向基体材料表面而形成各种所需的涂层的一种技术。

焊接热喷涂技术最早出现在20世纪初，自20世纪80至90年代，焊接热喷涂技术得到了飞跃性的发展和推广应用，突出表现在新型喷涂热源，如激光及电子束等热源的研制成功和应用，喷涂设备的计算机控制、超音速火焰喷涂等技术使得热喷涂涂层向着高质量和精密化方向发展。

1. 火焰喷涂

火焰喷涂是最早得到应用的一种喷涂方法。它利用气体燃烧产生的热量进行喷涂。火焰喷涂具有设备简单，操作容易，工艺成熟，投资少等优点。其原理如图7-7所示。

但是火焰喷涂涂层组织为层状结构，含较多的氧化物和气孔，而且混有变形不充分的颗粒，使得涂层结合不够致密。火焰温度一般为3000℃，使得火焰喷涂只适用于低熔点的金属。火焰喷涂主要用于机械零件、化工容器和辊筒表面制备耐蚀、耐磨涂层。

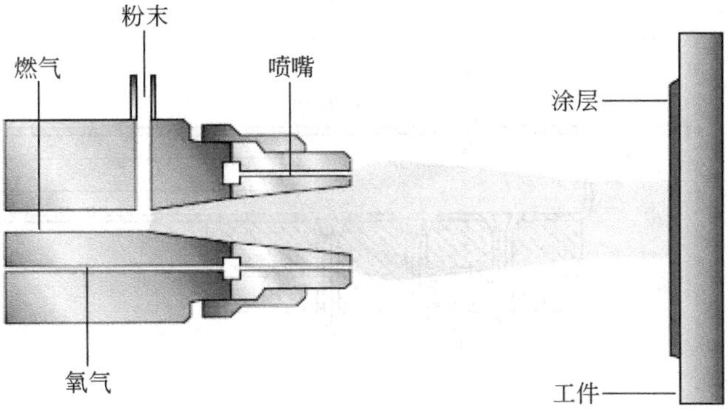

图7-7　火焰喷涂原理

2. 电弧喷涂

电弧喷涂是利用燃烧于两根连续送进的金属丝之间的电弧来熔化金属，用高速气流把熔化的金属雾化，并加速雾化的金属粒子使它们喷向工件形成涂层的技术。电弧喷涂是使钢结构耐蚀、耐磨损和进行机械零件维修等实际应用工程中普遍使用的一种热喷涂方法。其原理如图7-8所示。

电弧喷涂系统一般由喷涂专用电源、控制装置、电弧喷枪、送丝机及压缩空气供给系统等组成。电弧喷涂的材料必须是导电的材料，因此只适用于喷涂金属及其合金。

3. 等离子喷涂

等离子喷涂采用喷枪产生的等离子流将粉末加热和加速，在熔融或接近熔融的状态下喷向母材表面形成涂层。等离子弧产生的温度高达16000℃，喷流速度达300～400m/s，因而可以喷涂各种高熔点、耐磨、耐热涂层。其原理如图7-9所示。

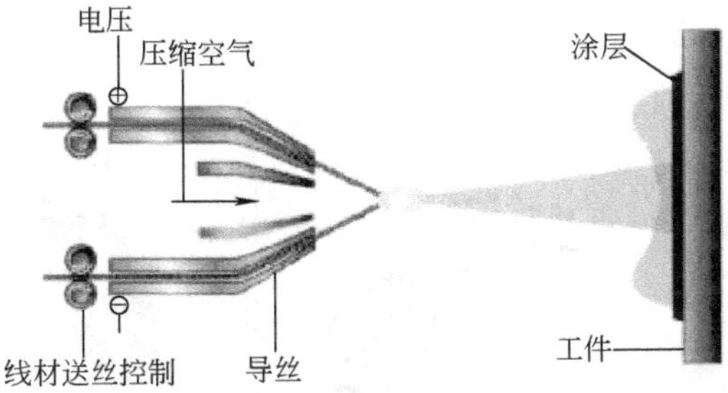

图7-8　电弧喷涂原理

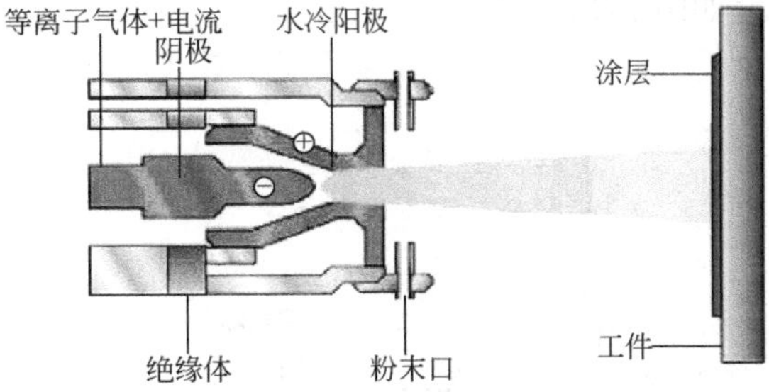

图7-9　等离子喷涂原理

用该法制备的涂层有较高的结合强度，气孔及夹杂物少，因而涂层特性好，尺寸也易于控制，更适合于陶瓷材料的喷涂。选用惰性气体作为介质，减少了粒子飞行过程中的氧化，因此，等离子喷涂广泛应用于耐蚀、耐磨、隔热、绝缘、抗高温涂层的制备。

4. 爆炸喷涂

爆炸喷涂利用氧和可燃性气体的混合气，经电火花点燃，在喷枪中爆炸形成高温，加热喷涂材料，并利用爆炸波产生的高压把喷涂材料高速喷向基体表面形成涂层。其原理如图7-10所示。

爆炸喷涂的特点是颗粒速度大，可达500m/s以上，并产生冲击波。它使涂层更加致密、气孔率更低，而且冲击波的作用有利于残余应力的释放从而得到了高结合强度、高硬度、耐磨损的涂层。

5. 超音速火焰喷涂

超音速火焰喷涂是在普通火焰喷涂和等离子喷涂的基础上发展起来的一种新型热喷涂技

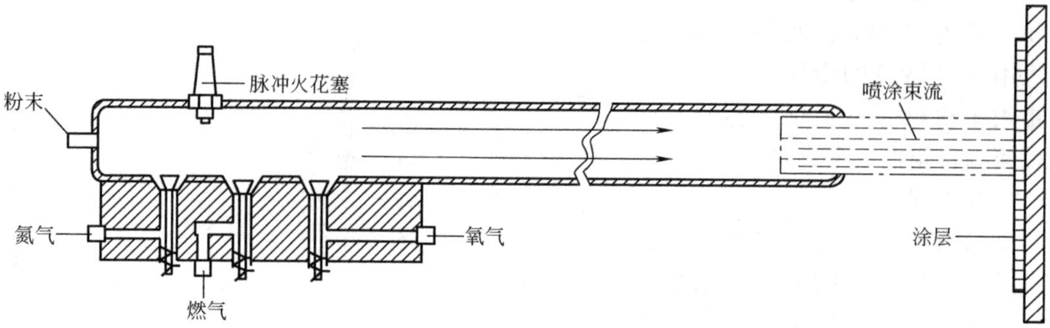

图 7-10　爆炸喷涂原理

术。它是利用丙烷、丙烯等碳氢系燃气或氢气与高压氧气在燃烧室或特殊的喷嘴中燃烧，产生速度高达 1500m/s 以上的高温高速火焰流，将粉末送进火焰中，产生熔化或半熔化的粒子，高速撞击在基体上沉积涂层，能够获得比普通火焰喷涂或等离子喷涂结合强度更高的致密涂层。其原理如图 7-11 所示。

由于超音速火焰喷涂具有非常高的速度和相对较低的温度，特别适合于喷涂含 W、Co 等元素的金属陶瓷，涂层耐磨性能与爆炸喷涂层相当，显著优于等离子喷涂层和电镀硬铬层，结合强度可达 150MPa。

6. 激光喷涂

采用激光作为热源进行喷涂，以及对涂层进行重熔处理，是激光焊接技术的特点。其原理如图 7-12 所示。

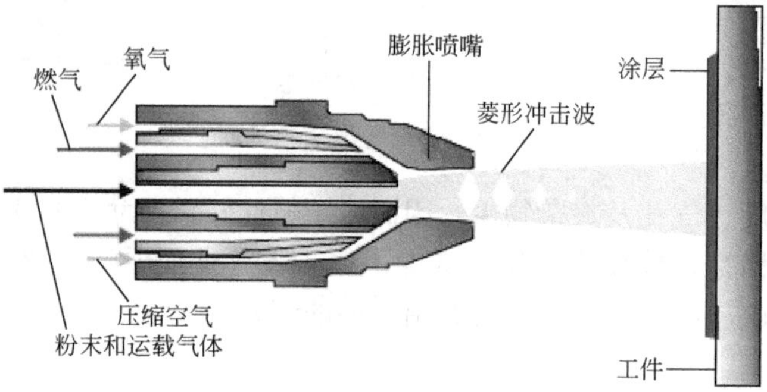

图 7-11　超音速火焰喷涂原理

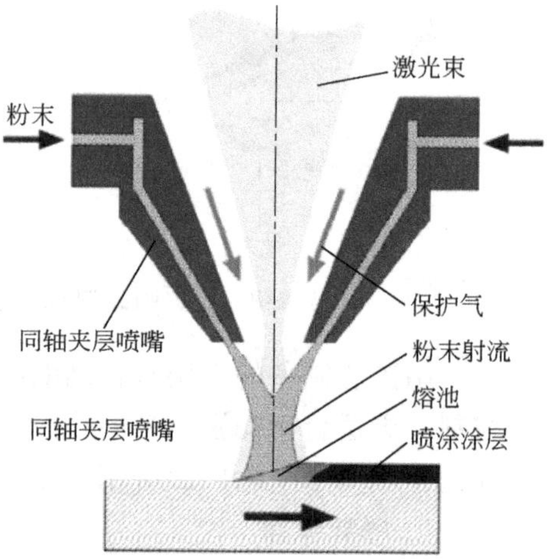

图 7-12　激光喷涂原理

由于激光的能量密度极高，加热时间很短，因而熔池很薄，熔池内外存在着很大的温度梯度，一旦光束扫过以后，熔池靠自激迅速冷凝，可获得高达 100 ~ 106℃/s 的冷却速度，使得组织充分细化，甚至出现非晶结构，使得涂层性能发生了很大变化，其耐磨、耐蚀、导电、导热、抗氧化、抗疲劳等性能都得到了很大的改善。当前热喷涂方法向着高能高速的方向发展，主要热喷涂工艺参数见表 7-2。

表 7-2　主要热喷涂工艺参数

工艺方法	火焰温度/℃	粒子速度/(m/s)	结合强度/(N/mm²)	孔隙率
火焰喷涂	3000	30	小于 20	≤20%
电弧喷涂	6000	260	可达 30	≤10%
等离子喷涂	16000	300～400	可达 60	2%～5%
爆炸喷涂	3300	500～600	可达 200	约 0.5%
超音速喷涂	2500～3100	610～1500	可达 150	<0.5%
激光喷涂	30000	500～750	可达 200	<0.5%

知识点 2　堆焊技术

堆焊是将焊接中零件的连接技术移植到对零件表面进行敷焊的技术。它是利用焊接热源使基材表面与敷焊的材料之间形成熔化冶金结合的一种表面工程技术。堆焊技术有气体火焰堆焊、电弧堆焊、等离子弧堆焊、电阻堆焊、电渣堆焊、激光堆焊等，在必要时要标明堆焊材料的形态（粉末、丝材、药芯焊丝）、电极的熔化情况（熔化电极、不熔化电极）、保护介质（气体保护、自保护、熔渣保护）、自动化程度（手工、半自动、自动）等。

1. 手工电弧堆焊

手工电弧堆焊是利用焊条或电极熔敷在基材表面进行堆焊，采用的是量大面广的焊条电焊机。该设备简单、移动灵活、成本低，几乎所有的实芯、药芯焊条均能应用。

熔化焊时，在电热源的作用下，焊条金属熔化的同时被焊的金属母材表面也发生局部熔化，在母材上表面由熔化的焊条金属和母材组成具有一定几何形状的液态金属熔池。药皮熔化后形成熔渣，熔渣覆盖在熔滴和熔池表面，把液态金属与空气隔开，保护液态金属不被氧化和氮化，凝固的渣壳也可以防止高温的焊层被空气氧化。其原理如图 7-13 所示。

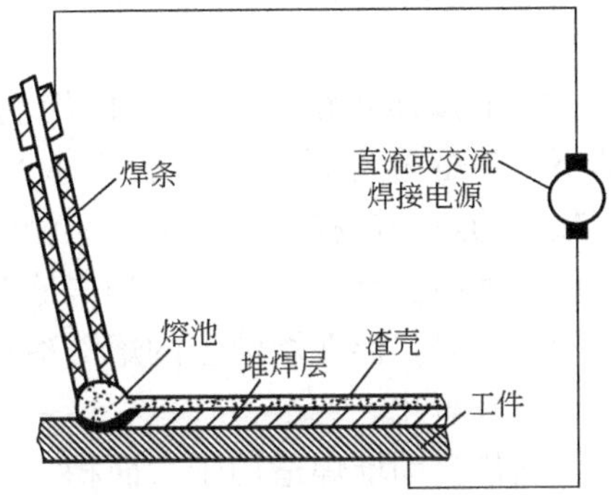

图 7-13　手工电弧堆焊原理

手工电弧堆焊与手工电弧焊相同，是将焊条与工件分别接到电源的两极，当电弧引燃后，焊条表面熔化成熔池，冷却后形成堆焊层。

焊条电弧堆焊用的设备和焊条电弧焊一样，有直流弧焊机、弧焊整流器和交流弧焊机，其设备简单，操作方便，适于现场或野外作业。通过实心焊条和管状焊芯能获得几乎所有的堆焊合金层，满足各类零件表面强化和修复的需要，因此目前仍是一种主要的堆焊工艺。对堆焊层性能要求不高，采用酸性堆焊焊条时，选用弧焊变压器；当要求较高，且采用碱性低氢焊条时，必须选用弧焊整流器或直流弧焊发电机。堆焊时希望尽可能小的熔焊区，为此应采用小电流、低电压、慢速焊，尽可能使稀释率与合金元素的烧损率降到最低限度；采用前倾焊，并防止开裂和剥离。

手工电弧堆焊时焊条的选择、焊条直径、堆焊电流、堆焊速度、零件的预热温度等对堆焊质量和生产率都有重要影响。首先要注意堆焊材料的选择，对一般金属间磨损件表面强化与修复，可遵循等硬度原则来选择堆焊材料，对承受冲击负荷的磨损表面，应综合分析确定堆焊材料。

焊条电弧堆焊温度高，热量集中，一般堆焊前可不预热，工件的碳当量达到0.4%以上时应预热到100～300℃，堆焊后采用补充加热的方法使工件缓冷，或在炉中、石棉灰坑中缓冷。其生产率比氧乙炔焰堆焊高，工件变形小，但熔深大，稀释率达15%～25%。堆焊在焊工的直接观察和操纵下进行，不受焊接位置及工件表面形状的限制，但对焊工操作技术要求较高。常用于小型或复杂形状零件及可达性差的部位的堆焊，也广泛用于现场修复工作。

手工电弧堆焊多用于磨损失效件的修复，例如用高锰钢丝堆焊焊条修复装煤机耙齿；用FeMnNiC双相自强化钢焊条堆焊修复钢厂大型齿轮磨损部位；采用马氏体钢堆焊焊条修复挖掘机斜斗的低应力磨损部位。对于常温低压阀门、中温低压阀门的密封面可分别用堆焊铜基合金、高铬不锈钢及钴基斯太尔合金修复。

2. 埋弧自动堆焊

埋弧自动堆焊是利用焊丝与焊件之间燃烧的电弧使埋在颗粒状焊剂下面的电弧热将焊丝端部及电弧直接作用的母材和焊剂熔化并使部分蒸发，金属和焊剂所蒸发的气体在电弧周围形成一个封闭空腔，电弧在这个空腔中燃烧。空腔被一层由熔渣所构成的渣膜所包围，这层渣膜不仅很好地隔绝了空气和电弧与熔池的接触，而且使弧光不能辐射出来。其原理如图7-14所示。

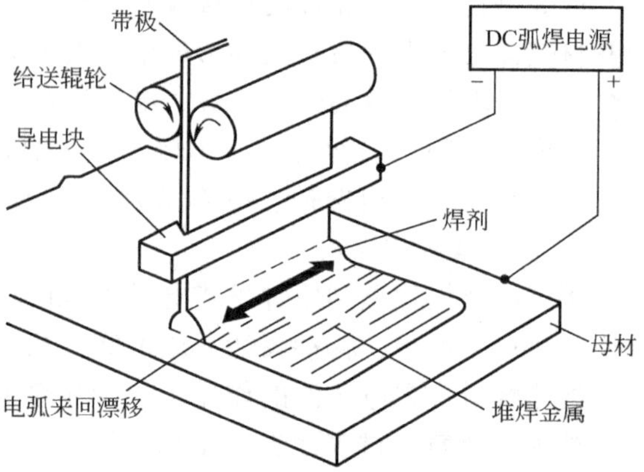

图7-14　埋弧自动堆焊原理

被电弧加热熔化的焊丝以熔滴的形式落下，与熔融母材金属混合形成熔池。密度较小的熔渣浮在熔池之上，熔渣除了对熔池金属的机械保护作用外，焊接过程中还与熔池金属发生冶金反应，从而影响焊缝金属的化学成分。电弧向前移动，熔池金属逐渐冷却后结晶形成焊缝。浮在熔池上的熔渣冷却后，形成的渣壳可继续对高温下的焊缝起保护作用，避免金属被氧化。

埋弧自动堆焊适用于大面积、超长结构的磨损修复，具有简单、快速、成本低的特点。

3. CO_2 气体保护堆焊

CO_2气体保护焊是熔化极气体保护焊的一种，它是采用CO_2气体作为保护介质，焊接时，CO_2从焊枪喷嘴中喷出，把电弧及熔池与空气自动地隔离开来，避免空气对熔化金属的有害作用，保证焊缝的化学成分及力学性能。其原理如图7-15所示。由于CO_2气体保护堆焊电弧热量集中，穿透能力强，所以熔深大，这样就减少了焊接层数，加之焊后不用清渣，因此提高了生产率。这种方法比手工电弧焊效率高几倍。

4. 等离子弧堆焊

等离子弧堆焊是以等离子弧作为热源，应用等离子弧产生的高温将合金粉末与基体表面迅速加热并一起熔化、混合、扩散、凝固，等离子束离开后自激冷却，形成一层高性能的合金层，从而实现零件表面的强化与硬化的堆焊工艺。其原理如图7-16所示。

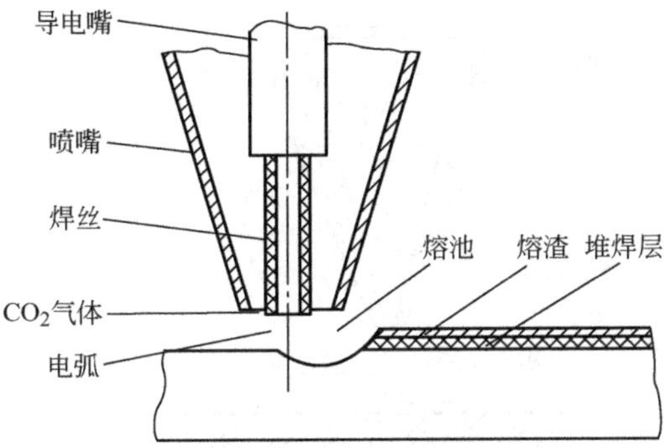

图 7-15　CO_2气体保护堆焊原理

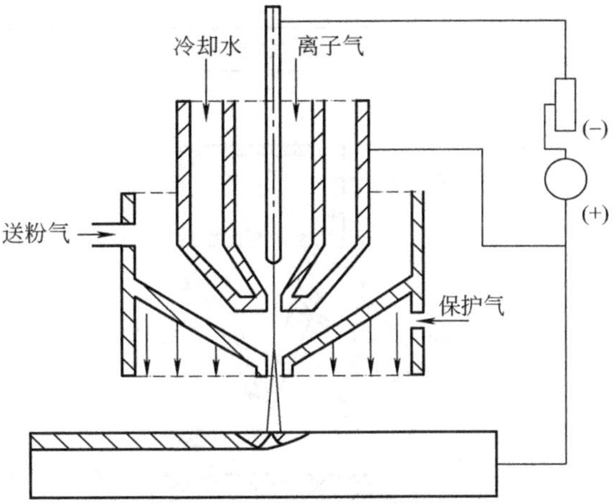

图 7-16　等离子弧堆焊原理

由于等离子弧堆焊电弧温度高、传热率大、稳定性好，熔深可控性强，通过调节相关的堆焊参数，可对堆焊层的厚度、宽度、硬度在一定范围内自由调整。等离子粉末堆焊后基体材料和堆焊材料之间形成熔合界面，结合强度高；堆焊层组织致密，耐蚀性及耐磨性好；基体材料与堆焊材料的稀释减少，材料特性变化小；利用粉末作为堆焊材料可提高合金设计的选择性，特别是能够顺利堆焊难熔材料，提高工件的耐磨性、耐高温性、耐蚀性。等离子粉末堆焊具有较高的生产率、美观的成形以及堆焊过程易于实现机械化及自动化等优点。

知识点 3　高能束表面技术

高能束表面技术是利用高能量密度的束流，如激光束、电子束、等离子体等作为热源，对材料或构件进行特种加工的技术。高能束表面技术被誉为 21 世纪的加工技术，为材料加工和制造技术带来革命性变化。

用这类特殊的热源对材料进行加工，可实现三种类别的加工，即加热、熔化、汽化加工处理。三种不同类别加工的特征是由束流能量密度、束流在材料上的作用时间以及材料本身热物理特性所决定的。在相变温度区域加热，可实现热处理和表面改性（当采用大能量密度、高速加热和冷却时），在钢材的熔化温度区域可用于焊接和釉化处理（当采用大能量密度、短的作用时间时）；在钢材的汽化温度区域则可实现切割（能量密度约 $10^6 W/cm^2$）。

1. 激光表面改性技术

激光表面改性技术是利用高能量密度的激光使金属材料表面在瞬间（毫秒甚至微秒级）被加热或熔化后高速冷却（可达 $10^4 \sim 10^8 K/s$），从而使材料表面的化学成分、组织结构发生改变。激光表面改性技术与激光工程的发展密切相关。其原理如图 7-17 所示。

表面改性技术中常用的激光束有三种：CO_2激光包括连续波或脉动波，激光以及激发物激光，后两种常用脉动波。典型的激光表面改性技术包括相变硬化、表面重熔、表面合金化等。

（1）相变硬化　激光相变硬化又称激光淬火，它是通过激光将金属材料加热到相变温度以上，在冷却过程中产生马氏体相变从而硬化材料表面，以显著提高材料的耐磨性和疲劳强度。此技术的优越性表现在可以局部加热处理，显著抑制变形，易于控制晶粒及组织形态，无须后续加工工艺。

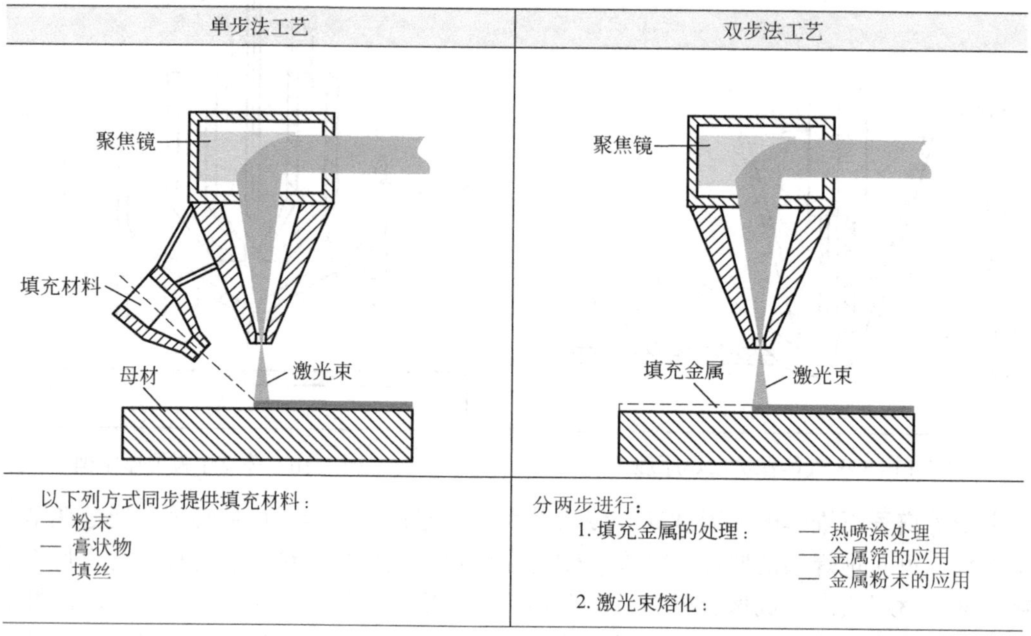

图7-17 激光表面改性技术原理

（2）表面重熔 运用较高能量密度的激光束使表面熔化并硬化表面，改善表层组织与结构，韧化晶粒，这种技术称为表面重熔。此技术有两个控制参量：温度梯度与凝固速率，它们实际上受激光能量与照射时间所控制。一般熔化区深度为0.3～1.0mm。工艺处理后，原始粗糙的组织可显著韧化，树枝晶将变为马氏体、亚稳相或非晶组织。

激光表面重熔又称激光表面晶粒细化，是使用适当参数的激光辐照金属材料的表面，使其表层快速熔融和冷凝，得到极细或超细化组织结构的熔凝层，其熔凝层晶粒细化，成分均匀化。

（3）表面合金化 它是将合金元素或化合物直接或间接结合到基体材料的表面，在激光的照射下，合金元素或化合物快速、均匀地分散并熔渗在熔池中，在液化层的扩散作用和表面张力效应等物理现象的影响下，熔化层在很短时间内形成具有要求深度和化学成分的表面合金化层。

激光合金化特别适用于工件最重要部位的处理，如模具的刃口、凸轮轴的局部表面等。此法既改善了影响工件寿命和重要部位的磨损性能与寿命，又可简化工艺和节约昂贵的合金元素。

激光表面改性技术是未来工业应用潜力最大的表面改性技术之一，具有很大的技术经济效益，广泛应用于机械、电器、航空、兵器、汽车等制造行业，是未来工业应用潜力最大的表面改性技术之一。但是激光表面改性技术设备成本昂贵，与传统表面堆焊和喷涂设备相比，成本较高，而且不同材质部件表面需要不同成分的粉末和工艺参数，均须进行摸索研究，这也在一定程度上制约了该技术的应用。

2. 电子束表面改性技术

电子束表面改性技术是将电子束的动能在材料表面转化成热能，以实现对材料表面的加工。电子由电子枪的阴极发出，通过聚束极汇聚成电子束，在电子枪的加速电场作用下，电子的速度被提高到接近或达到光速的一半，具有很高的动能。电子束再经过聚焦线圈和偏转线圈的作用，汇聚成更细的束流。束斑的直径为数微米至1mm，在特定应用环境，束斑的直径甚至可以小到几十纳米，其能量非常集中。电子束的功率密度可高达$10^9W/mm^2$。当电子束轰击材料时，电子与金属碰撞失去动能，大部分能量转化成热能，使材料局部区域温度急剧上升并且熔化甚至气化，从而实现对材料表面加工。由于它具有能量密度极高、热效率高、精密易控及多功能等特点，在工业领域的各行业得到了广泛的应用，是高科技发展不可缺少的特种加工手段之一。其原理如图7-18所示。

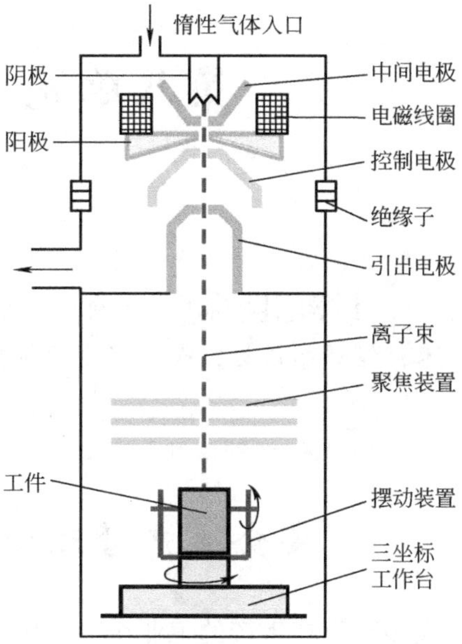

图7-18　电子束表面改性技术原理

电子束蒸发涂覆是采用物理气相沉积的方法，用高能量密度的电子束作为热源，在真空中对涂覆材料进行受控加热，使之蒸发沉积到各种基体材料上，如钢带、塑料、纸、玻璃以及各种零件，从而获得耐蚀、耐磨、耐热以及特殊光电性能的各种表面特性。

归纳起来，电子束表面改性技术的主要特点有：

1）加热和冷却速度快，能量利用率高，为激光加热的9倍。它将金属材料表面由室温加热至奥氏体化温度或熔化温度仅几分之一秒到千分之一秒，其冷却速度可达106～108℃/s。

2）与激光相比使用成本低。电子束处理设备一次性投资比激光少（约为激光的1/3），其运行成本比激光低一半左右。

3）设备简单。电子束靠磁偏转动、扫描，不需要工件转动、移动和光传输机构。

4）电子束与金属表面耦合性好。电子束所射表面的角度除3°～4°特小角度外，电子束与表面的耦合不受反射的影响，能量利用率远高于激光，可达95%。因此电子束处理工件前，工件表面不需额外的吸收涂层。

5）电子束能量的控制比激光束方便。通过灯丝电流和加速电压很容易实施准确控制，便于自动化控制。

6）电子束加热深度和尺寸范围比激光大。电子束加热时熔化层至少几个微米厚，能量沉积范围较宽，而且约有一半电子作用区几乎同时熔化。但是，电子束必须在真空条件下工作，以保证在处理中工件表面不被氧化；电子束易激发X射线，使用过程中应注意防护。

【综合训练】

1. 热喷涂的原理是什么？
2. 热喷涂包括哪些技术方法？
3. 堆焊的原理是什么？
4. 堆焊包括哪些技术方法？
5. 高能束表面技术如何提高表面性能？
6. 高能束表面技术有哪些方法？

第八单元　焊接生产安全管理

【学习目标】了解安全生产管理的基本原则；熟悉预防事故发生的安全技术；能够制订防止或减轻事故损失的措施；熟知焊接生产中的各类安全隐患。

模块一　安全生产管理的基本原则

大多数正在生产的工业企业，由于各种原因，完全依靠工程技术上的改进来预防事故既不经济，也不现实。因此，只能通过专门的安全管理工作，经过较长时间的努力，才能防止事故的发生。管理者必须认识到，只要生产没有实现高度安全化，就有发生事故及伤害的可能性。因此，安全管理活动中必须包含有针对事故发生链条中所有要因的控制对策和原则。

知识点1　根除和限制危险因素原则

根除和限制生产工艺过程或设备的危险因素，就可以实现安全生产。可以通过选择恰当的焊接结构设计方案、工艺过程、合适的原材料来彻底消除危险因素。例如，用不燃性材料代替可燃性材料，以防止发生火灾；用气压或液压系统代替电力系统，以防止电气事故；用液压系统代替气压系统，可以避免受压容器、管路破裂造成冲击波；道路采用立体交叉可以防止撞车；去除物品的毛刺、尖角或粗糙、破裂的表面，可以防止割、擦、刺伤皮肤等。

某些情况下，危险因素不能被根除或很难被根除。这时应该设法限制它，使它不能造成伤害或损坏。例如，在必须利用电力时，采用安全的低电压；利用金属喷涂或导电涂层限制积蓄静电，以预防静电引起爆炸；利用液位控制装置，防止液位过高；限制可燃性气体浓度，使其不达到爆炸极限等。

为了根除和限制危险因素，首先必须识别危险因素，评价其危险性，然后才能有效地采取措施。此外必须注意，有时采取的安全技术可以根除或限制一种危险因素却又带来另外一种危险因素。例如，利用低电压可以防止触电，但是如果用电池供电的话，电池有爆炸的危险。

知识点2　隔离原则

隔离是最常用的安全技术原则。一旦判明有危险因素存在，就应该设法把它隔离起来。预防事故发生的隔离措施包括分离和屏蔽两种。前者是指空间上的分离，后者是指应用物理屏蔽措施进行的隔离，它比空间上的分离更可靠，因而最为常见。

利用隔离措施，可以把不能共存的物质分开以防止产生新的能量或危险物质。例如，把焊接燃烧三要素中的任何一种要素与其余的分开，则可以防止火灾，也可以利用隔离来控制能量释放。例如，在非常坚固的试验装置中进行爆破实验，防止爆破作用达及人体或其他物体。

对人有害的一些物质必须被隔离起来。对于机械的转动部分、热表面冲头或电力设备要安装防护装置或封闭起来，防止工人接触危险部位，这是广泛被采用的隔离措施。

各种隔热屏蔽把焊工与热源隔离；封闭电器的接头，防止潮湿和其他有害物质影响；利用防护罩、防护网防止外界物质进入，以免受到污染或卡住重要的控制器、堵塞孔口或阀门；在放射线设备上安装防护屏，抑制辐射；利用防护门、防护栅把人与危险区域隔开；把带油的擦布装进金属容器中，防止接触空气发生自燃；利用限位器防止机械部件运动等。

为了确保隔离措施发挥作用，有时采用联锁措施，但是联锁本身并非隔离措施。联锁主要被用于下面两种情况：

1）安全防护装置与设备之间的联锁。如果不利用安全防护装置，则设备不能运转而处于最低能量状态，可防止事故发生。例如，矿井安全栅、摇台与卷扬机启动电路联锁，可以防止误启动卷扬机。

2）防止由于操作错误或设备故障造成不安全状态。例如，利用限位开关防止设备运转超出安全范围；利用光电联锁装置防止人体或人体的一部分进入危险区域等。联锁措施还可用于防止因操作顺序错误而引起事故。

知识点3　故障–安全设计原则

在系统、设备的一部分发生故障或破坏的情况下，在一定时间内也能保证安全的安全技术措施称为故障–安全设计。一般来说，故障–安全设计是指通过精心地技术设计，使得系统、设备发生故障时处于低能量状态，防止能量意外释放。例如，电气系统中的熔断器就是典型的故障–安全设计。当系统过负荷时熔断器熔断，把电路断开从而保证安全。

按系统、设备在其中一部分发生故障后所处的状态，可以把故障–安全设计分为三种：

（1）故障–消极方案　故障发生后，设备、系统处于最低能量状态，直到采取校正措施之前不能运转。例如，保险丝在电路过负荷时熔断而断开电路，就属于故障–消极方案。

（2）故障–积极方案　故障发生后，在没有采取校正措施之前使系统、设备处于安全的能量状态之下。例如，电焊机的防漏电装置，即使焊接操作中有短期漏电情况，也不会造成生产中断和人员伤亡。

（3）故障–正常方案　保证在采取校正行动之前设备、系统正常的发挥功能。当然，这是最理想的方案。例如，锅炉进水阀，即使阀瓣从阀杆上脱落了，也能保证锅炉正常进水。

采用失效安全的基本原则是：首先要保证故障发生后人员的安全，其次是保护环境，然后是保护设备，最后是考虑防止机能降低。失效安全系统可以利用重力、电磁力或闭合电路等原理来实现。尽管故障–安全设计是一种有效的安全技术措施，考虑到故障–安全设计本身可能发生故障而不起作用，选择安全技术措施时不应该优先采用故障–安全设计。

知识点4 减少故障及失误原则

机械、设备故障在事故致因中占有重要位置。虽然利用故障-安全设计可以使得即使发生故障时也不至引起事故，但是故障却使设备、系统或生产停顿或降低效率。此外，故障-安全机构本身发生故障会使其失去效用而不能预防事故发生。因此，应努力使故障最少。一般来说，减少故障可以通过三条途径实现：采用安全监控系统；增大安全系数；提高可靠性。

1. 采用安全监控系统

在生产过程中，利用安全监控系统对某些参数进行监测，以控制这些参数不达到危险水平，从而避免事故的发生。监测只是发现问题，要解决问题则必须把监测与警告、联锁或其他安全防护措施结合起来。通过警告可以把信息传达给操作者，以便让他们采取恰当的措施。通过联锁装置可以停止设备或系统的运行，或者启动安全装置。实际上，监测与上述机能结合构成了监控系统。典型的监控系统具有三种功能：检知、比较判断和控制。相应地，安全监控系统由检知部分、判断部分和驱动部分组成。在某些情况下，驱动部分的功能不是由机械而是由人完成的。

检知部分主要由传感元件构成，用以感知特定物理量的变化。一般检知部分的灵敏度比人的感官灵敏度高得多，所以能够发现人难以直接察觉的潜在的变化。

判断部分是把检知部分感知的参数值与预先规定的参数值相比较，判断被监测对象是否正常。当驱动部分的功能由操作人员来完成时，往往把预定的参数值定得低些，以保证操作人员有充足的时间做出恰当的决策和行动。

驱动部分的功能是在判断部分已经判明存在异常，有可能出现危险时，实施恰当的措施。所谓恰当的措施，可能是停止设备、装置的运转，启动安全装置，或是向操作人员发出警告，使操作人员采取措施。

2. 增大安全系数

生产前减少故障的方法是在设计中采用安全系数。安全系数的基本思想是把焊接结构、部件的强度设计得超出其必须承受应力的若干倍。这样就可以减少因设计计算错误、未知因素、制造缺陷及老化等原因造成的故障。从经济方面来看增大安全系数会增加成本。

3. 提高可靠性

所谓可靠性，即设备、部件等在规定的条件下和预定的时间内完成规定功能的性能，提高可靠性可以减少故障。在可靠性工程中经常采用的方法有降低额定值和冗余（备用）设计。

降低额定值与机械部件、结构设计中的安全系数类似，对于电气、电子元器件或设备，可以通过降低额定值的办法来提高它们的可靠性。具体的办法是冷却或选用功率比额定功率大的部件或设备。

所谓冗余（备用）设计，是指为完成某种操作而附加上一些元器件或手段，于是即使其中之一发生了故障，仍能实现预定的操作。采用冗余设计可以大大提高可靠性。常见的冗余方式有以下三种：

（1）并联冗余　附加的冗余元器件与原有的元器件同时工作。

（2）备用冗余　冗余元器件通常处于备用状态，当原有的元器件发生故障时才投入使用。

（3）表决冗余　当 n 个相同的元器件中有 k 个正常时，就能保证正常的工作。表决冗余常用于提高安全监控系统可靠性。

知识点5　警告原则

在生产操作过程中，操作人员需要经常注意到危险因素的存在，提高安全意识。警告是提醒人们注意的主要方法。通过警告提醒，把人的各种感官注意到的各种信息传达到大脑，来强化安全意识，避免安全事故。根据所利用的感官之不同，警告分为视觉警告、听觉警告、嗅觉警告及触觉警告。

1. 视觉警告

视觉是人们感知外界的主要器官，视觉警告是最广泛应用的警告方式。视觉警告的种类很多，常用的有下面几种：

（1）亮度　让有危险因素的地方比没有危险因素的地方更明亮以使注意力集中在有危险的地方。明亮的变化可表明那里有危险；障碍物上的灯光可防止行人、车辆撞到障碍物上。

（2）颜色　明亮、鲜艳的颜色很容易引起人们的注意。设备、车辆、建筑物等涂上黄色或橘黄色，很容易与周围环境相区别。在有危险的生产区域，以特殊的颜色与其他区域相区别，可以防止人员误入。有毒、有害、可燃、腐蚀性的气体和液体管路应按规定涂上特殊的颜色。国家标准规定，红、蓝、黄、绿四种颜色为安全色。

（3）信号灯　信号灯经常用来表示一定的意义，也用来提醒人们危险的存在。一般信号灯颜色含义如下：

1）红色表示有危险，发生了故障或失误，应立即停止。

2）黄色表示危险即将出现，达到了临界状态，应该注意缓慢进行。

3）绿色表示安全，现在是满意的状态。

4）白色表示状态正常。

信号灯可以利用固定灯光或闪烁灯光。闪烁灯光较固定灯光更能吸引人们的注意，警告的效果更好。反射光也可用于警告。在障碍物或构筑物上安装反光的标志，夜晚被灯光照射反光从而引起人们的注意。

（4）旗帜　利用旗帜做警告已经有很长的历史了。可以把旗固定在旗杆、绳子或电缆上等。爆破作业时挂上红旗以防止人员进入。在开关上挂上小旗，表示正在修理或因其他原因不能合上开关。

（5）标记　在设备上或有危险的地方可以贴上标记以示警告。如指出高压危险、功率限制、重负荷、高速度或温度限制等；提醒人们有危险因素的存在或需要穿戴防护用品等。

（6）标志　利用事先规定了含义的符号标志警告危险因素的存在或应采取的措施，如防火标志、道路急转弯标志、交叉道口标志等。国家标准规定，安全标志分为禁止标志、警告标志、指令标志及说明标志四类。

（7）书面警告　在操作过程、维修规程、各种指令、说明手册及检查表中写进警告及注意事项，警告人们存在着危险因素。特别需要注意的事项及应采取的行动，如应佩戴的劳动保护器具等。如果发生事故可能造成伤害或破坏，则应该把一些预防性的注意事项写在表面显眼的地方以便引起人们的注意。

2. 听觉警告

在某些情况下，只有视觉警告不足以引起人们的注意。例如，当人们非常繁忙时，即使视觉警告离得很近也顾不上看或者人们可能走到看不见视觉警告的地方去工作等。尽管有时明亮的视觉信号可以在远处被发现，但是设计在听觉范围内的听觉警告更能唤起人们的注意。有时也利用听觉警告唤起对视觉警告的注意，在这种情况下，视觉警告会提供更详细的信息。一般来说，在下述情况下应采用听觉警告：

1）传递简短、暂时的信息，并要求立即做出反应的场合。

2）当视觉警告受到光线变化的干扰、操作者负担过重、操作者移动或不注意等限制时，应采取听觉警告。

3）唤起对某些信息的特别注意。

4）进行声音通信时。

当要求对紧急情况做出反应时，除了采用听觉警告外，还要有其他必要的补充信息或警告信号。常用的听觉警报器有喇叭、电铃、蜂鸣器和闹钟等。

3. 嗅觉警告

可以利用一些带特殊气味的气体进行警告。气体可以在空气中迅速传播，特别是有风的时候，可以传播很远。由于人对气味能迅速地产生退敏作用，用气味做警告有时间方面的限制。只有在没有产生退敏作用之前的较短期间内可以利用气味做警告。

工程上常见的嗅觉警告如下：

1）在易燃易爆的气体中加入臭味剂。例如，天然气是没味的，为减少天然气的火灾爆炸危险，把少量臭味浓郁的气体加入输送管中，一旦天然气泄漏，可立即被察觉。

2）根据燃烧产生的气味判断火的存在。不同的物质燃烧时产生不同的气味，于是可以判定什么东西在燃烧。但是在防火设计中不可考虑这种方法。

3）在紧急情况下，向人员不能迅速到达的地方利用臭味气体发出警报。例如，矿井发生火灾时，往压缩空气管路中加入乙硫醇，把一种烂洋葱气味送入工作区，通知井下工人采取措施。

4）用挥发性气味剂检测设备过热。当设备过热时，气味剂蒸发，使检修人员迅速发现问题。

必须注意，吸烟会降低对气味的敏感度。因此，工作场所应当禁止吸烟。

4. 触觉警告

振动是一种主要的触觉警告。交通设施中广泛采用振动警告的方式。突起的路标使汽车振动，即使瞌睡的司机也会惊醒，从而避免危险。温度是触觉警告的另一种，当接触到较高温度时，人会本能地迅速脱离。

【综合训练】

1. 安全管理的基本原则有哪些？
2. 各种安全原则之间有什么区别和联系？
3. 如何人性化地制定安全警告措施？
4. 考察焊接企业安全设施，提出改进意见。

模块二　安全生产管理的基本措施

事故发生后如果不能迅速控制局面，则事故规模可能进一步扩大，甚至引起二次事故，释放出大量的能量。因此，在事故发生前就应考虑到采取避免或减少事故损失的技术措施。避免或减少事故损失的安全技术措施包括两个方面：一方面是预防事故的日常管理，另一方面是针对生产的隔离、个体防护、接受微小损失、避难与救护等安全技术措施。

知识点1　安全技术措施

1. 隔离

隔离除了作为一种预防事故发生的技术措施被广泛应用外，也是一种在能量剧烈释放时减少损失的有效措施。具体的隔离措施分为远离、封闭和缓冲三种。

（1）远离　远离是指把可能发生事故而释放出大量能量或危险物质的工艺、设备或设施布置在远离人群或有保护物的地方。例如，把爆破材料的加工、制造、储存安排在远离居民区和建筑物的地方；爆破材料之间保持一定距离；重要建筑物布置在地表移动带之外等。

（2）封闭　利用封闭措施可以控制事故造成的危险局面，限制事故的影响。封闭措施主要应用于下述目的：

1）控制事故造成的危险局面。如利用防火带可以限制森林火灾的蔓延；在火源的周围喷水，防止引燃附近的可燃物或烤坏附近的东西。

2）限制事故的影响，避免破坏和伤亡。如防火密封可以防止火灾时有毒、有害气体的蔓延；公路两侧的围栏用于防止失控的汽车冲到公路两侧的沟里。

3）为人员提供保护。在某些情况下，把某一区域作为安全区，人员在这里得到保护。如生产线上的安全岛。

4）为物质、设备提供保护。如在漏水或洪水泛滥时，把重要材料放入防水箱中防止受到浸泡。

（3）缓冲　缓冲可以吸收能量，减轻能量的破坏作用。如安全帽可以吸收冲击能量，防止人员头部受伤。

2. 个体防护

为操作人员佩戴的个体防护用品也是一种隔离措施，它把人体与危险环境隔离。个体防护主要用于下述三种情况：

（1）有危险的作业　由于危险因素不能被根除，所以在一旦发生事故就会危及人体的情况下必须使用个体防护，但是应该避免用个体防护用品代替根除或控制危险因素的设计或安全规程。例如，应尽量采取通风措施排除、冲淡有毒有害气体从而尽量避免选择让人员佩戴防毒面具在有毒有害气体中工作。

（2）为调查和消除危险状况而进入危险区域。

（3）应急情况　对应急情况下使用的个体防护器具，在设计、使用、功能等方面有严格的要求。一般来说，应急情况下使用的个人防护器具应满足下述要求：

1）容易穿戴，使用简单。在应急状态刚刚发生的前几分钟里迅速采取措施是很重要的。特别是应急的情况下人的心情比较紧张，防护用品必须能适用这种片刻值千金的关键时期的要求。

2）具有高可靠性和可防止多种危险。

3）不降低使用者行动的灵活性，不妨碍使用者工作，具有防失误的设计。

4）防护器具本身对人无害。

储藏防护器具的地点应尽量靠近可能被使用的地方，但又不能太近以防止发生事故时，防护器具也受到破坏或无法取用。储藏急救设备的地方应能迅速到达并加上标记以便寻找。

3. 接受微小的损失

利用薄弱的部分使能量释放，达到防护的目的。设计的薄弱部分即使被破坏了，损失也很小，以下是常见的例子：

1）锅炉上的易熔塞。当锅炉里的水降低到一定水平时，易熔塞温度升高并熔化使蒸汽泄放而降低锅炉内的压力避免爆炸。

2）在有爆炸危险的厂房上设置泄压窗或者设置易碎墙，当发生意外爆炸时保护主要建筑物不受破坏。

3）电路中的熔断器、驱动设备上的安全连接棒等。

4. 避难与援救

事故发生后应努力采取措施，控制事态的发展，但是当判明事态已经发展到了不可控制的地步时，则应迅速避难，撤离危险区。一般来说，在厂区布置、建筑物设计及交通设施设计中，要充分考虑事故发生时的避难和救援问题，具体注意事项如下：

1）通过隔离措施来保护人员，如防火避难室。

2）人员能迅速撤离危险区，如消防通道。

3）如果危险区域里的人员不能逃脱，应能够被救援人员搭救，如人孔、天窗等。

为了在发生事故时人员能迅速地逃离现场，事前应该做好避难的救援计划，并且平时应该进行避难、救援的演习。

知识点2 安全管理措施

1. 强化企业各级领导的责任

为实施安全管理，必须首先明确由谁来实施的问题。我国在推行全员安全管理的同时，实行安全生产责任制。所谓安全生产责任制，就是明确各级领导应对本单位安全工作所负的总的领导责任，以及各级工程技术人员、职能科室和生产工人在各自的职责范围内，对安全工作应负的责任。安全生产责任是根据“管生产的必须管安全”的原则，对企业各级领导和各类人员明确地规定了在生产中应负的安全责任。这是企业岗位责任制的一个组成部分，是企业中最基本的一项安全制度，是安全管理规章制度的核心。

企业领导安全生产责任制的核心是实现安全生产的“五同时”。企业领导在管理生产的同时，必须负责管理安全工作。在计划、布置、检查、总结、评比生产的时候，同时计划、布置、检查、总结、评比安全工作。安全工作必须由行政第一把手负责，厂、车间、班、工段、小组的各级第一把手都负第一位责任，按照分管业务工作范围负相应的责任。

责任制任务是贯彻执行国家有关安全生产的法令、制度和保证管辖范围内职工的安全和健康。凡是严格认真地贯彻了“五同时”，就是尽了责任，反之就是失职。如果因此而造成事故，那就要视事故后果的严重程度和失职程度，由行政乃至司法机关追究法律责任。单位无力解决的重大隐患，应按规定权限向上级有关部门提出报告。

2. 强化各业务部门的职责

企业中的生产、技术、设计、供销、运输、教育、卫生、基建、机动、情报、科研、质量检查、劳动工资、环保、人事组织、宣传、外办、企业管理、财务等有关专职机构，都应在各自工作业务范围内，对实现安全生产负责。

安全技术部门是企业领导在安全工作方面的助手，负责组织、推动、检查、督促本企业安全生产工作的开展。监督检查本企业贯彻执行安全生产政策、法规、制度和开展安全工作的情况，定期研究分析伤亡事故、职业危害趋势和重大事故隐患，提出改进安全工作的意见，制订本企业安全生产目标管理计划和安全生产目标值。安全生产目标值包括：千人重伤率、千人死亡率、尘毒合格率、噪声合格率等。了解现场安全情况，定期进行安全生产检查，提出整改意见，督促有关部门及时解决不安全问题，有权制止违章指挥、违章作业。督促有关部门制订和贯彻安全技术规程和安全管理制度，检查各级干部、工程技术人员和工人对安全技术规程的熟悉情况。参与审查和汇总安全技术措施计划，监督检查安全技术措施经费使用和安全措施项目完成情况。

3. 明确焊工的安全生产职责

焊工必须遵守劳动纪律，严格执行安全规章制度和安全操作规程，听从指挥，敢于对一切违章作业的现象做斗争。保证本岗位工作地点和设备工具的安全、整洁，不随便拆除安全防护装置，不使用自己不该使用的机械和设备，正确使用个体防护用品。学习安全知识，提高操作技术水平，积极开展技术革新，提出合理化建议，改善作业环境和劳动条件，及时反映、处理不安全问题，积极参加事故抢救工作。有权拒绝接受违章指挥，并对上级单位和领导人忽视工人安全、健康的错误决定和行为提出批评或控告。

4. 建立完善安全教育制度

国家明确要求企业必须认真地对新工人进行安全生产的入厂教育、车间教育和现场教育，并且经过考试合格后，才能准许其进入操作岗位。特别是对于电气、起重、锅炉、压力容器、焊接、车辆驾驶、爆破、瓦斯检验等特殊工种的工人，必须进行专门的安全操作技术训练，经过考试合格后，才能准许操作。企业必须建立安全活动日和在班前班后会上布置、检查安全生产情况等制度，对职工进行经常的安全教育，并且注意结合职工文化生活，进行各种形式安全生产的宣传活动。在采用新工艺、新技术、新设备以及制造新产品或调换工人工作时，必须对工人进行新操作法和新工作岗位的安全教育。

目前我国工业企业中开展安全教育的主要形式和方法为三级教育、特种作业人员的专门训练、经常性的安全教育和学校教育。

三级教育就是入厂教育、车间教育和岗位教育。入厂教育是对本企业安全生产的形式和一般情况进行的基本教育；车间教育是对生产性质、生产任务、生产工艺流程及主要生产设备的安全特点进行的安全规范教育；岗位教育是对操作规程、生产工具、安全装置、个人防护用品的使用的具体教育。通过三级教育，能够使操作者自己建立起良好的安全意识。

对特种作业人员必须进行安全培训，考核合格后由劳动部门鉴定发证，做到持证上岗。因为经过安全教育已经掌握的知识、技能，如果不经常使用，可能会逐渐淡忘；同时，新的生产技术又会有新的安全知识、技能，所以必须开展经常性的安全教育。另外，学校教育也是培养安全专业人才的重要途径。

5. 建立完善安全检查制度

国家规定，企业对生产中的安全工作，除进行经常的检查外，每年还应该定期地进行二至四次群众性的检查。这些检查包括普遍检查、专业检查和季节性检查，这几种检查可以结合进行。开展安全生产检查，必须有明确的目的、要求和具体计划，并且必须建立由企业领导负责、有关人员参加的安全生产检查组织，以加强领导，做好这项工作。安全生产检查应该始终贯彻领导群众相结合的原则，依靠群众，边检查，边改进，并且及时地总结和推广先进经验，有些限于物质技术条件当时不能解决的问题，也应制订出计划，按期解决，务必做到条条有着落，件件有交代。这些规定都是搞好安全生产检查的指导原则。

安全检查是安全管理工作的一项重要内容，是多年来从生产实践中总结出来的一种好形式。它是安全生产工作中运用群众路线的方法，发现不安全状态和不安全行为的有效途径，是消除事故隐患，落实整改措施，防止伤亡事故，改善劳动条件的重要手段。

安全检查的内容主要是查现场、查隐患、查思想、查管理、查制度、查事故处理。

6. 进行工程项目安全审查

当前，新建、改建、扩建工程项目非常多，预先安全审查是保证工程项目安全的重要环节和管理手段。对工程项目安全审查是依据有关安全法规和标准，对工程项目的初步设计、施工方案以及竣工投产进行的综合安全审查、评价与检验。其目的是查明项目系统在安全方面存在的缺陷，按照项目系统安全的要求，优先采取消除或控制危险的有效措施，切实保障项目系统的安全。

借助设计消除危险是项目系统安全的重要组成部分和原则，也是安全审查的重点。实施安全审查就是要保证从早期的设计阶段足以把危险性降到最低程度。审查的本身包含着对工程项目安全性的分析、评价、监督和检查。为了实现项目系统安全的目标，必须运用科学和工程原理、标准和技术知识鉴别、消除或控制项目系统中的危险，建立必要的项目系统安全管理组织，制订出项目系统安全程序计划，应用科学的分析方法，保证项目系统安全目标的实现。做好工程项目的安全审查工作，是管理部门、设计部门、监督检查部门和建设单位的共同责任，也是广大工程技术人员、安全专业工作者的使命。

项目中职业安全与卫生技术措施和设施，应与主体工程同时设计、同时施工、同时投产使用。习惯上，把工程项目安全审查称作“三同时”审查。工程项目的安全审查包括从可行性研究开始到设计、施工直至竣工验收的全过程的审查，最后完成审查报告。

审查报告的内容主要包括生产过程中可能产生的主要职业危害、预计危害程度、造成危害的因素及其所在部位或区域，可能接触职业危害的职工人数，使用和生产的主要有毒有害物质、易燃易爆物质的名称、数量，职业危害治理的方案及其可行性论证，职业安全卫生措施专项投资估算，实现治理措施的预期效果，技术、投资方面存在的问题和解决方法等。

国家有关标准必须贯彻执行对职业安全卫生监测机构进行体力劳动强度、粉尘和毒物危害程度分级的测定工作，其测定结果作为评价职业安全卫生设施的工程技术效果和竣工验收的依据。对于查出的隐患，由建设单位制订出计划，限期整改。国家对于竣工验收审查是强制性的。

7. 伤亡事故的调查与处理

调查研究是认识世界和改造世界的根本方法，一切结论产生于调查研究的末尾，离开了调查研究就谈不上正确地解决问题。伤亡事故调查的主要目的如下：

1）揭示伤亡事故发生、发展过程，从而认识其规律性。

2）寻找事故发生原因，研究各种原因间的相互关系。

3）为采取防止伤亡事故重演的安全措施提供依据。

4）为伤亡事故统计分析提供数据。

5）评价伤亡事故发生倾向，预测伤亡事故发生的可能性。

6）评价安全防范措施的实际效果。

7）查明事故的责任者。

应该注意，进行伤亡事故调查时，不应把查明事故的责任者做为首要目的，而应当全面调查。否则，往往容易错判事故的原因，以致不能采取恰当措施防止以后类似事故的发生。

对于发生职工因工伤亡事故的单位，要将事故的情况立即上报有关部门。发生使工作中断的事故，负伤人员或最先发现事故者应立即报告班组长、车间主任，并逐级报告安全技术部门及厂级领导。发生重伤或死亡事故时，单位领导人应立即将事故概况报告主管部门、当地劳动、公安部门、工会和检察院。对一次重伤 3 人以上或死亡事故，上述部门要迅速分别逐级转报到省有关部门。对一次死亡 3 人以上的特大伤亡事故，省劳动部门要上报省政府、国家劳动监察部，不得瞒报和漏报。

知识点 3　安全管理方案的制订

1. 正确处理五种关系

（1）安全与危险并存　安全与危险在同一生产过程中是相互对立、相互依赖而存在的。随着生产的推进，安全与危险每时每刻都在变化着，进行着此消彼长的斗争。在生产过程中，不会存在绝对的安全或危险。采取措施，预防事故发生，则安全；反之，则危险。

（2）安全与生产统一　生产有了安全保障，才能持续稳定发展。如果生产活动中事故不断，生产势必瘫痪。“安全第一”的提法，绝非把安全摆在生产之上，但忽视安全绝对是一种错误。

（3）安全与质量相互包涵　质量包涵安全工作质量，安全概念也包含着质量。安全为质量服务，质量需要安全保证。安全第一、质量第一，并不矛盾。生产过程中丢掉哪一头，都会陷入失控。

（4）安全与速度互保　安全与生产速度成正比关系。速度应以安全做保障，安全就是速度。我们追求安全加速度，竭力避免安全减速度。

（5）安全与效益的兼顾　安全技术措施的实施，定会改善劳动条件，激发职工劳动热情，带来经济效益，足以使原来的投入得以补偿。安全促进效益增长，但在安全管理中，投入要适度，精打细算，统筹安排。既要保证安全生产，又要经济合理。单纯为了省钱而忽视安全生产，或单纯追求不惜资金的盲目高标准，都不可取。

2. 坚持安全管理六项基本原则

（1）管生产同时管安全　安全与生产虽有时会出现矛盾，但从安全、生产管理的目标、目的看，却表现出高度的一致性和完全的统一性，存在着进行共同管理的基础。管生产同时管安全，是向一切与生产有关的机构、人员，明确业务范围内的安全管理责任。安全生产责任制的建立，管理责任的落实，是管生产同时管安全的具体表现。一切与生产有关的机构、人员，都必须参与安全管理并在管理中承担责任。认为安全管理只是安全部门的事，是一种片面、错误的观点。

（2）坚持安全管理的目的性　安全管理的目的是保护劳动者的安全与健康，实现效益。因此，必须真正做到对人的不安全行为和物的不安全状态进行有效控制，消除或避免事故。没有明确目的的安全管理是花架子，只能纵容威胁人的安全与健康的因素，向更为严重的方向发展或转化。

（3）必须贯彻预防为主的方针　进行安全管理不是事故处理，而是在生产活动中针对生产特点对生产因素采取管理措施，控制不安全因素的发展与扩大，把可能发生的事故消灭在萌芽状态。在生产过程中，经常检查、及时发现不安全因素，采取措施，明确责任，尽快、坚决地予以消除，是安全管理应有的鲜明态度。

（4）坚持“四全”动态管理　前已述及，安全管理是一切与生产有关的人共同的事。同时，安全管理涉及生产活动的方方面面，涉及从开工到竣工的全部过程，涉及全部的生产时间，涉及一切变化着的生产因素。因此，必须坚持全员、全过程、全方位、全天候的动态安全管理。只抓住一时一事、一点一滴，简单草率、一阵风式的安全管理，是走过场、形式主义。

（5）安全管理重在控制　对生产因素状态的控制，与安全管理目的的关系最为直接。一切事故的发生，都是由于人的不安全行为运动轨迹与物的不安全状态运动轨迹的交叉。因此，对生产中人的不安全行为和物的不安全状态的控制是动态安全管理的重点。我们不能把约束当作安全管理的重点，是因为约束缺乏带有强制性的手段。

（6）在管理中发展提高　既然安全管理是在变化着的生产活动中的管理，其管理就意味着要不断发展、不断变化，以适应变化的生产活动，消除新的危险因素。

【综合训练】

1. 焊接安全技术措施有哪些？
2. 焊接安全管理措施有哪些？
3. 如何形成安全管理链条来确保安全？
4. 如何考虑制订安全管理方案？
5. 考察焊接企业安全措施，提出改进意见。

模块三　焊接结构生产安全管理

我们国家对焊接工人的安全和健康一直非常重视。《安全法》规定：对于电气、起重、焊接、锅炉、压力容器等特殊工种的工人，必须进行专门的安全操作技术训练。经过考试合格后，才准许操作。还有“工厂安全卫生规程”“气瓶安全监察规程”等，对焊接安全技术也有具体的规定。

知识点1　气焊与气割的安全防护技术

气焊主要应用于薄钢板、非铁金属、铸铁件、刀具的焊接，硬质合金等材料的堆焊以及磨损、报废零部件的焊补。气焊所用的乙炔、丙烷、氢气和氧气等都是易燃易爆气体，氧气瓶、乙炔瓶、液化石油气瓶和乙炔发生器全部属于压力容器。

气割是利用可燃气体与氧气混合燃烧的预热火焰，将金属加热到燃烧点，并在氧气射流中剧烈燃烧而将金属分开的加工方法。气割主要应用于各种碳素结构钢和低合金结构钢材的备料。气割所用的可燃气体与气焊相同。可燃气体与氧气的混合以及切割氧的喷射是利用割炬来完成的。气割时应用的设备和器具，除割炬外均与气焊相同。

在焊补燃料容器和管道时，还会遇到其他许多易燃易爆气体及各种压力容器。由于气焊与气割操作中需要与可燃气体和压力容器接触，同时又使用明火，如果焊接设备或安全装置有缺陷，或者违反安全操作规程，就有可能造成爆炸和火灾事故。

在气焊火焰的作用下，尤其是气割时氧气射流的喷射，使火星、熔珠和铁渣四处飞溅，容易造成灼烫事故。而且较大的熔珠和铁渣能飞溅到距操作点5m以外的地方，容易引燃可燃易爆气体造成事故，所以必须加强对气焊与气割的安全管理及防护。

1. 燃烧和爆炸的基本知识

(1) 燃烧　根据化学定义，凡是使被氧化物质失去电子的反应都属于氧化反应。强烈的氧化反应，并伴随有热和光同时发出，则称为燃烧。物质不仅与氧的化合反应属于燃烧，在某些情况下，与氯、硫等蒸气的化合反应也属于燃烧。但是物质和空气中的氧所起的反应毕竟是最普遍最常见的，也是焊接操作不当发生火灾爆炸事故的主要原因。

(2) 燃烧的必要条件　发生燃烧必须具备三个条件：可燃物质、氧或氧化剂和着火源。即发生燃烧的条件必须是可燃性物质和助燃性物质共同存在，构成一个燃烧系统，同时要有导致着火的火源。火源是指具有一定温度和热量的小能源。例如小火焰、电火花、灼热的物体等。根据燃烧必须具备上述条件的道理，采取适当的措施使之不同时存在，就可以避免燃烧的产生，即是防火技术的理论依据。在扑灭火灾时，可采取冷却、隔离或窒息的方法消灭已产生的上述燃烧系统中的一个环节，就可以达到灭火的目的。

(3) 爆炸极限　可燃物质与空气的混合物，在一定的浓度范围内才能发生爆炸。发生爆炸时可燃物具有的最低浓度称为爆炸下限，最高浓度称为爆炸上限。例如，乙炔的爆炸极限为2.2%～81%。

2. 防止和抑制爆炸的措施

意外爆炸会给人们带来极大灾害，如人身伤亡，设备及建筑物毁坏等，而且爆炸后还会带来火灾，有时还会发生二次爆炸，因此最重要的是预防爆炸。其次，一旦发生爆炸，尽量把灾害控制在最小范围，尽量减少损失。防止和抑制爆炸的主要措施有：

(1) 对爆炸性物质加强管理　通常把爆炸性物质浓度控制在爆炸下限以下、上限以上，或利用惰性气体代替空气，降低爆炸性混合物中的氧浓度，使爆炸性物质处于爆炸极限范围之外。

(2) 控制点火源　一般要避免冲击、摩擦、明火、高温、绝热压缩、自燃发热、电气火花、静电火花、热辐射、光辐射、雷电等，在爆炸性物质生产、使用、运输、储存、处理过程中，应避免火源。

（3）安装安全装置　抑制爆炸事故，通常应在贮存容器，反应器皿、破碎粉碎系统、锅炉、过滤分离器，收尘除尘装置，压力容器等系统及装置上安装安全阀和爆破膜，达到设定温度和设定压力后能立即动作，向外部泄放压力，从而避免设备和容器受到破坏。一般可采用爆炸抑制装置，当器内压力上升到小于爆炸最大压力时，装置动作，自动喷撒干粉灭火剂抑制爆炸的发生。

（4）其他措施　还可通过防止可燃物在爆炸危险场所堆积，设置防爆墙，放大安全距离，采用不燃性建筑材料和加强通风降温等措施，以避免爆燃事故的发生。

3. 气焊与气割的安全防护措施

1）一般要求乙炔发生器、回火防止器、氧气瓶、减压器均应状态良好，整个供气系统密封良好，若发生着火，应采用干砂、二氧化碳或干粉灭火器灭火。

2）各类气瓶应定期检验，保证承压时合乎技术要求，并远离火源。

3）胶管长度推荐以10~15m为宜，使用时不得有残气、气孔。

4）焊炬、割炬应保证气路畅通、射吸能力良好、气密性合格，禁止用火柴点火。

5）严格按照操作规程进行容器的焊补，防止火灾和爆炸。

知识点2　电焊的安全防护技术

电焊是焊接工艺中经常采用的方法，这种方法设备简单，操作灵活，焊接质量较好。可是，电焊操作时接触电的机会很多，如移动和调节电焊设备及焊钳、电缆、焊件、工作台等，或更换焊条，电就在焊工的手上、身边和脚下。电焊机的空载电压一般都高于安全电压，一旦设备发生故障，较高的电压通过焊钳等部件直接作用在焊工的身体，出现触电的危险。此外，电焊操作还可引发电气火灾、爆炸、灼伤等工伤事故，登高作业的电焊操作，也可引发高空坠落事故。

1. 焊接发生电击事故的原因

直接原因有以下几种：

1）在更换焊条、电极和焊接操作中，手和身体某部位接触到带电物体，而脚下或身体其他部位对地和金属结构没有绝缘防护。

2）在接线、调节焊接电流和移动焊接设备时，手或身体某部位接触带电体。

3）登高焊接时接触高压电网，或低压电网连线不当。

间接原因有以下几种：

1）焊接设备、电缆、机罩等漏电。

2）焊接设备或线路发生故障。

3）电焊操作不当，带电体与人体形成回路。

4）焊接设备、电缆与厂房内的金属结构形成焊接回路。

2. 电焊引发火灾和爆炸事故的原因

1）电焊设备和线路过热。

2）线路发生短路。

3）焊接操作时线路超负荷。

4）焊接操作时接触部位的电阻过大。

5）工作面通风、散热不良引起设备过热。

6）电火花、电弧、熔融的金属飞溅物落在易燃物上。

3. 电焊的安全防护措施

1）焊接电源必须独立使用，而且要有足够的容量，能保证与焊接操作匹配。

2）焊机外壳必须有完好的绝缘保护，接线接头不裸露，焊机各部分连接牢靠，不得松脱。

3）焊机必须保护性接地，必要时设置接零装置。

4）焊机空载一定时间后能自动断电。

5）焊机周围应通风、散热良好。

6）焊钳应经常检查，是否简便牢靠、接触良好、连接正确，焊条是否能够在规定的角度内夹紧。

7）焊接电缆必须柔软、耐油、耐热、耐腐蚀、合乎规格，长度以 20 ~ 30m 为宜。

8）焊工要加强个人防护，工作服、绝缘手套、绝缘鞋、垫板等必须使用并保持完好。

9）焊接时，焊接点周围应与易燃易爆危险品进行安全隔离。

10）焊接操作前应制订工作预案，照明良好，空气流通。

11）若发生触电事故，第一，要断开电源；第二，要立即进行救助包括人工呼吸，切不可轻率中止。

知识点 3 焊接电弧辐射的危害与防护

电弧辐射主要产生可见光、红外线和紫外线三种射线，而不会产生对人体危害较大的 X 射线。其中，波长范围在 180 ~ 290nm 的紫外线，具有强烈的生物学作用，可以被皮肤深部组织真皮吸收，以至造成严重灼伤。

1. 电弧辐射的危害

电弧辐射所发出的可见光比人眼所能安全忍受的光线要强上万倍。过强的可见光会使人的眼睛眩目、流泪，甚至造成视力暂时性失明。

红外线是热辐射线，眼睛受到辐射，会使眼球晶体变化，长时间照射会导致白内障发生。

中短波紫外线能强烈地刺激和损害眼睛、皮肤。只要受到短时间的辐射，就可以引起眼睛发炎形成电光性眼炎。发病程度要看受紫外线照射的程度如何，一般数小时后即出现症状。首先是眼睛疼痛，有沙粒感，多泪、畏光，怕风吹；接下来眼睛发炎，结膜受到感染。常常是半夜里眼睛突然剧痛，不能入睡。皮肤受到紫外线照射，先是奇痒、发红、疼痛，不能触及，以后起泡、发黑、脱皮。使用惰性气体保护焊、等离子弧焊、切割等电流密度高的焊割方法时，其辐射程度尤为厉害，往往在短时间内就可使眼睛、皮肤受到损伤。

2. 焊接电弧辐射的防护

（1）在焊接作业区严禁直视电弧 操作者和辅助工都要有一定的防护措施，应佩戴有专业滤色玻璃的面罩或眼镜。面罩上的滤色玻璃即电焊护目镜片，应该根据不同的焊接方法及同一焊接方法的电流，还有母材种类及厚薄等条件的差异选择不同的编号。护目镜片的编号是按护目镜片颜色深浅程度而定的，由淡到深排列。目前电焊护目镜片的深浅色差共分

7、8、9、10、11、12号数种，淡色为小号，深色为大号。为防止面罩与护目镜片之间漏光，可在中间垫一层橡皮，同时在滤色玻璃外面可镶一块普通透明玻璃，避免金属飞溅而损坏护目镜片。

（2）施焊时焊工应穿着标准规定的防护服　焊工专用的工作服和鞋可以防止光线直接照射到皮肤及防止飞溅物落到身上。

（3）施焊场地应用围屏或挡板与周围隔离　为保护焊接工地其他人员的眼睛，在小件焊接的固定场所，一般主要的防护措施是设置围屏和挡板。围屏或挡板的材料最好是用耐火材料，如石棉板、玻璃纤维布、铁板等，并涂以深色，其高度约180mm，屏底距地面留250～300mm，以供空气流通。当周围有其他人员时，焊工有责任提醒他们注意避开，以免弧光伤眼。周围工作人员应佩戴一般防护眼镜。

（4）注意眼睛的适当休息　焊接时间较长，使用的焊接规范较大时，应注意中间休息。如果已经出现电光性眼炎症状，应及时治疗。焊工在实践中创造了许多简易可行的治疗办法，如滴用人奶汁，或用黄瓜片覆盖眼睛，都可以收到较好的疗效。

（5）施焊场地必须有较强的照明　该措施一方面便于焊接操作，另一方面可以减轻弧光对眼睛的刺激。

知识点4　焊接粉尘和有害气体的危害与防护

焊接电弧的高温将使金属产生剧烈的蒸发，使得焊条和母材金属在焊接时会产生各种金属烟气，形成金属有毒气体；同时，它们在空气中凝结、氧化形成粉尘。在高温电弧的作用下，空气中的氧气和氮气形成臭氧和氮氧化物等有毒气体，严重危害焊工的身体健康。

1. 焊接粉尘和有害气体对人体的危害

焊接粉尘与有毒气体进入人体的途径有呼吸道、消化道和皮肤黏膜，其中最主要的途径是呼吸道。从呼吸道吸收的毒物，不先经过肝脏解毒，而是直接进入血液分布到全身，因此有害作用比较强而且迅速。粉尘与有害气体对人体的危害主要有以下几个方面：

（1）强烈刺激呼吸道　当金属氧化物、氮氧化物、臭氧等毒物进入呼吸道后，受这些毒物刺激，会出现咽喉干痛、发痒、咽部充血、发炎等症状，严重的可能出现急性化学性肺炎或肺水肿。

（2）引起慢性中毒　当长时间工作在含有金属蒸汽的环境中，会引起慢性中毒。如锰引起锰中毒，铅会引起哮喘和血液病，氧化铁会引起焊工尘肺等。

（3）引起“金属热”病　“金属热”是由于人体大量吸入金属蒸汽以后发生的一种发热反应，患者可能高热或低热数天才能消退，而且骨及关节疼痛，口内异味，恶心呕吐，寒颤等。其中，锰蒸汽和铜粉尘的危害尤其明显。

2. 焊接粉尘和有害气体的卫生防护

电弧焊接区的通风是排除粉尘和有害气体的有效措施。通风的方式有全面通风和局部通风两种，一般局部通风效果比较显著。此外，还可以合理组织、调度焊接作业，采用新工艺、新技术、新材料等都可以减小粉尘和有害气体的危害。

（1）焊接场地全面通风　在专门的焊接车间或焊接工作量大、焊机集中的工作地点，应考虑全面机械通风，可集中安装数台轴流式风机向外排风，使车间经常更换新鲜空气。

（2）焊接场地局部通风 局部通风分为送风和排气两种。局部送风只是暂时地将焊接区域附近作业地带的有害物质吹走。虽然对作业地带的空气起到了一定的稀释作用，但可能污染整个车间，起不到排除粉尘和有毒气体的目的。局部排气是目前采取的通风措施中使用效果良好、方便灵活、设备费用较少的有效措施。局部排气通常是在焊枪附近安装小型通风机械，如排烟罩、排烟焊枪、强力小风机和压缩空气引射器等，这样就可以将粉尘和有毒气体排出车间以外。

（3）在封闭容器或舱室里焊接的通风 在封闭容器或舱室里焊接最好上下都有通风口，使空气对流良好，除了使用排气机外，必要时可用通风管把新鲜空气送到焊工身边，但是，严禁把氧气送入，防止发生燃烧。在特殊情况下，可使用焊工用的可换气防护头盔。

（4）充分利用自然通风 焊接车间必须有一定的面积、空间和高度，这样，若能正确的调节侧窗和天窗，就可以形成良好的通风。能在露天焊接的工件，尽量在露天焊接。一般情况下，只要保证焊接场所的自然通风，适当采用通风装置，焊工操作时在上风口，就能起到防毒、防尘的作用。

（5）合理组织、调度焊接作业 这样可以避免焊接作业区过于拥挤，造成粉尘和有毒气体的聚集，以免形成更大的危害。

（6）积极采用焊接新工艺、新技术 努力扩大自动焊和半自动焊的使用范围。

（7）应用环保材料 加强研制和推广使用低尘、低毒焊条。

另外，目前在机械零件中使用的某些塑料制品，受热后要分解产生有毒气体。因此，在对零件进行焊接前，应把塑料消除。若无法消除焊接时，应该使用专用防毒工具，同时应保证把焊接烟尘排出，防止中毒。

知识点5 高温热辐射的防护

焊接电弧可产生3000℃以上的高温。手工焊接时电弧总热量的20%左右散发在周围空间，而且电弧产生的强光和红外线还造成对焊工的强烈热辐射。红外线虽然不能直接加热空气，但在被物体吸收后，辐射能转变成热能，使物体成为二次辐射热源。因此，焊接电弧是高温强辐射的热源，尤其在夏天必须采取防暑降温的措施。

车间内高温的形成，除了取决于大气的温度外，还受下列因素的影响：

（1）高温炉窑 如正在生产中的熔炼炉、加热炉等放散大量的热量，加热的原料和制品，如熔化的铁水、钢水和赤热的钢锭、建材等放散的热量。

（2）化学反应 如焊接时金属化学物质的合成、氧化和还原过程放散的热量。

（3）机械设备的运转和摩擦，如机床、砂轮等高速旋转时机械能转化为热能。

（4）太阳辐射 太阳的直射光线经屋顶和墙壁吸收后加热车间空气。

（5）人体放散的热量 轻作业时每人每小时放散418.4kJ的热量，重作业时可放散1255.2kJ的热量。但与生产上的热源比较，人体放散的热量所占比例很小。

由于上述因素的综合作用，可使车间每小时散热量达83.7～418.4kJ/m^3，车间气温也随之升高到30～40℃，从而形成高温车间，使焊工发生中暑。中暑是在高温环境影响下由于体温调节功能紊乱或繁重体力劳动所致的急性疾病。发病时常常表现为突然昏倒，意识丧失，严重的还伴有发烧、抽筋等症状。遇到这种情况，应立即把中暑人员抬到阴凉通风的地方，让他安静地躺着，解开衣扣，用冷水擦身，用湿毛巾冷敷额部。如呼吸停止，需要施行人工呼吸。病情严重者应立即送医院急救。

焊接工作场所加强机械通风或自然通风，是防暑降温的重要技术措施，尤其是在锅炉等容器或狭小的舱间进行焊割时，应向容器或舱间送风和排气，加强通风。在夏天炎热季节，为补充人体内的水分，给焊工供给一定量的含盐清凉饮料，也是防暑降温的保健措施。

【综合训练】

1. 气焊与气割时应当注意哪些安全问题？
2. 电弧焊时应当注意哪些安全问题？
3. 如何对电弧辐射进行防护？
4. 如何对焊接有害气体、粉尘进行防护？
5. 高温热辐射有什么危害？如何防护？

第九单元　焊接文明生产与环境保护

【学习目标】　了解清洁生产的管理原则和方法。熟悉焊接文明生产对环境的一些控制和保护措施及其新技术。

模块一　清洁生产

清洁生产是一个比较新的概念，1996年联合国环境署对清洁生产的定义是：清洁生产是指将综合预防的环境战略持续应用于生产过程、服务和产品中，以便增加生态效益，同时减少对人类和环境的风险。

清洁生产是新的工业变革，它推动了以环境保护为基础的绿色经济蓬勃发展。实行清洁生产是可持续发展战略的要求，关键是要求工业生产提高能效，开发更清洁的技术和工艺，更新、替代对环境有害的产品和原材料，实现环境和资源的有效保护和有效管理。清洁生产是控制环境污染的有效手段，它彻底改变了过去被动的、滞后的污染控制方式，强调在污染产生之前就进行防治。经过多年来国内外实践证明，清洁生产具有高效率，可获得经济效益，大大降低末端处理的负担，提高了企业的市场竞争力。

知识点1　清洁生产的目标及内容

1. 清洁生产可以达到的目标

清洁生产的目标是通过资源的综合利用，短缺资源的高效利用或代用，二次资源的利用及节能、降耗、节水，实现合理利用自然资源，减缓资源的耗竭。同时减少废物和污染物的生成和排放，促进工业产品的生产、消费过程与环境相容，以实现降低全部工业活动对人类和环境的风险。

这个目标的实现将体现工业生产的经济效益、社会效益和环境效益的统一，保证国民经济的可持续发展。

2. 清洁生产的主要内容

清洁生产主要包括以下三个方面：

（1）清洁的能源　清洁的能源包括：常规能源的清洁利用，如采用清洁煤技术，逐步提高液体燃料、天然气的使用比例。可再生能源的利用，如水力资源的充分开发和利用。新能源的开发，如太阳能、生物能、风能、潮汐能、地热能的开发和利用。各种节能技术和措施等，如在能耗大的行业采用热电联产技术，提高能源利用率。

（2）清洁的生产过程　对于生产过程来说，清洁生产要求：尽量少用或不用有毒有害的原料，在工艺设计中给予充分考虑；消除有毒、有害的中间产品；减少或消除生产过程的各种危险性因素，如高温、高压、低温、低压、易燃、易爆、强噪声、强振动等；采用生产过程零废物的工艺；选择高生产率的设备；加强物料的再循环使用；采用简便、可靠的操作和控制手段，制订完善的管理制度。

（3）清洁的产品　清洁产品应当具有如下特点：能够采用节约原料和能源的工艺生产，产品中少用昂贵和稀缺原料，尽可能“废物”利用；产品在使用过程中以及使用后不含有危害人体健康和生态环境的因素；产品用后易于回收、复用和再生；原料和产品均合理包装；产品要有合理的使用功能和合理的使用寿命；产品报废后易处理、易降解。

为了实现以上三个方面，推行清洁生产必须实现两个全过程控制：

第一，在宏观层次上组织工业生产的全过程控制，包括资源和地域的评价、规划、组织、实施、运营管理和效益评价等环节。

第二，在微观层次上完善物料转化生产全过程的控制，包括原料的采集、储运、预处理；产品的加工、成形、包装和储存等环节。

知识点2　实现清洁生产的主要途径

从清洁生产的概念来看，清洁生产的基本过程为清洁工艺及清洁产品两个部分。清洁工艺是指既能提高经济效益又能减少环境污染的工艺技术。它要求在提高生产率的同时必须兼顾削减或消除危险废物及其他有毒化学品的用量，改善劳动条件，减少对职工的健康威胁，并能生产出安全的、与环境兼容的产品。清洁产品则是从产品的可回收利用性、可处置性或可重新加工性等方面考虑，要求产品的设计人员本着预防污染的宗旨来设计产品。

开发清洁生产技术是一个十分复杂的综合性问题，要求技术人员转变观念，从生产环保一体化的原则出发，熟悉有关环保的法规和要求，了解本行业及相关行业的生产、消费过程，对每个具体问题、具体情况都要做具体的分析。总之，清洁生产是对生产全过程以及产品整个生命周期采取预防污染的一个综合过程。具体措施主要有以下几点：

1. 合理利用有限的资源

在一般的工业产品中，原料费用约占成本的70%。通过原料的综合利用可直接降低产品成本、提高经济效益，同时也减少了废物的产生和排放。生产前要对原料进行正确的环保方面的鉴别，在此基础上，对原料中的每个组分都应建立物料平衡，列出目前和将来的有用组分，制订将其转变成产品的方案，并积极组织实施，实现合理利用有限的资源。

2. 改进生产工艺和设备

改进生产工艺和设备应简化生产工艺流程中的工序和设备，实现生产过程连续操作，减少流程因开、停造成的不稳定状态。在原有的工艺基础上，适当改变工艺条件，如温度、流量、压力、停留时间、搅拌强度、预处理等，配备自动控制装置，实现过程的优化控制。改变原料配方，尽量采用精质原料、可替代原料、经预处理后的原料等。换用高效设备，改善设备布局和管线布置。开发利用最新科学技术成果的全新工艺，对不同工艺进行合理的组合。

3. 组织企业内部的物料循环

将企业内部流失的物料回收后作为原料返回流程中。将生产过程产生的废物经适当处理后作为原料或原料的替代物返回生产流程中，同时也可以将生产过程产生的废物经适当处理后作为原料用于本企业生产其他产品，这样就实现了企业内部的物料循环。

4. 改进产品体系

在传统生产模式中，产品的设计往往从单纯的经济效益出发，根据经济效益采集原料、选择加工工艺和设备，确定产品的规格和性能，产品的使用常常以一次为限。而清洁生产，就要对工业产品进行整体生命周期的环境影响分析。产品的生命周期是一种产品在市场上从开始出现到最终消失的过程，包括投入期、成长期、成熟期和衰落期四个过程。在清洁生产中，产品的生命周期是指一种产品从设计、生产、流通、消费以及报废后处置几个阶段所构成的整个过程。在产品开发过程中要对产品进行性能分析、技术分析、市场分析、销售能力分析和经济效益分析。在产品的设计中不但要遵循经济原则，而且要顾及生态效益；不但考虑它在消费中的使用性能，还要关心产品报废后的命运。对于清洁生产的产品开发有以下基本途径：

1）产品的全新设计。使产品在生产过程中，甚至在使用之后能对环境无害，同时降低产品的物耗和能耗，减少加工工序；调整产品结构、优化生产过程。

2）赋予产品合理的寿命。增加产品多余的功能，盲目追求“多功能”往往会造成资源的浪费；简化产品包装，鼓励采用可再生材料制成的包装材料和便于多次使用的包装材料。

3）产品报废后易于回收、再生和重复利用。

4）产品要系列化，品种齐全，满足各种消费要求，避免大材小用，优品劣用；推行绿色产品标志制度，提高产品的环保声誉。

5. 加强全面管理

根据全过程控制的概念，环境管理要贯穿于工业生产的整个过程，落实到企业中的各个层次，分解到生产过程的各个环节，与生产管理紧密地结合起来。

强化企业管理是推行清洁生产优先考虑的措施，因为管理措施一般不涉及基本的工艺过程，花费又较少。经验表明，优质的管理能削减 40% 的污染物。这些措施有：安装必要的检测仪表，加强计量监督；消除跑、冒、滴、漏；将环境目标分解到企业的各个层次，考核指标落实到各个岗位，实行岗位责任制；实行完备可靠的统计和审核；采取有效的指挥调度，合理安排批量生产的日程；减少设备清洗维护的次数，改进清洗维护方法；原料和成品妥善存放，保持合理的原料库存量；实现公平的奖惩制度；组织安全文明生产。

6. 采用必要的末端处理

在全过程控制中的末端处理只是一种采取其他措施之后的最后把关措施。这种企业的末端处理，往往是作为送往集中处理前的预处理，在这种情况下，它的目标不再是达标排放，而是只需处理到集中处理设施可接纳的程度，其要求是：清污分流，减少处理量，有利于组织物料再循环；减量化处理，如脱水、压缩、包装、焚烧等；按集中处理的收纳要求进行预处理。

知识点 3　清洁生产的评价

1. 清洁生产评价指标

根据产品生命周期分析，清洁生产评价指标应能覆盖原材料、生产过程和产品自身的各个主要环节，尤其对生产过程，既要考虑对资源的使用又要考虑污染物的产生（注意：不是污染物的排放）。因此，清洁生产评价指标包括原材料指标、产品指标、资源指标和污染物产生指标四大类。

（1）原材料指标　原材料指标应能体现原材料的获取、加工、使用等各方面对环境的综合影响，主要有以下几个方面：

1）材料成分的毒性。考查原材料所含毒性成分对环境的影响程度。例如，焊条药皮本身以及形成的焊渣含有毒性成分，使用时应当考虑对环境造成的影响。

2）材料对生态的影响。衡量原材料取得过程中对自然生态的影响程度。例如，露天采矿比矿井采矿的生态影响大。

3）材料的可再生性。确定原材料可再生或可再生的程度。例如，矿物燃料可再生性就很差，而纸浆的原料麦草的可再生性就较好。

4）材料的能源消耗强度。衡量原材料在开采和生产过程中消耗能源的程度。例如，铝冶炼消耗能源强度就比炼铁高。

5）材料的可回收利用性。明确原材料的可回收利用程度。例如，金属材料的可回收利用性比较好，而许多有机原料几乎不能回收利用。

（2）产品指标　产品的销售、使用过程以及报废后的处理、处置均会对环境产生影响，有些影响是长期的，甚至是难以恢复的。此外对产品的寿命优化问题也应加以考虑，它直接影响产品的利用率。因此，对产品的要求是清洁生产的一项重要内容。产品指标包括以下几方面：

1）产品的销售。考虑在产品的销售过程中，即从企业运送到零售商和用户的过程对环境造成的影响程度。例如，易燃、易爆、危险品的销售。

2）产品的使用。明确产品在使用期内使用时自身消耗和消耗其他产品可能对环境造成的影响程度。例如，许多产品使用时要消耗燃料，可能对环境造成污染。

3）产品寿命优化。寿命优化就是要使产品的技术寿命（指产品的功能保持良好的时间）、美学寿命（指产品对用户具有吸引力的时间）和预期寿命处于优化状态。多数情况下产品的寿命越长越好，可以减少对生产该种产品物料的需求，但是某一高耗能产品的寿命越长则总能耗越大。随着技术进步有可能产生同样功能的低耗能产品，而这种节能产生的环境效益有时会超过节省物料的环境效益，在这种情况下，产品的寿命越长对环境的危害越大。

4）产品报废处置。确定产品报废后是否对环境的影响以及影响的程度。典型的一例就是“白色污染”。

（3）资源指标　资源指标可以由单位产品的洁净水耗量、单位产品的能耗和单位产品的物耗来表达。在正常的操作下，生产单位产品对资源的消耗程度可以部分地反映一个企业的技术工艺和管理水平，即反映生产过程的状况。从清洁生产的角度看，资源指标的高低同时也反映企业的生产过程在宏观上对生态系统的影响程度，因为在同等条件下，资源消耗量越高，则对环境的影响越大。资源指标包括以下几方面：

1）单位产品洁净水耗量，它是指在正常的操作下，生产单位产品的全部工艺使用的洁净水量（不包括回用水）。

2）单位产品的能耗，它是指在正常的操作下，生产单位产品的全部工艺过程消耗的电、油和煤等。

3）单位产品的物耗，它是指在正常的操作下，生产单位产品消耗的构成产品的主要原料和对产品起决定性作用的辅料的总量。

（4）污染物产生指标　污染物产生指标有三类，即废水产生指标、废气产生指标和固体废物产生指标。污染物产生指标较高，说明工艺相应比较落后和管理水平较低。简述如下：

1）废水产生指标。废水产生指标首先要考虑的是单位产品的工艺过程废水的产生，因为该项指标最能反映废水产生的总体情况。由于废水中所含污染物量的差异也是生产过程状况的一种直接反映，因而对废水产生指标又可细分为两类，即单位产品废水产生量指标和单位产品主要水污染物产生量指标。

2）废气产生指标。和废水产生指标类似，也可细分为单位产品废气产生量指标和单位产品主要大气污染物产生量指标。

3）固体废物产生指标。目前国内还没有像废水、废气那样具体的排放标准，因而固体废物指标可简单地定义为“单位产品生产过程的主要固体废物产生量”。

2. 清洁生产评价

清洁生产指标的评价方法一般采用百分制，首先对原材料指标、产品指标、资源消耗指标和污染产生指标按等级确定评分标准，目前还没有国家标准，只能按照行业情况自定，然后按照生产实际对上述指标分别进行打分，若有分指标则按分指标打分，然后分别乘以各自的权重值，最后累加起来得到总分。如果一个项目综合评分值越高，说明该项目原料的选取对环境的影响、产品对环境的影响、生产过程中资源的消耗程度以及污染物的产生量均处于同行业先进水平，因而从现有的技术条件看，该项目属于清洁生产。

清洁生产是个相对性的概念，是与现有的生产工艺相比较而言的。评价一项清洁生产工艺，主要是通过与要替代的生产工艺进行相应的比较，有时也需要在不同的清洁生产工艺方案之间做权衡来确定，主要从技术、经济和环境三方面来进行评价，评价的标准应根据各行各业现有技术改造或新产品开发的具体情况确定。

【综合训练】

1. 什么是清洁生产？
2. 清洁生产的主要内容是什么？
3. 如何实现清洁生产？
4. 怎样对清洁生产进行评价？

模块二　焊接废气污染及控制

大气是一切有机体所需氧气的源泉，如果没有大气，人类就无法生存，植物就无法进行光合作用。如果大气被污染，混进许多有毒物质，那么这些物质就会直接危害自然生态系统和人体健康。大气污染是指由于人类活动和自然过程引起某种物质进入大气中，呈现出足够的浓度，达到了足够的时间并因此危害了人体的舒适、健康和福利或危害了环境的现象。造成大气污染的原因是人类活动（包括生活活动和生产活动，以生产活动为主）和自然过程；形成大气污染的必要条件是污染物在大气中有足够的浓度并对人体作用足够的时间。

知识点1 焊接废气的主要来源

1. 废气的主要来源

（1）燃料燃烧　焊接中使用的能源一半为燃料，燃料燃烧后产生大量的废气，其主要污染物是CO、CO_2、SO_2和颗粒物。

（2）焊接生产过程　各种焊接方法都会有大量的气态污染物排入大气中，主要有粉尘、碳氢化合物、含硫化合物、含氮化合物以及卤素化合物等。生产工艺、流程、原材料及操作管理条件和水平不同，所排放污染物的种类、数量、组成、性质等也有很大差异。焊接过程中产生的废气量很大，例如焊条电弧焊最大为每千克焊条产生11.1~13.1g废气，气体保护焊最大可达到11~13g，超过国家标准规定的车间内允许烟尘浓度1000多倍。

（3）企业交通运输过程　企业的各种机动车辆排放有害废气到大气中，产生的污染物主要有碳氢化合物、一氧化碳、氮氧化物、含铅污染物、苯并芘等。这些污染物在阳光照射下，有一部分可经光化学反应，生成光化学烟雾，形成了二次污染物，对人类的危害更大。

2. 废气污染的分布

大气污染按污染的范围由小到大可分为四类：

1）局部地区污染，如某工厂排放废气造成的直接污染。

2）区域大气污染，如工矿企业区域或整个城市的污染。

3）广域大气污染，如酸雨，涉及地域广大。

4）全球大气污染，如温室效应、臭氧层破坏，涉及整个地球大气层的污染。

知识点2 焊接废气中主要污染物的危害

焊接废气中的污染物对环境和人体都会产生很大的影响，同时对全球环境也带来影响，如温室气体效应、酸雨、臭氧层破坏等，对全球的气候、生态、农业、森林等发生一系列影响。大气污染物可以通过降水、降尘等方式对水体、土壤和动植物产生影响，并通过呼吸、皮肤接触、食物、饮用水等进入人体，对人体健康和生态环境造成直接的或长期的危害。常见的焊接废气中的污染物如下：

1. 碳氧化物

焊接废气中含有大量的CO和CO_2。CO是无色、无臭、无味的气体，人不易警惕其存在。当人们吸入CO时，它与血红蛋白作用生成碳氧血红蛋白。实验证明，血红蛋白与CO的结合能力较与氧的结合能力大200~300倍，这样降低了血液输送氧的能力而引起缺氧中毒。其症状是眩晕以及中毒症状，同时使心脏过度疲劳，致使心血管工作困难，终致死亡。生活中常说的“煤气中毒”就是CO的作用。这种效应是可逆的，若CO中毒发现得早，在未造成其他损伤时，只要吸入新鲜空气1~2h，就可以除去与血红蛋白结合的绝大部分CO，而不会在人体内积蓄。

CO_2是含碳物质完全燃烧的产物，也是动物呼吸排出的废气。它本身无毒，对人体无害，但其含量大于8%时会令人窒息。近年来研究发现，大气中CO_2的浓度不断上升引起地球气候变暖，这个现象称为温室效应。

2. 硫的氧化物

矿物燃料燃烧、焊接冶金等都会产生 SO_2 或 SO_3。SO_2 具有强烈的刺激性气味，它能刺激眼睛，损伤呼吸器官，引起呼吸道疾病。特别是 SO_2 与大气中的尘粒、水分形成气溶胶颗粒时，这三者的协同作用对人的危害更大，这种污染称为伦敦型烟雾或硫酸烟雾。当它们溶于雨水时形成酸雨。

3. 氮氧化合物

在焊接废气中含量较大、危害较大的氮氧化物是 NO 和 NO_2。氮氧化物浓度高的气体呈棕黄色。

实验证明，NO 的生成速度是随燃烧温度升高而加大的。在 300℃ 以下，产生很少的 NO。燃烧温度高于 1500℃ 时，NO 的生成量就显著增加。NO 与有强氧化能力的物质作用（如与大气中臭氧作用），则生成 NO_2，NO_2 是一种红棕色的有害的恶臭气体，具有腐蚀性和刺激性。大气中的氮氧化物对人类、动植物的生长及自然环境有很大的影响。NO_2 分解生成的氧原子非常活泼，由它可继续发生一系列反应，光照时导致光化学烟雾。

4. 碳氢化合物

气焊等工艺产生的废气一般含有碳氢化合物，其对人的毒性不大，主要是醛类物质具有刺激性。对大气的最大影响是碳氢化合物在空气中反应形成危害较大的二次污染物，如光化学烟雾。

5. 粒状污染物

焊接废气含有大量的粒状污染物。悬浮在大气中的微粒统称为悬浮颗粒物，简称颗粒物，这种微粒可以是固体也可以是液体。因其对生物的呼吸、环境的清洁、空气的能见度以及气候等有明显的不良影响，所以是大气中危害最明显的一类污染物。

粒状污染物的危害简略归纳如下：遮挡阳光，使气温降低，或形成冷凝核心，使云雾和雨水增多，以致影响气候；使可见度降低，交通不便，航空与汽车事故增加；可见度差导致照明耗电增加，燃料消耗随之增多，空气污染也更严重，形成恶性循环；颗粒物与 SO_2 的协同作用对呼吸系统危害加大，用四乙铅做汽油的防爆剂时，排入空气中的铅有 97% 为直径小于 0.5μm 的微粒，分布广，危害大，对人的危害是脑神经麻木和慢性肾病，严重时死亡。

知识点 3　焊接废气中颗粒污染物的净化方法

随着工业的不断发展，人为排放的气溶胶粒子所占的比例逐渐增加。据统计，至 2000 年人为活动所造成的气溶胶粒子的排放量是 1968 年的两倍，城市大气首要污染物是悬浮颗粒物。因此，控制这些粉尘污染物的排放数量是大气环境保护的重要内容。

1. 粉尘的控制

从不同角度进行粉尘的控制与防治，主要有以下四个工程技术领域：

（1）防尘规划与管理　主要内容包括：园林绿化的规划管理以及对有粉尘物料加工的过程和生产中产生粉尘的过程实现密封化和自动化。园林绿化具有阻滞粉尘和收集粉尘的作用，合理地对产生粉尘的单位尽量用园林绿化带包围起来或隔开，可使粉尘向外扩散减少到最低限度；生产过程中可以采用密闭技术及自动化技术，以减少粉尘排放，避免人员接触。

（2）通风技术　对工作场所引进清洁空气，以替换含尘浓度较高的被污染空气。通风技术分为自然通风和人工通风两大类。人工通风包括单纯换气技术及带有气体净化措施的换气技术。

（3）除尘技术　对悬浮在气体中的粉尘进行捕集分离，以及对已落到地面或物体表面上的粉尘进行清除。前者可采用干式除尘和湿式除尘等不同方法；后者采用各种定型的吸尘设备进行处理。

（4）防尘护罩技术　个人使用防尘面罩，整个车间可以使用隔离罩进行防护。

2. 除尘装置的选用原则

根据含尘气体的特性，可以从以下几方面考虑除尘装置的选择和组合：

1）若尘粒的粒径较小，几微米以下粒径占多数时，应选用湿式、过滤式或电除尘式除尘器；若粒径较大，以10μm以上粒径占多数时，可选用机械除尘器。

2）若气体含尘浓度较高，可用机械化除尘；若含尘浓度低，可采用文丘里洗涤器；若气体的进口含尘浓度较高而又要求气体出口的含尘浓度低时，则可采用多级除尘器串联组合方式除尘，先用机械除尘器除去较大尘粒，再用电除尘或过滤式除尘器等除去较小粒径的尘粒。

3）对于粘附性较强的尘粒，最好采用湿式除尘器。不宜采用过滤式除尘器，因为易造成滤布堵塞；也不宜采用静电除尘器，因为尘粒粘附在电极表面上将使电除尘器的效率降低。

4）如采用电除尘器，一般可以预先通过温度、湿度调节或添加化学药品的方法，调整尘粒的导电性。电除尘器只适用在500℃以下的情况。

5）如气体温度增高，黏性将增大，流动时压力损失增加，除尘效率也会下降。而温度过低，低于露点温度时，会有水分凝出，增大尘粒的粘附性。故一般应在比露点温度高20℃的条件下进行除尘。

6）如气体成分中含有易燃易爆的气体，如CO，应将CO氧化为CO_2后再进行除尘。

知识点4　焊接废气中气态污染物的治理方法

焊接生产过程中所排放的有害气态物质种类繁多，根据这些物质不同的化学性质和物理性质，采用不同的技术方法进行治理。

1. 吸收法

吸收法是采用适当的有机溶剂作为吸收剂，使含有有害物质的废气与吸收剂接触，废气中的有害物质被吸收于吸收剂中，使气体得到净化的方法。吸收剂是指在吸收过程中，用来吸收气体中的有害物质的有机溶剂，其中被吸收的组分称为吸收质，吸收了吸收质后的液体称为吸收液。吸收操作可分为物理吸收和化学吸收。在处理气量大、有害组分浓度低的各种废气时，化学吸收的效果要比单纯的物理吸收好得多，因此，在用吸收法治理气体污染时，多采用化学吸收法进行。

吸收工艺流程一般采用逆流操作，被吸收的气体由下向上流动，吸收剂由上而下流动，在气、液逆流接触中完成传质过程。吸收工艺流程有非循环和循环过程两种，前者吸收剂不再生，后者吸收剂再生后封闭循环使用。

吸收法具有设备简单、捕集效率高、应用范围广、一次性投资低等特点，已被广泛用于有害气体的治理。由于吸收是将气体中的有害物质转移到了液相中，因此必须对吸收液进行处理，否则容易引起二次污染。

2. 吸附法

吸附法就是使废气与大的比表面积的多孔性固体物质相接触，使废气中的有害组分吸附在固体表面上，使其与气体混合物分离，从而达到净化的目的。具有吸附作用的固体物质称为吸附剂，被吸附的气体组分称为吸附质。

吸附过程是可逆的过程，在吸附质被吸附的同时，部分已被吸附的吸附质分子可因分子的热运动而脱离固体表面回到气相中去，这种现象称为解吸。当吸附与解吸速度相等时就达到了吸附平衡，吸附的表观过程就停止，吸附剂就丧失了吸附能力，此时，应当对吸附剂进行再生，即采用一定的方法使吸附质从吸附剂上解脱下来。吸附法治理气态污染物包括吸附和吸附剂再生的全部过程。

吸附净化法的净化效率高，特别是对低浓度气体仍具有很强的净化能力。吸附法常常应用于排放标准要求严格或有害物浓度低，用其他方法达不到净化要求的气体的净化。但是，由于吸附剂需要重复再生，以及吸附剂的容量有限，使得吸附方法的应用受到一定的限制，如对高浓度废气的净化，一般不宜采用该法。

合理选择与利用高效率吸附剂，是提高吸附效果的关键。应从几方面考虑吸附剂的选择：大的比表面积和孔隙率；良好的选择性；吸附能力强，吸附容量大；易于再生；力学性能好，化学稳定性强，热稳定性好，耐磨损，寿命长；价廉易得。

3. 催化转化法

催化转化法净化气态污染物是利用催化剂的催化作用，将废气中的有害物质转化为无害物质或易于去除的物质的一种废气治理技术。

催化法与吸收法、吸附法不同，在治理污染过程中，无需将污染物与主气流分离，可直接将有害物质转变为无害物质，这不仅可避免产生二次污染，而且可简化操作过程。此外，所处理的气体污染物的初始浓度都很低，反应的热效应不大，一般可以不考虑催化床的传热问题，从而大大简化催化反应器的结构。由于上述优点，可使用催化法使废气中的碳氢化合物转化为 CO_2 和水，氮氧化物转化为氮，SO_2 转化为 SO_3 后加以回收利用，有机废气和臭气催化燃烧，以及气体尾气的催化净化等。该法的缺点是催化剂价格较高，废气预热需要一定的能量，即需添加附加的燃料使得废气催化燃烧。

催化剂一般是由多种物质组成的复杂体系，按各成分所起作用的不同，主要分为活性组分、载体和助催化剂。

4. 燃烧法

燃烧法是对含有可燃有害组分的混合气体加热到一定温度后，组分与氧化剂反应进行燃烧，或在高温下氧化分解，从而使这些有害物质组分转化为无害物质。该方法主要应用于碳氢化合物、CO、恶臭、沥青烟、黑烟等有害物质的净化治理。燃烧法工艺简单，操作方便，净化程度高，并可回收热能，但不能回收有害气体，有时会造成二次污染。实际使用中的燃烧净化方法有如下三种：

（1）直接燃烧法　将废气中的可燃有害组分当作燃料直接烧掉，此法只适用于净化含可燃性组分浓度较高或有害组分燃烧时热值较高的废气。直接燃烧是有火焰的燃烧，燃烧温度高（大于1100℃），一般的窑、炉均可作为直接燃烧的设备。也可以采用“火炬”燃烧，它是将废气连续通入烟囱，在烟囱末端进行燃烧。此法安全、简单、成本低，但不能回收热能。

（2）热力燃烧法　利用辅助燃料燃烧放出的热量将混合气体加热到要求的温度，使可燃的有害物质进行高温分解变为无害物质。其可分为三步：

1）燃烧辅助燃料提供预热能量。

2）高温燃气与废气混合以达到反应温度。

3）废气在反应温度下充分燃烧。

热力燃烧法可用于可燃性有机物含量较低的废气及燃烧热值低的废气治理，可同时去除有机物及超微细颗粒，结构简单，占用空间小，维修费用低。缺点是操作费用高。

（3）催化燃烧法　此法是在催化剂存在的情况下，废气中可燃组分能在较低的温度下进行燃烧反应，这种方法能节约燃料，提高反应速率，减少反应器的容积，提高一种或几种反应物的相对转化率。

【综合训练】

1. 焊接废气的来源有哪些？
2. 焊接废气有什么危害？
3. 如何对焊接废气进行治理？

模块三　焊接废水的处理技术

水是生物维持生命的基本物质，没有水就没有生命，水占人体质量的75%，可见水对人类是多么重要。水是一种宝贵的自然资源，随着工农业生产的迅速发展和人们生活水平的不断提高，对水资源的需求，无论从质，还是从量，都有了更高的标准。但是生产、生活用水尽管可以通过水的自然循环达到补充而基本保持平衡。可是由于不断遭到污染以及过度开采，以致可供使用的水资源日益枯竭。因此，防止水污染，保护水环境，已成为人类的广泛共识。焊接生产中虽然用水量不大，但是使用后的水污染较严重，必须处理后排放。

知识点1　焊接水污染及其危害

根据焊接生产的污染物质及其形成污染的性质，可以将焊接水污染分成化学性污染和物理性污染。

1. 化学性污染

焊接废水中常见的化学性污染有以下几种：

（1）酸碱污染　焊接生产的工业废水常含有一定酸或碱，酸碱污染会使水体的pH值发生变化，抑制细菌和其他微生物的生长，影响水体的生物自净作用，还会腐蚀船舶和水下建筑物，影响渔业，破坏生态平衡，并使水体不适宜做饮用水源或其他工、农业用水。

（2）重金属污染　焊条药皮中往往含有各种重金属，有一些可以溶入水中。重金属对人体健康及生态环境的危害极大，如汞、镉、铅、砷、铬等。闻名于世的水俣病就是由汞污染造成的，镉污染则会导致骨痛病。重金属排入天然水体后不可能减少或消失，却可能通过沉淀、吸附及食物链而不断富集，达到对生态环境及人体健康有害的浓度，其危害具有持久性。

（3）需氧性有机物污染　焊接生产废水中一些油类等碳水化合物、醇等有机物可在微生物作用下进行分解，分解过程中需要消耗氧，因此被统称为需氧性有机物。大量需氧性有机物排入水体，会引起微生物繁殖和溶解氧的消耗。当水体中溶解氧降低至 4mg 以下时，鱼类和水生生物将不能在水中生存。水中的溶解氧耗尽后，有机物只能由厌氧微生物作用而发酵，生成大量硫化氢、氨、硫醇等带恶臭的气体，使水质变黑发臭，造成水环境严重恶化。需氧性有机物污染是水体污染中最常见的一种污染。

2. 物理性污染

焊接废水中常见的物理性污染有以下几种：

（1）悬浮物污染　焊接废水中均有悬浮杂质，主要是氧化铁和焊渣等。其排入水体后影响水体外观，增加水体的浑浊度，妨碍水中植物的光合作用，对水生生物生长不利。悬浮物还有吸附凝聚重金属及有毒物质的能力。

（2）热污染　焊接生产中使用的冷却水直接排入水体时，将引起水体温度升高，溶解氧含量下降，微生物活动加强，某些有毒物质的毒性作用增加等，对鱼类及水生生物的生长有不利影响。

在实际的水环境中，上述各类污染往往是同时并存的，而且，各类污染也常常是互有联系的。例如，很多有机物以悬浮状态存在于废水中，很多病原性微生物与有机物共同排放至水体等，因此，污水的治理一般是多种方法联合使用。

知识点 2　焊接废水处理方法

焊接废水处理就是采用各种方法将废水中所含的污染物质分离出来，或将其转化为无害和稳定的物质，从而使废水得以净化。现代废水处理技术，根据其作用原理可划分为四大类别，即物理法、化学法、物理化学法和生物处理法。

1. 物理法

通过物理作用和机械力分离或回收废水中不溶解的悬浮污染物质（包括膜和油珠），并在处理过程中不改变其化学性质的方法称为物理处理法。

物理处理法一般较为简单，多用于废水的一级处理中，以保护后续工序的正常进行并降低其他处理设施的处理负荷。常用的方法有：

（1）均衡与调节　焊接废水的水质、水量常常是不稳定的，具有很强的随机性，尤其是当操作不正常时，废水的水质就会急剧恶化，水量也大大增加，往往会超出废水处理设备的处理能力，给处理操作带来很大困难，使废水处理设施难以维持正常工作状态。这时就要进行水量的调节与水质的均衡。

调节与均衡主要通过设在废水处理系统之前的调节池来实现。在池内设有若干折流隔墙，使废水在池内来回折流。配水槽设在调节池上，废水通过配水孔溢流到池内前后各位置，得以均匀混合。起端入口流量一般为总流量的 1/4 左右，其余通过各配水孔口流入池内。调节池容积的大小可视废水的浓度、流量变化、要求的调节程度及废水处理设备的处理能力来确定，做到既经济又能满足废水处理系统的要求。

（2）沉淀　沉淀是利用焊接废水中悬浮物密度比水大可借助自身重力作用下沉的原理而达到液固分离的一种处理方法。沉淀根据废水中悬浮物的沉淀现象可分四种类型：自由沉淀、絮凝沉淀、拥挤沉淀和压缩沉淀。它们均是通过沉淀池来进行沉淀的。沉淀池是一种分离悬浮颗粒的构筑物，根据它们的构造可分为普通沉淀池和斜板斜管沉淀池。普通沉淀池应用较为广泛，按其池内水流方向，可分为平流式、竖流式和辐流式三种。

（3）筛选与过滤　利用过滤介质截流焊接废水中的悬浮物使液固分离净化水的方法称为筛选截流法。这种方法有时作为废水处理时的最终处理单元，出水供循环使用。筛选截流法的实质是让废水通过一层带孔眼的过滤装置或介质，尺寸大于孔眼尺寸的悬浮颗粒则被截流。当使用到一定时间后，过水阻力增大，就需将截流物从过滤介质中除去，一般常用反洗法来实现。过滤介质有钢条、筛网、滤布、石英砂、无烟煤、合成纤维、微孔管等，常用的过滤设备有格栅、栅网、过滤池、微滤机、砂滤器和压滤机。

2. 化学法

化学法是焊接废水处理的基本方法之一。它是利用化学作用处理废水中的溶解物质或胶体物质，可用来去除废水中的金属离子、细小的胶体有机物、无机物、植物营养素（氮、磷）、乳化油、色度、臭味、酸、碱等，对于废水的深度处理有重要作用。化学法包括中和法、混凝法、氧化还原法、电化学等方法。我们主要介绍中和法、混凝法和氧化还原法。

（1）中和法　中和法主要用来处理含酸、含碱废水。中和就是酸碱相互作用生成盐和水。中和也即调整废水的 pH 值。废水含酸或含碱时，表现为 pH 值的降低或升高。废水呈中性时，$pH=7$；$pH<7$ 时，废水呈酸性，pH 值越小，酸性越强；$pH>7$ 时，废水呈碱性，pH 值越大，碱性越强。酸、碱废水的中和方法有酸、碱废水互相中和、投药中和及过滤中和。

（2）混凝法　混凝法是在废水中投加混凝剂后去除废水中利用自然沉淀法难以去除的细小悬浮物及胶体微粒的物理化学方法。尤其适用有机大分子颗粒物、某些重金属和放射性物质；此外，混凝法还能改善污泥的脱水性能，因此，混凝法在废水处理中获得广泛应用。它既可以作为独立的处理方法，也可以和其他处理方法配合使用，作为处理流程中的预处理、中间处理或最终处理。

混凝法与废水的其他处理法比较，其优点是设备简单，操作易于掌握，处理效果好，间歇或连续运行均可以。缺点是运行费用高，沉渣量大，且脱水较困难。

混凝原理是低分子电解质对胶体微粒产生中和作用，以引起胶体微粒凝聚。或在废水中加入少量的高分子聚合物，聚合物即被迅速吸附结合在胶体微粒表面上，各微粒依靠高分子的连接作用构成某种聚集体，结合为絮状物，然后这些聚集体在废水中混凝沉淀。影响混凝效果的因素很多，主要有 pH 值、温度、药剂种类和投加量、搅拌强度及反应时间等。

混凝沉淀分为混合、反应、沉淀三个阶段。混合阶段的作用主要是将药剂迅速、均匀地投加到废水中，以压缩废水中的胶体颗粒的双电层，降低或消除胶粒的稳定性，使废水中胶体能互相聚集成较大的微粒。混合阶段需要快速地进行搅拌，作用时间要短，以达到瞬时混合效果最好的状态。反应阶段的作用是促使失去稳定的胶体粒子碰撞结合，成为可见的絮状绒粒，所以反应阶段需要足够的时间，而且需保证必要的速度、梯度。在反应阶段，由聚集作用所生成的微粒与废水中原有的悬浮微粒之间或相互之间，由于碰撞、吸附、粘着、架桥作用生成较大的絮状绒体，然后送入沉淀池进行分离。

投药方法有干法和湿法。干法是把经过破碎、易于溶解的药剂直接投入废水中。干法操作占地面积小，但对药剂的粒度要求高，投量控制较严格，同时劳动条件也较差，目前国内应用较少。湿法是将混凝剂和助凝剂配成一定浓度的溶液，然后按处理水量大小定量投加。

药剂调制方法有水力法、压缩空气法、机械法等。当投加量很小时，也可以在溶液桶、溶液池内进行人工调制。

（3）氧化还原法　氧化还原法是通过药剂与废水中的污染物发生氧化还原反应，使废水中的污染物转化为无毒物质的方法。其工艺设备比较简单，只需一个反应池。常用方法有：

1）空气氧化法。此法简单易行，是经常采用的方法。

2）臭氧氧化法。臭氧的氧化性在天然元素中仅次于氟，可分解一般氧化剂难于破坏的有机物，且不产生二次污染物，制备方便。因此，广泛地用于消毒、除臭、脱色，以及除酚、氰、铁、锰等，而且可降低废水 COD、BOD 值。

臭氧处理系统中最主要的设备是接触反应器。为使臭氧与污染物充分反应，应尽可能使臭氧化空气在水中形成微细气泡，并采用两相逆流操作，强化传质过程。

3）氯氧化法。氯系氧化剂包括氯气、氯的含氧酸及其钠盐、钙盐及二氧化氯。除了用于消毒外，还可用于氧化废水中某些有机物和还原性物质，如氰化物、硫化物、酚、醇、醛、油类，以及用于废水的脱色、除臭。

3. 生物法

利用微生物的作用，使废水中溶解状及胶体状有机物质得到氧化分解的方法，即为生物处理法。生物处理法具有投资少、效果好、运行费用低等优点，在城市污水和工业废水的处理中得到了最广泛的应用。

根据微生物的呼吸特性，它可分为好氧微生物和厌氧微生物两大类，生物处理法因此可相应地分为好氧生物处理和厌氧生物处理两大类。

根据微生物生长的状态，生物处理法还可分为悬浮生长的系统和附着生长的系统两大类。

以下是对常用的生物处理系统的简单介绍。

（1）活性污泥法–好氧微生物悬浮生长系统　活性污泥是由大量繁殖的悬浮状的微生物絮凝体组成的。向活性污泥与污水的混合液不断充氧，微生物即能将污水中的有机污染物氧化分解，同时不断生长繁殖。停止曝气后，活性污泥在重力作用下沉降，从而与水分离。

活性污泥法净化废水的过程，一般包括吸附、氧化和絮凝沉淀三个阶段，前二者在曝气池中进行，后者则在二次沉淀池中进行。二次沉淀池是相对于曝气池前的初次沉淀池而言的，初次沉淀池的作用去除废水中的悬浮状污染物，是生物处理法的预处理。影响活性污泥法处理效果的环境因素主要有废水的 pH 值、溶解氧以及营养物质含量，还应注意有毒物质的浓度。常用的活性污泥法有普通活性污泥法、吸附再生曝气法和氧化沟等。

（2）生物膜法–好氧微生物附着生长系统　微生物附着生长于某种载体的表面，形成一定厚度的生物膜并利用生物膜处理废水的方法即为生物膜法。生物膜主要由细菌、真菌和原生动物组成。当废水流经载体空隙时，废水中的有机物被生物膜所吸附，并通过扩散转移进入生物膜，进而被微生物降解。空气中的氧也通过同样的途径传递给微生物，供微生物呼吸用。微生物代谢有机物的产物则沿着相反方向从生物膜中排出。当生物膜的厚度由于微生物的生长而增加至一定厚度时，氧无法穿透其内层，以致出现局部的厌氧状态，使生物膜的附着力减弱，再加上水流的冲刷作用，生物膜会从载体表面脱落，并随出水流出池外。生物膜的不断生长、脱落和更新，可保持其良好的活性。根据采用载体的种类、废水与载体的接触方式以及反应器的构造，常用的生物膜法有生物滤池、生物接触氧化池、生物转盘等。

【综合训练】

1. 焊接废水的来源有哪些？
2. 焊接废水有什么危害？
3. 如何对焊接废水进行治理？

模块四　焊接固体废物的处置与利用

固体废物是指人类在生产过程中和社会生活活动中产生的不再需要或没有“利用价值”而被遗弃的固体或半固体物质。废弃物只是相对而言的概念，往往某一过程中产生的固体废物，可以成为另一过程的原料或转化为另一种产品，因而固体废物的资源化，正为许多国家所重视。确切地说，固体废物是指在生产建设、经营、日常生活和其他活动中产生的污染环境的各种固态、半固态、高浓度固液混合态、黏稠状液态等废弃物质的总称。焊接生产中的固体废物主要是焊渣和生产工艺过程产生的其他固体废物。

知识点1　固体废物的分类及危害

由于固体废物影响因素众多，几乎涉及所有行业，来源极其广泛，种类繁多，性质各异，因此，按组成可分为有机废物和无机废物；按形态可分为固体块状、粒状、粉状废物；按危害状况可分为危险废物和一般废物；通常为便于管理，按来源分为工业废物、城市垃圾、农业废物和放射性废物四类。对于焊接固体废物来说，一般常见如下几种：

（1）焊接冶金废渣　主要指各种金属经过焊接冶金过程排出的所有残渣废物，如钢渣、各种非铁金属渣、铁合金渣以及各种粉尘、污泥等。

（2）燃料废渣　焊接生产所使用的窑炉中燃料燃烧后所产生的废物，主要有煤渣、烟道灰、煤粉渣等。

（3）焊接原材料废弃物　焊接生产过程中会产生部分不能使用的边角废料，也属于固体废物。

焊接中产生的废渣量不是很大，主要有电石渣、各种金属渣、各种粉尘，还有加热炉产生的煤渣、烟道灰、煤粉渣等，应当全部无害化处理。

固体废物的性质多种多样，成分也十分复杂，特别是在废水废气治理过程中所排出的固体废物，浓集了许多有害成分，因此，固体废物对环境的危害极大，污染也是多方面的。

（1）侵占土地，破坏地貌和植被　固体废物如不加利用处置，只能占地堆放。据估算平均每堆积1万t废渣和尾矿，占地670m^2以上。土地是宝贵的自然资源，我国虽然幅员辽阔，但耕地面积却十分紧缺，人均耕地面积只占世界人均耕地的1/3。固体废物的堆积侵占了大量土地，造成了极大的经济损失，并且严重地破坏了地貌、植被和自然景观。

（2）污染土壤和地下水　固体废物长期露天堆放，其中部分有害组分很易随渗沥液浸出，并渗入地下向周围扩散，使土壤和地下水受到污染。工业固体废物还会破坏土壤的生态平衡，使微生物和动植物不能正常地繁殖和生长。

（3）污染水体　许多沿江河湖海的城市和工矿企业，直接把固体废物向临近水域长期大量排放，固体废物也可随天然降水和地表径流进入河流湖泊，致使地表水受到严重污染，不仅破坏了天然水体的生态平衡，妨碍了水生生物的生存和水资源的利用，而且使水域面积减少，严重时还会阻塞航道。

（4）污染大气　固体废物中所含的粉尘及其他颗粒物在堆放时会随风飞扬；在运输过程中也会产生有害气体和粉尘；这些粉尘或颗粒物不少都含有对人体有害的成分，有的还是病原微生物的载体，破坏环境卫生，对人体健康造成危害。有些固体废物在堆放或处理过程中还会向大气散发出有害气体和臭味，危害则更大。

（5）造成巨大的直接经济损失和资源能源的浪费　我国的资源能源利用率很低，大量的资源、能源会随固体废物的排放流失。矿物资源一般只能利用50%左右，能源利用只有30%。同时，废物排放和处置也要增加许多额外的经济负担。目前我国每输送和堆存1t废物，平均能耗都在10元左右，这就造成了巨大的经济损失。此外，某些有害固体废物的排放除了上述危害之外，可能造成燃烧、爆炸、中毒、严重腐蚀等意外事故和特殊损害。

知识点2　常见固体废物的处理方法

固体废物的处理是指通过各种物理、化学、生物等方法将固体废物转变为适于运输、利用、贮存或可最终处置的过程。常见的处理方法有：

1. 焚烧法

焚烧法是将可燃固体废物置于高温炉内，使其中可燃成分充分氧化的一种处理方法。焚烧法的优点是可以回收利用固体废物内潜在的能量，减少废物的体积（一般可减少80%～90%），破坏有毒废物的组成结构，使其最终转化为化学性质稳定的无害化的灰渣，同时还可彻底杀灭病原菌、消除腐化源。所以，用焚烧法处理可燃固体废物能同时实现减量、无害和资源化的目的，是一种重要的处理处置方法。焚烧法的缺点是只能处理含可燃物成分高的固体废物（一般要求其热值大于3500kJ/kg），否则必须添加助燃剂，增加运行费用。另外，该法投资比较大，处理过程中不可避免地会产生可造成二次污染的有害物质，从而产生新的环境问题。

影响焚烧的因素主要有四个方面，即温度、时间、湍流程度和供氧量。为了尽可能焚毁废物，并减少二次污染的产生，焚烧的最佳操作条件是：足够的高温；足够的停留时间；良好的湍流；充足的氧气。

适合焚烧的废物主要是那些不可再循环利用或安全填埋的有害废物，如难以生物降解的、易挥发和扩散的、含有重金属及其他有害成分的有机物等。

2. 化学法

化学处理是通过化学反应使固体废物变成另外的安全和稳定的物质，使废物的危害性降到尽可能低的水平。此法往往用于有毒、有害的废渣处理，属于一种无害化处理技术。化学处理法不是固体废物的最终处置，往往与浓缩、脱水、干燥等后续操作联用，从而达到最终处置的目的。其中包括以下几种方法：

(1) 中和法　呈强酸性或强碱性的固体废物，除本身造成土壤酸碱化外，往往还会与其他废弃物反应，产生有害物质，造成进一步污染，因此，在处理前pH值宜事先中和到适宜范围内。有许多化学药物可用于中和反应。中和酸性废渣可采用氢氧化钠、熟石灰、生石灰等。中和碱性废渣通常采用硫酸。该方法主要用于金属表面处理等工业中产生的酸、碱性泥渣。中和反应设备可以采用罐式机械搅拌或池式人工搅拌两种，前者多用于大规模中和处理，后者则多用于间断的小规模处理。

(2) 氧化还原法　通过氧化或还原反应，将固体废物中可以发生价态变化的某些有毒、有害成分转化成为无毒或低毒且具有化学稳定性的成分，以便无害化处置或进行资源回收。例如对含有重金属的焊接废渣的无害化处理，由于渣中的主要有害物质是正的化学价，因而需要在渣中加入适当的还原剂，在一定条件下使其还原。

(3) 化学浸出法　该法是选择合适的化学溶剂（浸出剂，如酸、碱、盐水溶液等）与固体废物发生作用，使其中有用组分发生选择性溶解后进一步回收的处理方法。该法可用于含重金属的固体废物的处理，既消除了固体废物对环境的污染，又取得了一定的经济效益。

3. 分选法

分选方法很多，其中手工拣选是在各国最早采用的方法，适用于废物产源地、收集站、处理中心、转运站或处置场。机械分选方式则大多需在废物分选前进行预处理，一般至少需经过破碎处理。机械设备的选择视分选废物的种类和性质而定，分选处理技术主要有：

(1) 风力分选　风力分选属于干式分选，主要分选城市垃圾中的有机物和无机物。采用卧式惯性分选机，当固体废物在机内下落时，水平风力可将重物质、次重物质、轻物质吹散分离。

(2) 浮选　浮选法是利用较重的水质与较轻的固体废渣，在大水量、高流速的条件下，借助水渣二者之间的相对密度差将水与渣自然分离的方法。

(3) 磁选　它是利用工业废渣中不同组分磁性的差异，在不均匀磁场中实现分离的一种分选技术。

(4) 筛分　它是根据化工废渣颗粒尺寸大小进行分选的一种方法。一个均匀筛孔的筛分器只允许小于筛孔的颗粒通过，较大颗粒留在筛面上被排除。一个颗粒至少有两个方向的尺寸小于筛孔才能通过，因此筛分是通过一个以上的不同孔径筛面，将不同粒径的混合固体废物分为两组以上颗粒组的过程。筛分有湿筛和干筛两种操作。

4. 填埋法即土地填埋法

目前，采用较多的土地填埋方法是卫生土地填埋法、安全土地填埋法和浅地层处置法。

卫生土地填埋法是处置固体废物而不会对公众健康及环境造成危害的一种方法。通常是每天把运到土地填埋场的废物在限定的区域内铺散成40～75cm的薄层，然后压实减少废物的体积，并在每天操作之后用一层厚15～30cm的土壤覆盖、压实，废物层和土壤覆盖层共同构成一个单元，即填筑单元。具有同样高度的一系列相互衔接的填筑单元构成一个升层。完整的卫生土地填埋场地是由一个或多个升层组成的。当土地填埋场达到最终的设计高度之后，再在该填埋层之上覆盖一层90～120cm厚的土壤，压实后就达到一个完整的卫生土地填埋场。

安全土地填埋法和浅地层处置法是卫生土地填埋法的改进，其防渗和监测系统更为完善。此外，还有废弃物固化法，处理效果好，但费用较高。

【综合训练】

1. 焊接废渣的来源有哪些？

2. 焊接废渣有什么危害？

3. 如何对焊接废渣进行处理？

模块五　焊接噪声污染控制

噪声是焊工每天感受的公害之一。随着焊接工业生产的增长，噪声越来越强，危害也越来越大。而在焊接工业生产中，由噪声造成的工作效率降低、意外事故等，引起的经济损失也相当大，因此，焊接生产环境噪声及其控制问题，已成为企业和焊工关注的焦点。

知识点1　焊接噪声的产生

1. 噪声

声音是一种物理现象，它在人们的日常生活和学习中起着非常重要的作用，很难想象一个没有声音的世界会是什么样子。可是，人们并不是任何时候都需要声音，在声音世界里也不是所有声音都是我们所需要的，有一些甚至使人厌烦并妨碍人类正常的生活和生产秩序。从环境保护角度来说：凡是干扰人们正常休息、学习和工作的声音，即为噪声。这里所说的噪声与物理学上的噪声在含义上有所不同。物理学上把节奏有调，听起来和谐的声音称为乐声；把杂乱无章、听起来不和谐的声音称为噪声。而这里所说的噪声取决于个体所处的环境和主观感觉反应，如悦耳的歌声以及乐器声是和谐、优美的，可给人以良好的精神感受，然而，它对于正在学习、思考和休息的人来说，即成为令人讨厌的噪声。因此，判断一个声音是否属于噪声，与所处的环境和主观感觉有关。此外，不论是乐声还是噪声，人们对任何频率的声音都有一个绝对的时限忍受强度，超过这一强度就会对人体造成危害，因此，从这个角度上讲，噪声即是对人体有害和人们不需要的声音。

2. 焊接噪声的来源

产生噪声的声源称为噪声源。噪声源有多种多样。根据焊接生产的情况，噪声的来源主要有交通运输噪声、焊接工业生产噪声和生活噪声。

（1）交通运输噪声　交通运输噪声是由各种交通运输工具在行驶中产生的。许多国家的调查结果表明，载货汽车、公共汽车、拖拉机等重型车辆的行进噪声为89～92dB，电喇叭为90～100dB，汽喇叭为105～110dB。这些噪声平均值都超过了人的最大允许值85dB，严重干扰了职工的正常生活、工作和学习。

（2）焊接工业生产噪声　由焊接设备在生产过程中的机械振动、摩擦、撞击及气流扰动而引起的噪声。我国工业企业噪声调查结果表明，一般电子工业和轻工业的噪声在90dB以下，机械工业噪声为80～120dB，砂轮打磨噪声为120dB，风铲、风镐、大型鼓风机在120dB以上，足以影响职工的正常生产。焊接噪声非常明显，综合起来在120dB左右，因此，必须进行治理和个人防护。

知识点2 噪声污染及其危害

噪声污染与水污染、大气污染一起构成当代三种主要污染公害，但与水、气污染相比，它又有其自身的特点，即噪声污染具有时间和空间上的局限性和分散性。所谓局限性和分散性是指环境噪声影响范围的局限性和环境噪声源分布的分散性。首先，噪声污染是一种物理污染，一般情况下不致命，它直接作用于人的感官，当噪声源发出噪声时，一定范围内的人们立即会感到噪声污染，而当噪声源停止发生时，噪声立即消失，而水、气污染排放的污染物，即使停止排放，污染物在长时间内还残留着，会持续产生污染。其次，噪声污染源无处不在且往往不是单一的，具有随发分散性。

噪声是影响面最广的一种环境污染，它广泛地影响着人们的生活。大多数国家规定的噪声的环境卫生标准为40dB，超过这个标准的噪声被认为是有害噪声。噪声污染对人的影响不单决定于声音的物理性质，而且与人的心理和生理状态有关。吵闹的噪声使人讨厌、烦恼精神不集中，影响工作效率，妨碍休息和睡眠等。在强的噪声下，还容易掩盖交谈和危险信号，分散人的注意力，发生工伤事故。据世界卫生组织估计，美国每年由于噪声的影响而带来的工伤事故、不能工作及低效率所造成的损失将近40亿美元。

在强噪声下暴露一段时间后，听觉引起暂时性听阈上移，听力变迟钝，称为听觉疲劳。它是暂时性的生理现象，内耳听觉器官并未损害，经休息后可以恢复。如长期在强噪声下工作，听觉疲劳就不能恢复，内耳听觉器官发生病变，暂时性阈移变成永久性阈移或耳聋，称噪声性耳聋，也称为职业性听力损失。长期在不同噪声环境下工作，耳聋发病率的统计结果表明，噪声级在80dB以下，能保证长期工作不致耳聋；在85dB的条件下，有10%的人可能产生职业性耳聋；在90dB的条件下，有20%的人可能产生职业性耳聋。如果人们暴露在140～160dB的高强度噪声下，就会使听觉器官发生急性外伤，引起鼓膜破裂出血，螺旋体从基底急性剥离，双耳完全失听。长期在强噪声下工作的工人，除了耳聋外，还有头昏、头疼、神经衰弱、消化不良等症状，往往导致高血压和心血管病。

此外，高强度的噪声还能破坏机械设备及建筑物。研究证明，150dB以上的强噪声，由于声波振动，会使金属疲劳而发生事故。

知识点3 焊接噪声控制技术

噪声的传播一般有三个阶段：噪声源、传播途径和接受者。传播途径包括反射、衍射等各种形式的声波行进过程。只有当声源、声的传播途径和接受者三个因素同时存在时，噪声才能对人造成干扰和危害。因此，控制噪声必须考虑这三个因素。

1. 声源控制技术

控制噪声的根本途径是对声源进行控制，控制声源的有效方法是降低辐射声源功率。在工矿企业中，经常可以遇到各种类型的噪声源，他们产生噪声的机理各不相同，所采用的噪声控制技术也不相同。下面根据产生噪声的物理性质不同来分别介绍其控制技术。

（1）机械噪声控制技术　机械噪声是由各种机械部件在外力激发下产生振动或相互撞击而产生的。控制机械噪声的主要方法有：提高旋转运动部件的平衡精度，减少旋转运动部件的周期性激发力；在固体零部件接触面上，增加特性阻抗不同的弹性材料，减少固体传声；在振动较大的零部件上安装减振器，以隔离振动，减少噪声传递；采用内损耗系数较高的材料制作机械设备中噪声较大的零部件，或在振动部件的表面附加阻尼，降低其声辐射效率；提高运动部件的加工精度和光洁度，选择合适的工差配合，控制运动部件之间的间隙大小，降低运动部件的振动振幅，采取足够的润滑减少摩擦力；避免运动部件的冲击和碰撞，降低撞击部件之间的撞击力和速度，延长撞击部件之间的撞击时间；用焊接代替铆接，用滚压机和风压机矫正钢板代替敲打，用无声液压或挤压代替冲压，可用压力机代替锻锤。

（2）气流噪声的控制　气流噪声是由于气流流动过程中的相互作用或气流和固体介质之间的作用产生的，控制气流噪声的主要方法有：选择合适的空气动力机械设计参数，减小气流脉动，减小周期性激发力；降低气流速度，减少气流压力突变，以降低湍流噪声；降低高压气体排放压力和速度；安装合适的消声器。

（3）电磁噪声的控制　电磁噪声主要是由交替变化的电磁场激发金属零部件和空气作周期性振动而产生的。

降低电动机噪声的主要措施有：合理地选择沟槽数和级数；在转子沟槽中充填一些环氧树脂材料，以降低振动；增加定子的刚性；提高电源稳定性；提高制造和装配精度。

降低变压器电磁噪声的主要措施有：减小磁力线密度；选择低磁性硅钢材料；合理选择铁心结构，铁心间隙充填树脂性材料，硅钢片之间采用树脂材料粘贴。

2. 传播途径控制技术

通常由于某种技术和经济上的原因，从声源上控制噪声难以实现，这时就要从传播途径上考虑降噪措施。具体采取的方法有：

（1）吸声降噪　当声波入射到物体表面时，部分入射声波能被物体表面吸收而转化成其他能量，这种现象称为吸声。吸声降噪是一种在传播途径上控制噪声强度的方法。物体的吸声作用是普遍存在的，吸声的效果不仅与吸声材料有关，还与所选的吸声结构有关。

1）吸声材料。吸声材料之所以具有降噪能力是与它们的结构密切相关的。吸声材料可分为两类：一类是多孔材料，这是较常见的，如泡沫塑料、多孔陶瓷板、多孔水泥板、玻璃纤维、矿渣棉、甘蔗板等。多孔吸声材料的表面具有丰富的细孔，其内部松软多孔，孔与孔之间相连通，并深入到材料的内层，以使声波容易传到材料的内部，使声能充分衰减。吸声材料在使用时往往要加护面板或织物封套，吸声效果会更好。当空气中湿度较大时，水分进入材料的孔隙，可导致吸声性能的下降。多孔吸声材料对于中、高频率的声波具有很好的吸声作用，但对低频率噪声，吸声材料往往不是很有效的。对低频噪声常采用另一类吸声材料即共振吸声材料来降低噪声。共振吸声材料有与多孔材料相同的方面，也有不同的特点。相同方面是二者都是把声能通过粘滞摩擦转换成热能消耗掉，不同点在于：共振吸声材料有较强的频率选择性，它只吸收某些频率成分的声能。

2）吸声结构。吸声材料一般安装在室内墙面或顶棚面，或以空间吸声体悬挂在噪声源上方，而构成吸声结构。吸声结构的设计应考虑到要降低的噪声频率的要求。若以吸收高频率噪声为主则采用吸声材料做成各种形式的吊挂结构或吸声材料紧贴墙体结构，外层可采用穿孔的方法，效果最好；若目的是吸收低频率和中频率噪声，具体做法应是吸声材料紧贴墙体留有空气层，空气层可做 1 ~ 2 层，厚度等于入射波长的 1/4，外加穿孔板，则吸声效果更好。穿孔板的作用是防护吸声材料免遭机械性损坏。要保持吸声结构外形美观，便于清洗灰尘，可做成平板或波纹状。另外，在吸声结构上应考虑到材料的厚度和密度。

（2）消声器　消声器是一种既能使气流通过又能有效地降低噪声的设备。通常可用消声器降低各种空气动力设备的进出口或沿管道传递的噪声。例如在内燃机、通风机、鼓风机、压缩机、燃气轮机以及各种高压、高速气流排放的噪声控制中广泛使用消声器。不同消声器的降噪原理不同，在这里主要介绍以下几种：

1）阻性消声。它是利用装置在管道内壁或中部的阻性材料（主要是多孔材料）吸收声能而达到降低噪声目的的。当声波通过敷设有吸声材料的管道时，声波激发多孔材料中众多小孔内空气分子的振动，由于摩擦阻力和粘滞力的作用，使一部分声能转换为热能耗散掉，从而起到消声作用。阻性消声器能较好地消除中、高频噪声，而对低频的消声作用较差。

2）抗性消声。它是利用管道截面的变化（扩张或收缩）使声波反射、干涉而达到消声的目的。和阻性消声器不同，它不使用吸声材料，而是利用不同形状的管道和腔室进行适当的组合，使声波产生反射或干涉现象，从而降低消声器向外辐射的声能。抗性消声器的性能和管道结构形状有关，一般选择性较强，适用于窄带噪声和低、中频噪声的控制。常用的抗性声器有扩张室、共振腔两种形式。

3）损耗型消声。它是在气流通道内壁安装穿孔板或微穿孔板，利用它们的非线性声阻来消耗声能，从而达到消声的目的。微穿孔板消声器是典型的损耗型消声器。在厚度小于1mm的板材上开孔径小于1mm微孔，穿孔率一般为1%～3%，在穿孔板后面留有一定的空腔，即称为微穿孔板吸声结构。它与阻性消声器类似，不同之处在于用微穿孔板吸声结构代替了吸声材料。从某种意义讲，微穿孔板消声器是一种阻抗复合式消声器。

4）扩散消声。工业生产中有许多小喷孔高压排气或放空现象，如各种空气动力设备的排气、高压锅炉排气放风等，伴随这些现象的是强烈的排气喷流噪声。这种噪声的特点是声级高、频带宽、传播远，危害极大。扩散性消声器是利用扩散降速、变频或改变喷注气流参数等机理达到消声的目的。常见的有小孔喷注消声器、多孔扩散消声器和节流降压消声器。

一个合适的消声器可直接使气流声源噪声降低20～40dB，相应响度降低75%～93%。通常要求消声器对气流的阻力要小，不能影响气动设备的正常工作，其构成的材料坚固耐用并便于加工和维修。此外要外形美观、经济。

（3）隔声降噪　把产生噪声的机器设备封闭在一个小的空间，使它与周围环境隔开，以减少噪声对环境的影响，这种做法称为隔声。隔声屏障和隔声罩是主要的两种设计，其他隔声结构还有隔声室、隔声墙、隔声幕、隔声门等，这些隔声设备只是结构不同，其隔声降噪原理基本相同。衡量构件隔声性能好坏用隔声量表示，单位是分贝，分贝数越大构件隔声性能越好。

1）隔声屏障。它是保护近声场人员免遭直达声危害的一种噪声控制手段。当声波在传播中遇到屏障时，会在屏障的边缘处产生绕射现象，从而在屏障的背后产生一个声影区，声影区内的噪声级低于未设置屏障的噪声级，这就是隔声屏障降噪的基本原理。目前国内大量采用各种形式的屏障降低交通噪声，这时屏障用来阻挡噪声源与受体之间的直达声。例如，某企业采用隔声屏障，经过实测表明隔声屏障内的噪声为85dB，而隔声屏障外30m内的噪声仅为69～70dB，下降了15～16dB，效果十分明显。

2）隔声罩。当噪声源比较集中或只有个别噪声源时，可将噪声源封闭在一个小的隔声空间内，这种隔声设备称为隔声罩。隔声罩是抑制机构噪声的较好方法，它往往能获得很好的减噪效果。如老式直流焊机是强噪声设备，常常使用隔声罩来减噪。

一般机器所用的隔声罩由罩板，阻尼涂料和吸声层构成。罩板一般用 1 ~ 3mm 厚的钢板，也可以用密度较大的木质纤维板。罩壳用金属板时要涂以一定厚度的阻尼层以提高隔声量，专用阻尼材料是橡胶、沥青、塑料和环氧树脂等所谓粘滞性材料，这主要是声波在罩壳内的反射作用会提高噪声的强度。因此，隔声罩在制作过程中一定要注意其密封性。最好是将声源全部密封，但这在实际中是难以做到的。

（4）个人隔声防护

1）采用小型消声器，设置在噪声出口处，对降低噪声有较好的效果。

2）操作者佩戴隔音耳罩或隔音耳塞，可起到较好的防护效果。

3）工作面周围可以临时设置消声材料，也有一定效果。

【综合训练】

1. 焊接噪声的来源有哪些？

2. 焊接噪声有什么危害？

3. 如何对焊接噪声进行防护及治理？

参 考 文 献

[1] 戴建树．焊接生产管理与检测［M］．北京：机械工业出版社，2004.
[2] 杰克·巴克霍夫．全面焊接管理［M］．苏晓鹰，温惠娟，译．北京：机械工业出版社，2007.
[3] 张建勋．现代焊接生产与管理［M］．北京：机械工业出版社，2006.
[4] 许莹，英若采．焊接生产基础［M］．2 版．北京：机械工业出版社，2016.
[5] 张文钺，等．焊接工艺与失效分析［M］．北京：机械工业出版社，1989.
[6] 徐滨士，等．再制造工程基础及其应用［M］．哈尔滨：哈尔滨工业大学出版社，2005.